U0159410

垃圾焚烧锅炉受热面高温防腐技术

龙吉生　曲作鹏　刘亚成　著

中国电力出版社

CHINA ELECTRIC POWER PRESS

内 容 提 要

本书在吸收了近年来国内外垃圾焚烧余热锅炉高温防腐领域研究的基础上，重点阐述了锅炉高温防腐新技术。

主要内容包括垃圾焚烧锅炉防腐涂层技术与发展、垃圾焚烧锅炉防腐涂层的材料体系及特性、垃圾焚烧锅炉防腐涂层的高温腐蚀特性、垃圾焚烧余热锅炉受热面重熔涂层技术研究。

本书可作为新能源技术和表面工程与技术等专业科技人员参考，又可作为相关专业的学生教材。

图书在版编目（CIP）数据

垃圾焚烧锅炉受热面高温防腐技术 / 龙吉生，曲作鹏，刘亚成著. —北京：中国电力出版社，2023.12
ISBN 978-7-5198-8267-9

Ⅰ. ①垃⋯　Ⅱ. ①龙⋯　②曲⋯　③刘⋯　Ⅲ. ①垃圾焚化炉–火焰侧防腐　Ⅳ. ①TM62

中国国家版本馆 CIP 数据核字（2023）第 209578 号

出版发行：中国电力出版社
地　　址：北京市东城区北京站西街 19 号（邮政编码 100005）
网　　址：http://www.cepp.sgcc.com.cn
责任编辑：娄雪芳（010-63412375）
责任校对：黄　蓓　常燕昆
装帧设计：赵丽媛
责任印制：吴　迪

印　　刷：三河市万龙印装有限公司
版　　次：2023 年 12 月第一版
印　　次：2023 年 12 月北京第一次印刷
开　　本：787 毫米×1092 毫米　16 开本
印　　张：18
字　　数：359 千字
印　　数：0001—1000 册
定　　价：145.00 元

序

近年来，随着生活垃圾焚烧厂的建设，我国生活垃圾无害化处置能力不断提高，已进入"焚烧为主，填埋托底"的垃圾终端处理格局。垃圾焚烧发电行业"跑马圈地"模式接近尾声，逐步进入"运营为王"时期。在国家双碳政策、垃圾分类、环保标准提高、国家补贴退坡、协同处置成为趋势的大背景下，锅炉主蒸汽参数明显提升、垃圾热值逐步增加、腐蚀性气体氛围更加复杂，锅炉受热面高温防护成为垃圾焚烧炉设计的着重关注点，也是垃圾焚烧发电企业长周期安全稳定运行的迫切需要。

该书对垃圾焚烧炉受热面高温防腐技术的研究及工程应用做了详尽且务实的阐述，主要内容涵盖了以下几部分。

（1）对于目前垃圾焚烧炉受热面高温腐蚀的基本情况，作者进行了系统性的总结与归纳，包括高温腐蚀类型，以及它们的腐蚀产物、机理和速率；并且详细介绍了垃圾焚烧炉的防腐技术与发展，尤其是当前基于制备工艺的防腐涂层体系。

（2）基于常见的镍基高温耐蚀合金防腐涂层材料，作者详细介绍了镍基高温耐蚀合金的材料体系及特性，主要包括 $Ni-Cr_x-Mo$ 系和 $Ni-Cr-Mo_x$ 系高温耐蚀合金。改变合金中 Cr 元素和 Mo 元素的比例，通过成熟的方法制备出相应的材料，并通过电化学测试分析和浸泡腐蚀实验得到其抗腐蚀性能，从而开发出更耐腐蚀的合金涂层。

（3）系统介绍了国内外行业内主流的防腐蚀涂层技术原理及应用效果，包括堆焊、激光熔覆、热喷涂、感应重熔焊、纳米陶瓷涂层等。感应重熔焊技术，由于快速结晶效应，使重熔后的涂层晶粒来不及长大，晶粒细小孔隙率很低（<1%），从而熔覆层与基体的界面结合处存在一个很窄的共混区。经检测，结合界面处的最终沉积物是致密的金属结晶组织，并与基体形成 0.05～0.1mm 的微冶金结合层，其结合强度 150～250MPa。虽然涂层厚度很薄，但其防护性能突出，服役寿命与堆焊很接近，且成本低，所以是一项很有发展前景的涂层防护技术。

（4）根据垃圾焚烧余热锅炉的腐蚀机理及行业经验，作者总结了目前不同参数水平下的锅炉受热面防腐措施，对比了不同参数焚烧厂综合经济效益，并提供了典型垃圾焚烧锅炉防腐工程应用案例及分析，对垃圾焚烧余热锅炉受热面防腐措施提出了合理建议，具有极高的现场及实用价值。

龙吉生博士专注垃圾焚烧发电与污染物控制技术研发及应用 30 年。1994 年起在日本从事废弃物处理及碳排放交易等环保行业咨询；2000～2008 年主要从事垃圾焚烧发电厂建设和运营咨询，负责日本、东南亚及中国多个焚烧厂的建设指导；2008 年回国创立了上海康恒环境股份有限公司，引进国际领先的"Von Roll-日立造船机械炉排炉"技术，通过对该技术消化、再创新，成功开发新一代炉排焚烧技术，打破了焚烧炉全靠进口的局面，带领企业极大地推动了我国垃圾焚烧发电事业。

本书的显著特点是工程实用性强，总结了行业内垃圾焚烧项目中受热面防腐技术发展和现状，研发了适应高参数锅炉防腐的合金涂层，通过实验研究与工程应用得到其腐蚀特性。基于此提出了锅炉受热面防腐设计中合理的设计方案和思路，并在示范项目上得以应用和反馈，对实际工程应用具有指导和参考价值，对垃圾焚烧行业的发展及国家"双碳"目标具有重要意义。此外，从事生活垃圾焚烧处理厂设计、建设、运行的工程技术人员可以从中得到启发和帮助。

中国工程院院士　刘吉臻

2023 年 12 月

前　言

　　随着我国经济的快速发展、人口的增长和城市化进程的加快，城市生活垃圾产量也在急剧增加；同时，生活垃圾的无害化处理也得到了相应的发展，形成了以焚烧发电为主的处理方式。随着技术的不断发展和行业变化，我国生活垃圾焚烧处理装备向着大型化、高参数的方向迈进，同时，对焚烧系统的高效、低碳、稳定运行提出了更高的要求。

　　1987 年，我国开始从国外引进垃圾焚烧发电技术，深圳市首座新建的垃圾焚烧发电厂开始运营。进入 21 世纪，国内的垃圾焚烧发电技术后来居上，迈上了快车道。特别是近年来，随着我国"碳达峰碳中和"战略目标的提出，垃圾焚烧发电技术发展迅猛。垃圾焚烧发电装机容量由 2016 年的 549kW 增至 2022 年的 2386kW，垃圾日处理量由 2016 年的 25.6 万 t/d 增至 2022 年的 97.8 万 t/d。目前，垃圾电站的装机容量和垃圾日处理量均列世界第一。由于城市生活垃圾中的氯、硫、碱金属等是不可能消除的成分，因此在垃圾焚烧过程中，锅炉四管（水冷壁、过热器、再热器、省煤器）金属受热面难以避免受到严重的高温腐蚀。随着垃圾焚烧炉中蒸汽参数逐渐提高，对于锅炉受热面防腐的要求也越加严格。

　　当管壁金属或涂层由于腐蚀脱落，使管壁减薄到一定程度时，管内的高压水汽会冲出，即出现高压泄漏甚至爆管，迫使锅炉非计划停机维护。管壁腐蚀不仅会造成严重的安全隐患，也会对发电效率及经济性造成极大影响。因此，垃圾焚烧锅炉的高温腐蚀防护问题成为阻碍垃圾发电行业发展的瓶颈，严重制约了我国垃圾处理环保产业的快速发展，也是摆在我国垃圾焚烧发电领域科技人员面前亟待解决的问题。多年来，我国该领域的科技人员为此做出了艰苦的努力，取得了不少研究成果。本书是在吸收了近年来国内外垃圾焚烧余热锅炉高温防腐领域研究的基础上，重点对作者多年来的研究成果进行了阐述，旨在为相关科技人员开发锅炉高温防腐新技术提供基础。

本书共分为七章，内容主要包括概述、垃圾焚烧锅炉高温腐蚀现状与理论、垃圾焚烧锅炉防腐涂层技术与发展、垃圾焚烧锅炉防腐涂层的材料体系及特性、垃圾焚烧锅炉防腐涂层的高温腐蚀特性、垃圾焚烧余热锅炉受热面重熔涂层技术研究、垃圾焚烧锅炉的防腐优化设计及应用等。本书可作为新能源技术和表面工程与技术等专业科技人员参考，又可作为相关专业的研究生、本科生的选修或参考教材。

本书由龙吉生、曲作鹏、刘亚成撰写，参与撰写工作的还有焦学军、白力、杜海亮、高峰、龚越、祖道华、韩建国、王永田、黄一茹、王琬丽。

锅炉防腐团队由上海康恒环境股份有限公司和华北电力大学曲作鹏教授团队组成，作者衷心感谢锅炉防腐团队在本书撰写过程中持续提供技术支持。特别感谢华北电力大学刘吉臻院士在本书成稿过程中提出的许多宝贵建议。

限于编者水平，书中难免存在不妥之处，恳请读者和专家批评指正。

作 者

2023 年 12 月

目　录

概　述

1.1　我国生活垃圾产生及处理现状

1.1.1　生活垃圾的产生及性质

随着我国经济的快速发展、人口的增长和城市化进程的加快，城市生活垃圾产量也在急剧增加，如图 1－1 所示。2021 年，我国城市生活垃圾清运量已达 2.49 亿 t，同比增长 5.96%[1]。生活垃圾不仅污染环境、破坏城市形象，更对城市居民的健康和生态系统构成了严重威胁，因此，近年来生活垃圾的处置问题也受到广泛重视，以减量化、资源化、无害化为目标的技术开发与设施建设已逐渐满足处置要求。截至 2021 年底，生活垃圾的无害化率已高达 99.88%。

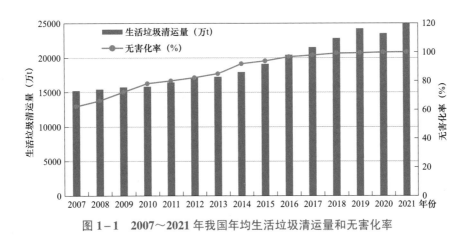

图 1－1　2007～2021 年我国年均生活垃圾清运量和无害化率

我国城市生活垃圾整体上呈现出低热值、高水分、多变化的基本特性。我国疆域辽阔，南北气候不同，气温相差较大，且城市与城市、地区与地区之间的经济发展不平衡，生活垃圾的构成区别明显[2]。由于城市规模、地理条件、居民生活习惯和水平及能源结构等诸多因素影响，不同地区城市生活垃圾成分有很大变化，其热值也因此有较大波动，整体上从北到南各个省份的生活垃圾热值呈增长趋势，如东北地区的生活垃圾热值较低，尤以黑龙江地区的生活垃圾热值最低；南方省市如江苏、浙江、广东等地生活垃圾热值较高，基本在 6000kJ/kg 以上。总体上，我国垃圾的特性决定了处理过程中需要克服很多困难，如多组分、多污染源、异比重、高水分、不同着火点、低热值等。

随着我国社会经济发展，居民生活质量和消费水平不断提升，垃圾热值总体呈现上升趋势。程炬和董晓丹[3]对 2007～2016 年上海市生活垃圾理化特性进行了跟踪调查和统计分析，结果列于表 1-1 中。2016 年，上海平均垃圾堆密度为 154kg/m³，含水率为 58.10%，低位发热量为 5700kJ/kg，可燃分元素总和 28.56%。生活垃圾中的厨余类、纸类、橡塑类含量占近 90%，其中，厨余类 60.40%，橡塑类 17.56%，纸类 11.88%。可回收物含量约占垃圾的 38.90%。除堆密度、厨余类含量下降，可回收物占比逐年上升外，近十年来上海市生活垃圾的理化特性基本稳定。

表 1-1 　　　　　　　　 2007～2016 年上海市生活垃圾理化特性[3]

指标		年份									
		2007	2008	2009	2010	2011	2012	2013	2014	2015	2016
密度（kg/m³）		188	176	173	166	161	189	166	190	177	154
含水率（%）		58.98	57.51	56.97	57.01	54.62	59.94	59.73	60.25	59.28	58.10
低位发热量（kJ/kg）		5790	5250	5470	5600	5750	5080	5680	5580	5800	5700
组分（%）	厨余类	67.37	63.47	63.69	63.51	61.66	64.97	62.21	65.07	61.10	60.40
	纸类	9.01	10.19	11.71	11.90	13.31	9.57	12.66	10.58	12.07	11.88
	橡塑类	15.67	18.26	16.66	16.75	17.11	15.71	16.56	15.99	16.57	17.56
	纺织类	2.58	2.57	2.38	2.29	2.12	2.31	2.14	2.03	2.57	2.85
	木竹类	1.10	1.09	1.24	1.48	1.60	2.69	1.49	2.70	4.52	1.95
	灰土类	0.19	0.10	0.06	0.01	0.12	0.00	0.05	0.08	0.02	0.02
	砖瓦陶瓷类	0.44	0.46	0.51	0.35	0.45	0.53	0.14	0.45	0.44	0.41
	玻璃类	2.35	2.50	2.84	3.03	2.98	2.53	2.29	2.31	2.10	3.57
	金属类	0.50	0.34	0.52	0.48	0.32	0.33	0.35	0.54	0.51	1.08
	其他	0.04	0.06	0.07	0.07	0.21	0.05	0.05	0.15	0.08	0.09
	混合类	0.74	0.97	0.33	0.13	0.12	1.31	2.09	0.11	0.03	0.19

指标		年份									
		2007	2008	2009	2010	2011	2012	2013	2014	2015	2016
元素（%）	氢（H）	2.54	2.60	2.53	2.77	2.61	2.35	2.33	2.05	2.33	2.20
	碳（C）	17.53	17.45	16.69	18.84	18.29	16.53	16.46	16.29	18.19	17.35
	氮（N）	0.39	0.36	0.31	0.31	0.28	0.34	0.31	0.30	0.33	0.34
	硫（S）	0.33	0.36	0.35	0.36	0.32	0.31	0.31	0.26	0.29	0.30
	氧（O）	10.28	8.54	8.86	11.50	11.28	9.75	8.76	9.49	10.30	8.22
	氯（Cl）	0.39	0.32	0.38	0.40	0.33	0.25	0.16	0.14	0.15	0.15
	总计	31.46	29.61	29.12	34.17	33.11	29.53	28.32	28.51	31.58	28.55

垃圾分类作为打好污染防治攻坚战的关键手段，能够有力推动污染防治工作；同时，垃圾分类是践行绿色发展理念、构建生态文明的重要组成部分，不仅可以实现垃圾前端的"减量化"和"资源化"，减少后端垃圾"无害化"设施的处理负荷，还具有如下好处。

（1）提高废品回收利用比例，减少原材料的需求，提高资源的循环利用率，减少二氧化碳的排放。

（2）将有害垃圾分类出来，减少垃圾中的重金属、有机污染物、致病菌的含量，有利于垃圾的无害化处理，减少了垃圾处理的水、土壤、大气污染风险。

（3）有利于生活垃圾源头减量化，减少土地资源的占用。

（4）将高含水率的厨房垃圾分离，提高其他垃圾的焚烧热值，降低垃圾焚烧二次污染控制难度。

2020 年 4 月通过修订的《中华人民共和国固体废物污染环境防治法》，明确要求各地做好生活垃圾分类投放、分类收集、分类运输、分类处理的生活垃圾管理系统，实现生活垃圾分类制度的有效覆盖，我国全面推行垃圾分类制度。2021 年 3 月发布的《中华人民共和国国民经济和社会发展第十四个五年规划和 2035 年远景目标纲要》再次强调建设分类投放、分类收集、分类运输、分类处理的生活垃圾处理系统；全面推行循环经济理念、构建多层次资源高效循环利用体系。深入推进园区循环化改造，补齐和延伸产业链，推进能源资源梯级利用、废物循环利用和污染物集中处置。

整体上，我国生活垃圾分类工作在政策的驱动下，正循序渐进、稳步地开展中。生活垃圾分类标志（来自 GB/T 19095—2019），如图 1-2 所示。

可回收物 Recyclable

可回收物表示适宜回收利用的生活垃圾,包括纸类、塑料、金属、玻璃、织物等。

 有害垃圾 Hazardous Waste

有害垃圾表示《国家危险废物名录》中的家庭源危险废物,包括灯管、家用化学品和电池等。

厨余垃圾 Food Waste

厨余垃圾表示易腐烂的、含有机质的生活垃圾,包括家庭厨余垃圾、餐厨垃圾和其他厨余垃圾等。

其他垃圾 Residual Waste

其他垃圾表示除可回收物、有害垃圾、厨余垃圾外的生活垃圾。

图 1-2 生活垃圾分类标志(来自 GB/T 19095—2019)

根据住房城乡建设部发布的数据,2020 年 46 个重点城市中,生活垃圾分类覆盖 7700 万个家庭,居民小区覆盖率从 2019 年的 53.9%提升至 86.6%,厨余垃圾的处理能力从 2019 年的 3.47 万 t/d 提升至 6.28 万 t/d;生活垃圾回收利用率平均为 30.4%。上海市是我国率先强制生活垃圾分类的城市,2019 年 7 月开始实施,垃圾分类成效显著。上海市生活垃圾分类实行"有害垃圾、可回收物、湿垃圾和干垃圾"四种分类标准。

据有关数据统计表明[4],与 2019 年 6 月份的数据相比,上海市 7 月份的干垃圾产量下降 2300t/d,湿垃圾产量增加 1250t/d,当月干垃圾的低位热值达到了 13054.40kJ/kg,含水率由超过 55%降低至 34.3%。随着强制分类时代的开启,居民的生活垃圾分类习惯也在逐渐地养成。对比 2019 年 6 月份和 10 月份的数据,干垃圾的产量降低了 24%,湿垃圾的产量增加了 25%,可回收物的收集量增加了 49%。8~10 月份,上海市干垃圾和湿垃圾的质量比约为 1.7:1。另有数据显示,2020 年 6 月,上海全市生活垃圾清运总量 96.86 万余,相比上一年同期可回收物回收量(6813.7t/d)增长 71.1%,有害垃圾分出量(3.3t/d)增长 11.2 倍,湿垃圾分出量(9632.1t/d)增长 38.5%,干垃圾处置量(15518.2t/d)下降 19.8%。2019 年 6~10 月份上海市各类垃圾数量变化情况,如图 1-3 所示。2019 年 1~7 月份上海市干垃圾低位热值和含水率变化情况,如图 1-4 所示。

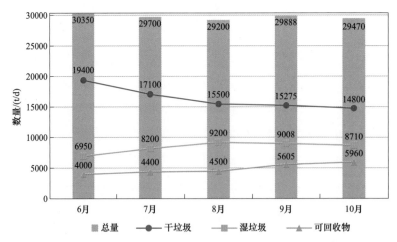

图 1-3 2019 年 6~10 月份上海市各类垃圾数量变化情况

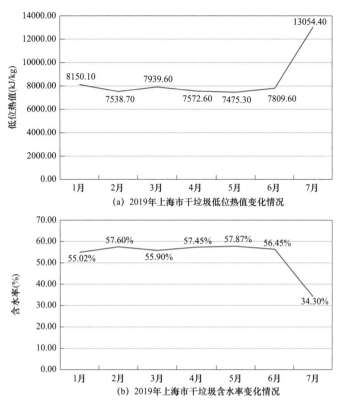

图 1－4　2019 年 1～7 月份上海市干垃圾低位热值和含水率变化情况

随着垃圾分类在国内城市逐渐推广，生活垃圾理化特性的变化将对垃圾焚烧发电产生较大影响。入炉垃圾的热值提升，可直接带来吨垃圾发电量的增加，从而提高上网电量，提升垃圾焚烧电厂的效益。但是，入炉焚烧垃圾热值的提升，对焚烧设施的适应能力提出了更高的要求。针对国内各在建和已投产的垃圾焚烧厂，实际入炉热值的提高造成炉膛热负荷显著提升，炉膛超温趋势会明显增多，炉膛的温度大多都保持在 1000℃ 以上，而焰心处的温度更高，已达到烟气中飞灰的熔融温度，飞灰出现软化现象，垃圾焚烧炉将出现受热面结焦严重，加剧锅炉的高温腐蚀，严重时会影响焚烧炉安全运行。热值提高对垃圾焚烧设施提出了受热面防腐设计优化的新课题。

1.1.2　生活垃圾的处理现状

目前，最常采用的处理方法有 3 种，即卫生填埋、堆肥、焚烧等。2010～2020 年我国生活垃圾无害化处置情况，如图 1－5 所示，其中，生活垃圾的焚烧处理规模逐年增长，2010～2020 年，生活垃圾焚烧无害化处理占比从 21.91% 增长到 58.93%，形成以垃圾焚烧为主的格局。2020 年，国家发展改革委印发的《城镇生活垃圾分类和处理设施补短板强弱项实施方案》明确指出，生活垃圾日清运量超过 300t 的地区，要加快发展以焚烧为主的垃圾处理方式，适度超前建设与生活垃圾清运量相适应的焚烧处理设施，到 2023 年基本实现原生生活垃圾零填埋。2021 年 5 月 13 日，发展改革委、住建部印发《"十四五"城镇生活垃圾分类和处理设施发展规划》，规划提出到 2025 年底，全国城市生活垃圾资源化利用率达到 60% 左右；鼓励有条件的县城推进生活垃圾分类和处理设施建设；全国城镇生活垃圾焚烧处理能力达到 80 万 t/d 左右，城市生活垃圾焚烧处理能力占比 65% 左右。焚烧技术的主要特点：

（1）无害化彻底：高温燃烧可使垃圾中有害物得到完全分解，完善可靠的烟气净化系统可将烟气中污染物的含量处理到环保部门要求的范围内。

（2）减容、减量效果好：使垃圾体积减小 80%～90%，质量减少 70% 以上。

（3）有利于资源再利用：燃烧产生的热量可用于发电或供热。焚烧后可配置余热锅炉和汽轮发电机组发电，通过售电或供热以补助运行费用，降低垃圾处理的政府直接补贴费用。

（4）焚烧技术比较成熟：焚烧过程采用分散控制系统（DCS）控制，可保证燃烧过程处于最佳工况，所以二次污染小。焚烧处理技术也在欧洲、日本等发达国家率先得到了大量应用。

（5）综合效果好：由于污染低、占地面积小，可靠近城市建厂，既节约用地，又减少运输成本，选址相对容易。

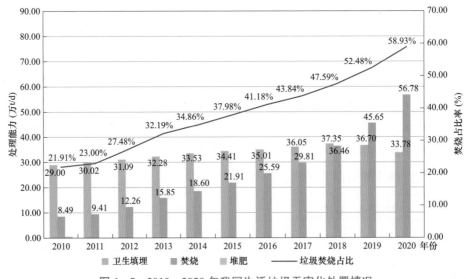

图 1-5 2010～2020 年我国生活垃圾无害化处置情况

我国城市生活垃圾焚烧技术的研究起步于 20 世纪 80 年代中期。"八五"期间被定为国家科技攻关项目，从整体上讲，当时采用焚烧处理城市生活垃圾在我国尚处于起步阶段。这与我国城市生活垃圾中的可燃物含量较低、垃圾热值偏低、经济技术条件较差等综合因素有关。1985 年，深圳市与日本三菱重工公司签订合同，成套引进 2 台日处理能力为 150t/d 的垃圾焚烧炉，成为我国第一个拥有垃圾焚烧厂的城市，并于 1997 年相继建成了第 3 台由杭州锅炉厂生产的日处理 150t/d 的垃圾焚烧炉。2011 年以来，国内许多经济实力较强的沿海大中城市都积极进行生活垃圾焚烧处理研究、设计与建设，生活垃圾焚烧技术和装备快速发展。其间，上海、深圳、北京等大中型城市都已建成了大规模的现代化焚烧厂，随着我国环保政策的不断完善、环保意识的加强、土地资源的紧缺，生活垃圾焚烧处理方式已成为各城市首选的垃圾处理方式。

随着垃圾分类工作的开展和生活垃圾焚烧处理设施的大量投建，预计 2025 年生活垃圾焚烧设施若单纯处理生活垃圾，将出现约 7000 万 t/a 的剩余处理能力，城市垃圾焚烧处理能力与入厂垃圾量情况，如图 1-6 所示。而其他来源有机固废则存在处理能力不足、处置成本高等问题，利用生活垃圾焚烧设施协同处置多种来源有机固废也出现市场和技术的需求[5]。

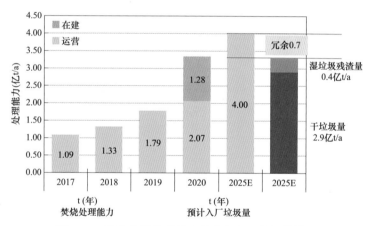

图 1-6　城市垃圾焚烧处理能力与入厂垃圾量情况

《"十四五"城镇生活垃圾分类和处理设施发展规划》中鼓励生活垃圾协同处置，鼓励统筹规划固体废物综合处置基地。积极推广静脉产业园建设模式，探索建设各类固体废弃物的综合处置基地，以集约、高效、环保、安全为原则，发挥协同处置效应；推动建设区域协同生活垃圾处理设施，以降低处理成本，提升处理效果。与生活垃圾相比，一般工业有机固废热值高，具有较大的能源回收利用价值，"新固废法"规定一般工业固体废物焚烧处置，焚烧处置企业无须特殊许可资质，可以跨市转移焚烧。

《生活垃圾焚烧污染控制标准》（GB18485—2014）中也提出在不影响生活垃圾焚烧

炉污染物排放达标和焚烧炉正常运行的前提下，生活污水处理设施产生的污泥和一般工业固体废物可进入生活垃圾焚烧炉进行焚烧处理。同时，各地也颁布了一般工业固废管理处置办法，例如，浙江省环保厅省建设厅《关于要求妥善解决一般工业固废处置问题的通知》（浙环发〔2018〕22号）等有关规定，可考虑将与生活垃圾相近的一般工业固废纳入生活垃圾焚烧设施处置。由此可见，宏观环境长期利好生活垃圾、工业有机固废、污泥等多源有机固废协同处置，助力产业快速发展。

从产业发展角度来看，循环经济产业园模式下的协同处置理念是以资源的高效利用和循环利用为核心，以无害化、减量化、资源化为原则，以低消耗、低排放、高效率为基本特征，是对大量生产、大量消费、大量废弃的传统增长模式的根本变革。一般工业有机固废、污泥分别进行单独焚烧处理，均存在着建厂投资巨大、运行成本高、建设周期长等问题。利用生活垃圾焚烧厂设施，就近协同焚烧处置工业有机固废或污泥，不仅可以降低运输成本，还大大节约了土建和设备的投资成本，降低了运行成本，从而实现工艺协同、设施协同、管理协同，在经济效益和环境保护上均具有显著的优势。

在"碳达峰碳中和"的发展要求下，我国固废处理和资源化利用产业也将在这个过程中迎来整体的提质增效。基于目前已有的生活垃圾焚烧设施规模，利用焚烧设施处理余量协同处置工业有机固废、污泥等多源有机固废，实现城市多源有机固废一体化管理与风险管控，是当前城市固废安全清洁高效处理处置的重要发展方向。然而，垃圾分类和协同处置多种有机固废带来的变化对垃圾焚烧炉的设计与运行提出了更高要求[6]：

（1）垃圾成分变化明显，可燃成分增多，含水率下降，垃圾热值显著提升，焚烧炉热负荷也相应提高，为垃圾焚烧适用高参数创造了良好的空间。

（2）高热值垃圾焚烧炉膛温度大多在1000℃以上，炉排在较高的温度区间运行，且高温氧化腐蚀和高磨损性的条件下，更容易造成炉排损伤，因此恶劣的工况对炉排条材质和炉排结构提出了更高要求。

（3）炉膛温度的提升，可能使炉膛结焦积灰现象更加严重，水平烟道入口烟气温度大幅提高，受热面腐蚀风险加剧，爆管风险增加，锅炉的安全经济运行受到挑战，因此需要焚烧炉的结构设计和一二次配风进行优化，保证炉膛燃烧稳定。

（4）垃圾热值增加、腐蚀性元素含量增加，以及焚烧发电锅炉主蒸汽参数的提高使焚烧炉-余热锅炉受热面面临严重的高温腐蚀风险。有效控制受热面高温腐蚀是减少爆管等非计划性停炉的关键，从而保障垃圾焚烧厂长周期稳定运行。受热面表面涂层防护作为锅炉高温防腐的最主要手段，越来越成为关注核心。

1.2　生活垃圾焚烧技术发展及难点

1.2.1　垃圾焚烧大型化及蒸汽高参数化发展

垃圾焚烧不仅是实现垃圾无害化、资源化、减量化的重要途径，更是最为直观的碳减排路径之一，兼具碳减排和资源利用的属性。2020 年 9 月 22 日，国家主席习近平在第 75 届联合国大会上提出："中国将提高国家自主贡献力度，采取更加有力的政策和措施，二氧化碳排放力争于 2030 年前达到峰值，努力争取 2060 年前实现碳中和"。《中国温室气体自愿减排项目监测报告》认为，垃圾焚烧项目通过焚烧方式替代填埋方式处理生活垃圾，避免了垃圾填埋产生以甲烷为主的温室气体排放，同时利用垃圾焚烧产生热能进行发电，替代以火力发电为主所产生的同等电量，从而实现温室气体（GHG）减排。因此，在碳中和背景下，焚烧厂应不断探索更优的技术促进低碳排放，其中，包括炉排大型化、提高热利用效率及发电效率等。

1. 垃圾焚烧大型化

我国城镇化发展迅速，城镇人口数据增加较快，根据 2014 年国务院发布的《关于调整城市规模划分标准的通知》规定：城区常住人口 100 万以上的城市为大城市。按照人均垃圾产生量 1kg/d 计算，每 100 万人口的垃圾产生量约 1000t/d 的规模。随着我国城镇化的发展，大城市化的趋势也愈加明显，并逐步构建中心城市群。大城市和城市群有显著的区域集聚效应，对产业经济和人口有较强的吸引力和辐射力，以城市为中心的垃圾产生也以规模化的现象存在，垃圾焚烧大规模化的发展需求愈加凸显，为大规模化的生活垃圾焚烧创造了客观条件。实际上，上海、深圳、北京、广州等大城市于 2011 年前后进行大规模生活垃圾焚烧处理，如上海老港一期（3000t/d）、深圳老虎坑二期（3000t/d）、北京鲁家山（3000t/d）、广州李坑二厂（2250t/d）。近年来，单厂规模朝着更大规模化发展，如宁波洞桥（2250t/d）、西安高陵（2250t/d）、南昌麦园（2400t/d）、太原（3000t/d）、杭州临江（5220t/d）、上海老港二期（6000t/d）、深圳东部（5000t/d）。

由于经济水平原因，长期以来垃圾焚烧在我国垃圾处理中的应用较为滞后，发展缓慢，技术水平低下。深圳垃圾焚烧厂引进国外垃圾焚烧设施建成第一座垃圾焚烧厂，日处理规模只有 300t/d。2004～2021 年我国垃圾焚烧厂数量和平均规模[1]，如图 1-7 所示。2001 年我国垃圾焚烧厂平均规模只有 181t/d，随着垃圾焚烧的不断发展，垃圾焚烧厂规模已有显著提升，2011 年平均处理规模约是 2001 年的 5 倍，但规模仍然较小。由于大规模垃圾处理规模需求增加及技术的进步，2011 年之后，垃圾焚烧厂数量开始快速增加，同时规模也在逐渐增大，截至 2021 年，垃圾焚烧厂的平均规模已超 1200t/d。

图 1-7　2004～2021 年我国垃圾焚烧厂数量和平均规模[1]

随着垃圾焚烧发电行业的快速发展，节约资源和能源越来越受到各方关注。焚烧理念不断创新、技术与行业整体提升，不断推动行业向更高的水平发展。垃圾焚烧的大规模化需求也促使垃圾焚烧设施往大型化方向发展。不同焚烧线配置方案优缺点比较见表 1-2。

表 1-2　　　　　　　　　　　不同焚烧线配置方案优缺点比较

项目	2 台炉	4 台炉
单台处理能力	2×1000t/d	4×500t/d
单台运行时间	8000h	8000h
额定年处理量（100%负荷，入炉量）	67 万 t	67 万 t
能否满足远期 2000t/d 处理容量	能	能
维修工作量和人员定额	适中	较大
主厂房占地面积	适中	较大
相对设备投资	一般	稍高
垃圾处理成本	一般	稍高
厂用电率	一般	稍高
系统热效率	高	较高
运行成本	一般	稍高
设备国内运行成熟可靠性	好	好
运行稳定性	好	好
系统灵活性	较好	好
技术风险	较小	较小

从投资角度考虑，在总处理规模确定和技术可行的情况下，全厂采用焚烧线数量越少，单台垃圾焚烧炉规模越大，焚烧炉发电厂设备数量、占地面积、投资金额也越少。另外，在焚烧处理规模一定的情况下，焚烧线越少，则维修、操作、管理更为方便，所需运行人员较少，全厂故障率低，原材料与厂用电率较小，垃圾处理成本低。

炉排炉处理规模增加除提高单炉垃圾处理能力，降低项目投资、运行及维护成本外，同时也提高了锅炉热效率和吨垃圾发电量，实现经济及减碳效益的双赢[7-9]。选取国内15座已投运垃圾焚烧厂，其中1座单炉规模250t/d，6座单炉规模600t/d，7座单炉规模750t/d，1座单炉规模800t/d，采用国家核证自愿减排量（CCER）方法学计算案例焚烧厂碳减排量并取平均值[10-12]，每吨垃圾在单炉规模800t/d中较单炉规模250t/d中的CO_2减排量增加0.08t。不同炉排规模碳减排量对比[9-11]，如图1-8所示。截至2020年1月，全国700t/d以上炉排台数178台，处理能力约13.4万t/d，800t/d以上炉排台数26台，处理能力约4.2万t/d，若750t/d炉排改造使用800t/d炉排，则年碳减排量可增加约90万t。此外，我国700t/d以下炉排约近1000台，若后续改造采用大规模炉排，年碳减排量将达数百万吨。

综合上述各项因素，在满足垃圾处理要求的前提下，垃圾焚烧大型化发展可有效降低投资、运营和维护费用，节约占地面积，提高能源利用效率和减碳效益，且有效节约工程建设时间，提高全厂管理效率[13]。因此，针对垃圾焚烧行业大规模化的发展趋势，有必要开发出大型化垃圾焚烧设施，提升垃圾焚烧厂处理规模，助推垃圾焚烧朝着大规模、清洁、资源化方向发展。

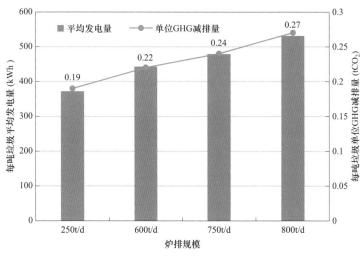

图1-8 不同炉排规模碳减排量对比[10-12]

在垃圾焚烧大型化具备经济、高效、环保等方面优势的同时也会带来一定的问题[14]。由于垃圾处理量增加，使炉排尺寸和焚烧炉容积增大，焚烧炉系统结构更加复杂。这对大型炉排的设计提出了更高的要求，特别是炉排液压驱动系统、热膨胀结构和燃烧室结构。设计既要满足系统运行的稳定可靠性，又要防止高负荷对结构稳定性的影响。例如，炉排液压缸的超温、炉排支撑梁的挠度、焚烧炉膛的结焦、气相空间的燃烬等问题。系统结构设计得不合理则会增加焚烧运行的风险、设备故障停炉检修的可能性。

另外，炉排上垃圾布料不均及风管配风不合理易造成偏烧问题。由于炉膛的尺寸较大，料层厚度和燃烧空气分布可能出现不均匀现象，导致燃烧的温度场、流场分布不均，同时要考虑燃烧负荷波动，导致局部受热面出现高温高流速冲刷的风险[15]，这对锅炉受热面防腐设计有更高的要求。

2. 垃圾热值升高与焚烧的高参数化

全厂热效率的高低和垃圾热值、主蒸汽参数，以及全厂工艺系统和运行管理等多因素综合有关，垃圾分类逐步完善，进入焚烧厂的垃圾热值逐年增加有利于效率提升，垃圾焚烧发电厂的能效水平因其采用的垃圾焚烧发电技术工艺不同而有较大差异。

我国垃圾焚烧发电厂进行供热或热电联产的比例低，大多数属纯发电的垃圾焚烧厂，同欧洲、日本的垃圾焚烧项目相比，上网发电收入占比更高。据吴剑等[16]在《我国生活垃圾焚烧发电厂能效水平研究》一文中的研究，我国焚烧项目能源利用率平均约为21%，参数达到450℃及以上的焚烧厂比例较低，垃圾焚烧发电补贴政策长期看不稳定。为在保证企业绿色发展的同时，提高效益，通过提高全厂热效率来保证垃圾焚烧项目的收益成为垃圾焚烧项目积极采取的重要途径之一。

2020年9月11日，发改能源〔2020〕1421号文的实施生效，标志着垃圾焚烧发电电价补贴正式开启了"国补退坡"之路。中央补贴将通过"央地分担"和"竞争性配置"的方式，逐步从垃圾焚烧发电电价补贴中退出。

（1）电价补贴"央地分担"所产生的影响。发改能源〔2021〕1190号文明确，2020年9月11日之前，全部机组并网的补贴资金全部由中央承担，2020年9月11日之后垃圾焚烧发电全部机组并网项目的补贴资金实行央地分担。其中，西部和东北地区垃圾焚烧项目中央支持比例为60%，中部地区垃圾焚烧项目中央支持比例为40%，东部地区垃圾焚烧项目中央支持比例为20%。对于财政实力较弱的地方，"央地分担"将加重地方政府尤其是区县级政府的财政压力，可能造成部分新建项目启动困难。

（2）电价补贴"竞争性配置"所产生的影响。发改能源〔2021〕1190号文将2021年1月1日（含）以后当年新开工项目列为竞争配置项目，由企业根据自身情况申报上网电价。"竞争性配置"规则下，项目的每千瓦时电补贴强度为企业申报上网电价减去当地现行燃煤基准价，项目的补贴退坡幅度为现行标杆上网电价减去企业申报上网电价。发改能源〔2021〕1190号文对竞争性项目纳入补贴的顺序做出了明确规定，即"垃圾焚烧发电项目按补贴退坡幅度由高到低排序纳入，直至纳入项目所需中央补贴总额达到相应补贴资金额度为止"。"国补退坡"幅度更高的项目可获得排序方面的优先，企业为了更早获取电价补贴资金以达到早日收回投资的目的，可能会在竞争较为激烈的情况下主动降低上网电价的申报，即上网电价低于 0.65 元/kWh，该情形从本质上将降低电价补贴金额。

在国内环保标准提高、国家补贴退坡、生活垃圾分类等背景下，提高锅炉蒸汽参数是锅炉高效运行的有效方式。提高蒸汽参数是提高热效率的基本方法，这方面的研究和实践工作一直是伴随着焚烧技术的发展而不断深入的。20 世纪 70 年代以前利用垃圾热能进行发电时，采用的多是低压参数（1.6MPa，300℃）和次中压参数（2.45MPa，300℃），到 90 年代中后期，将蒸汽参数提高到中温中压（4.0MPa，400℃），21 世纪以来，随着技术的发展，也陆续出现了 5.0～6.5MPa，450℃等次高压参数的应用研究与实践，近两年我国也实现了更高蒸汽参数的落地应用，实现全厂热效率达到 30%以上[17]。

为在保证企业绿色发展的同时，又能提高效益，大多数垃圾焚烧厂更加注重通过提高全厂热效率来提高垃圾焚烧利润；另外，随着国民生产水平提高，垃圾源头分类逐步完善，垃圾热值逐年增加，也为提高蒸汽参数技术提供了有利的技术条件。

提高发电效率可增加生活垃圾焚烧厂吨垃圾碳减排效益，采用高参数、中间再热技术目前是发展方向之一[18]。某项目不同蒸汽参数设计值下碳减排量（CCER）[10-12]，如图 1-9 所示。采用次高压中温参数 6.4MPa/450℃较常规中压中温参数 4MPa/400℃发电效率提高 15%，每吨垃圾的碳减排量增加近 0.04tCO$_2$。

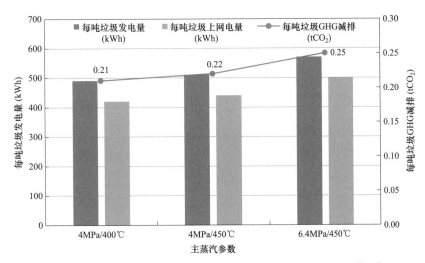

图 1-9 某项目不同蒸汽参数设计值下碳减排量（CCER）[10-12]

垃圾焚烧发电再热技术在欧洲有部分项目应用，例如，德国 Rüdersdorf 焚烧厂使用炉内再热技术后发电效率达到 29.9%，主蒸汽参数 9MPa/420℃；荷兰阿姆斯特丹 AEB

焚烧厂采用炉外再热技术发电效率达到 30% 以上，主蒸汽参数 13.0MPa/440℃。康恒环境河北三河项目采用了炉外再热技术，采用了全球首台中温超高压蒸汽、炉外除湿耦合再热双缸汽轮发电机组，全厂发电效率 30% 以上，主蒸汽参数 13.5MPa/450℃，每吨垃圾的碳减排量增加近 $0.10tCO_2$。2020 年中国进厂垃圾焚烧量达 1.46 亿 t，入炉垃圾量估算约 1.17 亿 t，我国不同地区入炉吨垃圾发电量分布范围为 366～467kWh/t[8]，假设国内 50% 以上垃圾焚烧厂可采用高参数及蒸汽再热技术，全厂电效率从 22% 提高至 30%，则每年可多发电约 89 亿 kWh，年碳减排量可增加近 500 万 t。

蒸汽参数与汽轮机组的发电效率成正比，蒸汽参数越高，发电效率越高。表 1-3 中数据按照 3×750t/d 焚烧线配 2 台汽轮发电机组，入炉垃圾低位热值为 7955kJ/kg（1900kcal/kg）进行计算，假定各种参数余热锅炉效率相同，均为 82%，汽轮机均采用高转速。计算结果表明，采用中温次高压和次高温次高压参数分别比中温中压参数效率提高 15.07% 和 16.68%。

蒸汽参数的变化对汽轮机发电功率和全厂热效率的影响主要体现在以下两个方面。

（1）在压力相同的情况下，蒸汽温度越高，发电效率越高。在进汽压力和排汽压力一定的情况下，排汽在湿蒸汽区域，蒸汽初温提高即提高其循环热效率；提高蒸汽温度，使排汽干度提高，减少了低压缸排汽湿汽损失。提高蒸汽温度使其比体积增大，当其他条件不变时，汽轮机高压端的叶片高度加大，相对减少了高压端漏汽损失，因而可提高汽轮机的内效率，因此提高蒸汽温度，发电效率相应提高是不可否认的。

（2）在进汽温度和排汽压力一定的情况下，单纯提高蒸汽压力，当初焓在某一压力达到最大值后，继续提高蒸汽初压，焓值开始降低并先慢后快，提高初压使蒸汽湿度增加，进入汽轮机的比体积和容积流量减小，相对加大了高压端漏汽损失，有可能发生局部进汽而导致鼓风损失、斥汽损失，使汽轮机相对内效率下降。当温度为 450～485℃中一定值时，压力上升至 7MPa 左右，机组功率为最大值，大于 7MPa 功率提升的比例逐渐减小，机组排汽湿度随主蒸汽压力的升高而持续增加，因此，建议汽轮机进汽参数为 450～485℃时，压力控制在 7MPa 以内，选择 6.4MPa 是合理的。

垃圾焚烧余热锅炉热效率与垃圾热值和成分、燃烧空气温度、余热锅炉选用的过量空气系数、排烟温度和灰渣含碳量都有密切关系。蒸汽参数对余热锅炉本身的效率影响并不大，但随着蒸汽参数的提高，垃圾焚烧余热锅炉的腐蚀风险也相应提高，这制约着蒸汽参数的选取。

综上所述，由于蒸汽参数的提高必然造成锅炉的受热面处在更恶劣的腐蚀环境中，造成锅炉腐蚀加剧，因此，提高蒸汽参数要考虑锅炉腐蚀的影响是必然的，而且随着蒸汽温度的提高，当锅炉采取更优质的材料或增加堆焊的面积时，锅炉的投资成本会大幅提高。

1.2.2　锅炉长周期安全稳定运行的需求凸显

近年来，随着垃圾焚烧厂的建设，我国垃圾无害化处置能力和处置量不断提高。2006年，我国垃圾无害化处理能力为24.6万t/d，无害化率为52%，到2021年垃圾无害化处理能力达到105.7万t/d，处理率达到99.9%。垃圾焚烧量占无害化处理总量的比例从2006年的16.2%发展到2021年的73.3%。截至2021年，全国生活垃圾焚烧厂数量为583座，生活垃圾焚烧处理能力高达71.95万t/d。据此，我国已进入"焚烧为主，填埋托底"的垃圾终端处理格局。2018～2020年，国家规划垃圾焚烧设施合计272座，垃圾焚烧处理能力合计24.849万t/d，而2021～2025年规划垃圾焚烧设施合计191座，垃圾焚烧处理能力合计15.175万t/d。无论是项目数量还是处理规模，未来10年（2025～2035年）的新增能力明显减缓。2020年以来，我国新增垃圾焚烧发电项目逐渐减少，垃圾焚烧发电行业"跑马圈地"模式接近尾声，逐步进入"运营为王"时期[19]。2001～2021年垃圾焚烧厂变化情况，如图1-10所示。

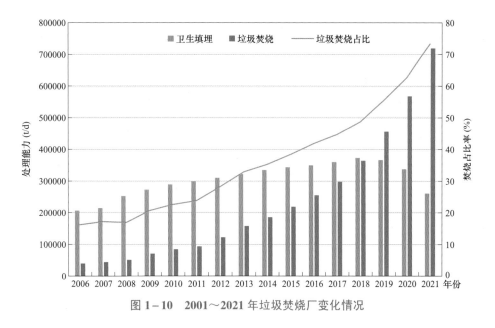

图1-10　2001～2021年垃圾焚烧厂变化情况

我国垃圾焚烧发电项目收入主要来自发电收入和垃圾处置补贴费，由于我国垃圾补贴处置费较低，一般不超过项目收入的35%。同欧洲、日本的垃圾焚烧项目相比，上网发电收入占比更高，发电收入占比高达65%～75%。"清洁低碳、安全高效"是垃圾焚烧行业高质量发展之路。目前，国内垃圾焚烧锅炉蒸汽参数主要以常规参数（蒸汽参数：4.0MPa/400℃）和高参数（蒸汽参数：6.4MPa/450℃ 或 6.4MPa/485℃）为主，个别更高参数垃圾焚烧锅炉（13.5MPa/450℃）近期已投入使用[20]。2021 年国内不同蒸汽参数的焚烧厂数量统计，如图 1-11 所示，图 1-11 中可看出 4.0MPa/400℃为国内的主要选择。

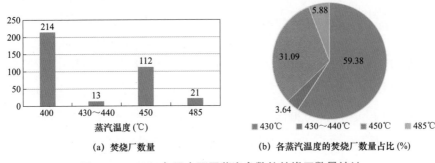

(a) 焚烧厂数量 (b) 各蒸汽温度的焚烧厂数量占比 (%)

图 1-11　2021 年国内不同蒸汽参数的焚烧厂数量统计

　　欧洲、中国垃圾焚烧厂蒸汽温度的分布情况[21]，如图 1-12 所示。欧洲项目中高参数项目较少，而我国近年来更倾向于选择高参数主蒸汽温度。由于欧洲、日本垃圾焚烧发电项目收入中垃圾处置补贴费较高，发电收入占比较少，且国外垃圾热值明显高于国内，部分项目采用高参数后曾发生过多次高温腐蚀爆管，故为了保持垃圾焚烧发电厂长期稳定运行，国外更加倾向于常规参数。

　　相比于 4.0MPa/400℃常规参数垃圾焚烧锅炉，采用 6.4MPa/485℃、13.5MPa/450℃蒸汽参数的发电效率分别提升了 16.68%、41.7%。因此，在国内环保标准提高、国家补贴退坡、生活垃圾分类等背景下，提高锅炉蒸汽参数是高效运行的有效方式[22]。由于生活垃圾成分复杂，垃圾中含有大量的氯（Cl）、硫（S）、钠（Na）、钾（K）、铅（Pb）、锌（Zn）等腐蚀性介质，采用更高蒸汽参数的垃圾焚烧锅炉受热面将遭受更严重的高温腐蚀，其导致的频繁爆管已成为困扰垃圾焚烧企业长期稳定运行的主要问题，阻碍了垃圾焚烧发电行业的进一步发展。某垃圾焚烧集团统计数据显示，垃圾焚烧锅炉 80%的爆管发生在高温过热器或局部中、低温过热器的迎风面[23]。某垃圾焚烧锅炉运行两年后，停炉检查发现高温过热器管壁最小壁厚小于 2.5mm，已不能满足正常运行需要。受热面管壁腐蚀减薄异常问题已成为锅炉爆管频发的主要原因[24]。另据某垃圾焚烧集团统计，高温腐蚀导致的爆管概率占比第一，爆管停炉已严重危及垃圾焚烧电厂安全、稳定运行，且单次爆管停炉直接和间接损失高达 136 万元。过热器与水冷壁腐蚀典型失效宏观形貌[24]，如图 1-13 所示。31.3%的爆管现象发生的原因是高温腐蚀，发生在运行两年左右的时间段；28.1%的现象发生是施工质量不过关；此处还包括设计缺陷、产品质量等因素。爆管原因分析，如图 1-14 所示。单次爆管导致的停炉经济损失见表 1-3。

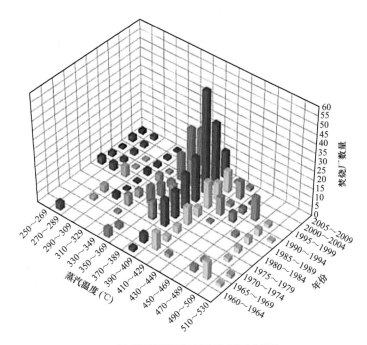

(a) 欧洲垃圾焚烧厂蒸汽温度的分布情况

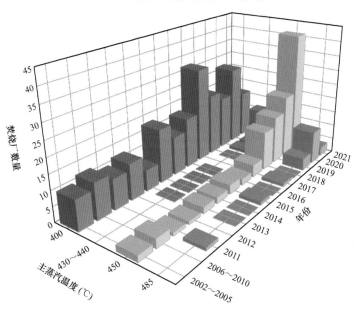

(b) 中国垃圾焚烧厂蒸汽温度的分布情况

图 1-12　欧洲、中国垃圾焚烧厂蒸汽温度的分布情况

(a) 过热器穿孔

(b) 水冷壁腐蚀爆管

图 1-13　过热器与水冷壁腐蚀典型失效宏观形貌[25]

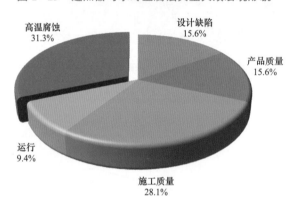

图 1-14　爆管原因分析

表 1-3　　　　　　　　　　　单次爆管导致的停炉经济损失测算

项目	费用（万元）
直接损失	
燃油（12t）	7.67
材料与人工	15
间接损失（停5天）	
上网发电费用	76
垃圾处理费	37.5
总计	136.17

注　以处理量 750t/d，热值 1900kcal/kg，标杆电价 0.420 7 元/kWh，补贴费 100 元/t 为例计算。

随着锅炉蒸汽的高参数化，蒸汽温度的提升使余热锅炉各受热面壁温相应提高，这将导致面临的高温腐蚀威胁也会愈加严重，大大缩短锅炉使用寿命。因此，如何在优化发电蒸汽参数、提高垃圾焚烧发电效率基础上，有效控制余热锅炉受热面的高温腐蚀，已然成为国内研究热点，也是垃圾焚烧发电企业长周期安全稳定运行的迫切需要。

参 考 文 献

[1] 中华人民共和国住房和城乡建设部. 中国城市建设统计年鉴 [M]. 北京：中国统计出版社，2022.

[2] 王延涛，曹阳. 我国城市生活垃圾焚烧发电厂垃圾热值分析 [J]. 环境卫生工程，2019，27（5）：41 – 44.

[3] 程炬，董晓丹. 上海市生活垃圾理化特性浅析 [J]. 环境卫生工程，2017，25（4）：36 – 40.

[4] 贾悦，李晓勇，杨小云. 上海市 1986—2019 年生活垃圾理化特性变化规律研究 [J]. 环境卫生工程，2021，29（03）：20 – 25.DOI：10.19841/j.cnki.hjwsgc.2021.03.003.

[5] 张蓓，张小平，孟晶，等. 城市生活垃圾与工业有机固废协同处置中有机污染物生成特征及控制技术 [J]. 环境化学，2022，41（05）：1809 – 1823.

[6] 龙吉生. 城市源固废协同处理与资源化关键技术研发及集成应用 [J]. 中国环保产业，2022，284（02）：55 – 56.

[7] 龙吉生，朱晓平，徐文龙，等. 大规模生活垃圾高效清洁焚烧关键技术研发及产业化应用. 建设科技，2021（13）：28 – 31.

[8] 龙吉生. 生活垃圾焚烧发电厂发电量变化趋势分析. 环境卫生工程，2020，28（01）：30 – 34.

[9] 龙吉生，杜海亮，邹昕，等. 关于城市生活垃圾处理碳减排的系统研究[J]. 中国科学院院刊，2022，37（08）：1143 – 1153.

[10] 中国清洁发展机制网.CM – 072 – V01 Multiple waste disposal methods.

[11] EGGLESTON H S, BUENDIA L, MIWA K, et al. 2006 Intergovernmental Panel on Climate Change(IPCC) Guidelines for National Greenhouse Gas Inventories [R]. Japan: IGES, 2006.

[12] 岳优敏，彭小军. 提高垃圾焚烧锅炉蒸汽参数的可行性研究 [J]. 工程技术研究，2021，6（15）：122 – 124.DOI：10.19537/j.cnki.2096 – 2789.2021.15.054.

[13] 中华人民共和国生态环境部.2019 年度减排项目中国区域电网基准线排放因子 [EB/OL].

[14] 龙吉生，朱晓平，徐文龙，等. 大规模生活垃圾高效清洁焚烧关键技术研发及产业化应用[J]. 建设科技，2021，433（13）：28 – 31.DOI：10.16116/j.cnki.jskj.2021.13.003.

[15] 龙吉生，尤灏，杜海亮. 垃圾热能利用锅炉过热器腐蚀 CFD 模拟分析与锅炉改进 [J]. 环境卫生工程，2020，28（02）：42 – 45 + 50.DOI：10.19841/j.cnki.hjwsgc.2020.02.009.

[16] 吴剑，蹇瑞欢，刘涛. 我国生活垃圾焚烧发电厂的能效水平研究 [J]. 环境卫生工程，2018，26（03）：39 – 42.

[17] 李桐. 垃圾焚烧电厂高效发电技术分析 [J]. 清洗世界，2022，38（06）：6 – 8.

［18］罗正锐. 垃圾焚烧发电厂的运行优化分析［J］. 集成电路应用，2022，39（11）：342－343.DOI：10.19339/j.issn.1674－2583.2022.11.155.

［19］焦学军，张桂仙，沈咏烈，等. 中国垃圾焚烧发电政策回顾与分析［J］. 环境卫生工程，2020，28（06）：57－65. DOI：10.19841/j.cnki.hjwsgc.2020.06.009.

［20］陈善平，秦峰，孙向军，等. 垃圾焚烧发电厂余热锅炉蒸汽参数的比较研究［J］. 黑龙江电力，2010，32（03）：204－208.DOI：10.13625/j.cnki.hljep.2010.03.009.

［21］施庆燕，焦学军，周洪权. 欧洲生活垃圾焚烧发电发展现状. 环境卫生工程，2010，6（18）：36－39.

［22］严浩文. 高热值 MSW 焚烧高参数余热锅炉设计［J］. 工业锅炉，2022，194（04）：25－30.DOI：10.16558/j.cnki.issn1004－8774.2022.04.005.

［23］龙吉生，严浩文，刘建. 垃圾焚烧余热锅炉过热器高温腐蚀原因分析及改造优化［J］. 环境卫生工程，2022，30（06）：22－27.DOI：10.19841/j.cnki.hjwsgc.2022.06.005.

［24］曲作鹏，钟日钢，王磊，等. 垃圾焚烧发电锅炉高温腐蚀治理的研究进展［J］. 中国表面工程，2020，33（3）：50－60.

2

垃圾焚烧锅炉高温腐蚀现状与理论

2.1 背景及意义

2.1.1 垃圾焚烧锅炉受热面爆管现状

典型的城市生活垃圾焚烧发电工艺流程，如图 2-1 所示。

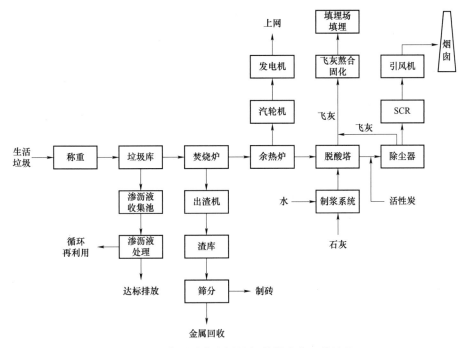

图 2-1 典型城市生活垃圾焚烧发电工艺流程

垃圾焚烧发电厂的核心设备是垃圾焚烧炉，而垃圾焚烧炉的核心设备是炉排。目前，国内采用的垃圾焚烧炉有循环流化床焚烧炉和机械炉排炉两种主流垃圾焚烧炉，而炉排炉以运行稳定、燃烧室温度易控制、燃烧效率高、热灼减率低、环保排放指标低等优点，被国内垃圾焚烧发电企业广泛采用。由于焚烧的垃圾成分复杂，焚烧炉在运行过程中会产生故障，其中，比较常见的故障有受热面爆管泄漏、炉排机械故障、焚烧炉严重积灰结渣造成锅炉停运等[1]。其中，受热面泄漏故障是最常见的故障，严重影响锅炉的长周期稳定运行。研究发现，垃圾焚烧锅炉受热面的爆管原因可分为高温腐蚀爆管、垃圾设计热值不合理、设计不合理、安装质量不合格、高参数垃圾焚烧炉设计经验不足、烟气冲刷磨损、管材质量不合格、运行调整不当等[2]。垃圾焚烧锅炉受热面爆管的外观照片，如图 2－2 所示。

图 2－2　垃圾焚烧锅炉受热面爆管的外观照片

（1）高温腐蚀导致的爆管。垃圾中含有大量高碱、高氯及其他腐蚀性物质，造成垃圾焚烧的烟气腐蚀性增强，导致余热锅炉受热面的高温腐蚀[3－5]。高温腐蚀导致锅炉受热面爆管的研究案例较多，例如，某公司[6]2005 年垃圾焚烧炉受热面高温段出现大面积爆管，检查发现受热面管外壁有腐蚀的凹坑。通过化验分析，该公司受热面爆管的主要原因是高温腐蚀和磨损。李莉[7]针对某垃圾焚烧电厂受热面泄漏问题，提出了气态氯腐蚀[8]和碱金属硫酸化腐蚀[9]观点，腐蚀的主要产物是 $FeCl_3$ 和 $K_2Fe(SO_4)_2$、$Na_2Fe(SO_4)_2$ 复合硫酸盐，导致垃圾焚烧锅炉受热面腐蚀爆管。胥杨[10]针对某厂 400t/d 垃圾焚烧炉过热器的研究结果显示，过热器管爆管原因是超温环境下的过载失效断裂。通过研究可知，高温腐蚀是生活垃圾焚烧余热锅炉受热面最常见的一种腐蚀形式。由于受热面管外壁工作环境恶劣，烟气中含有大量的 HCl、Cl_2、SO_2 等酸性气体和 Na、K 等碱金属元素；同时，由于受热面管外部烟气温度较高、管内部的蒸汽温度也较高，使受热面管壁温度能够维持在较高温度范围内，而受热面的工作温度恰好满足高温腐蚀的反应温度。

（2）垃圾设计热值不合理导致的爆管。在设计阶段，一般会根据垃圾热值分析报告的热值数据，为垃圾焚烧锅炉设定合理的垃圾热值，以保障垃圾焚烧炉能够适应当地的生活垃圾特性，并保障最大范围的运行调整区间，满足城市生活垃圾的复杂波动特性。

在余热锅炉设计阶段，根据垃圾的设计热值来计算各蒸发受热面面积和过热受热面面积，合理布置各段受热面，保障各段受热面在合理的工作环境下，以保障锅炉长周期稳定运行[11]。如果垃圾采样不合理或垃圾热值分析存在较大偏差，会造成采样分析得出的垃圾热值不能真实反映当地垃圾的热值特性，从而进一步影响锅炉设计，可能会导致受热面面积设计不合理或受热面布置不当；使受热面工作在高温环境下，造成管外壁积灰结渣、局部超温运行，最终造成锅炉超温爆管。

（3）设计不合理、安装质量不合格导致的爆管。黄洁[12]根据某垃圾焚烧发电厂的250t/d 垃圾焚烧锅炉爆管的问题，提出受热面爆管的主要原因是疏水管管径过大，同时，疏水管设计不合理导致冷热工质交替冲刷管道焊缝，最终因金属疲劳[6]而产生爆管。韩舒飞[13]对国内某垃圾焚烧发电厂受热面爆管问题，提出过热器的结构设计不合理及设备制造、安装存在质量问题，导致过热器管屏的膨胀受限，过热器管束应力不均衡；运行中的交变应力与安装产生的应力相叠加，加速过热器爆管处的金属蠕变和破坏速度，最终造成锅炉过热器爆管。吴威宁[14]针对厦门某垃圾焚烧发电厂400t/d 垃圾焚烧锅炉爆管问题，除说明高温腐蚀是导致爆管的直接原因外，还提出了蒸汽吹灰器安装位置不合理、吹灰蒸汽压力过高导致蒸汽对锅炉管壁的吹损，最终造成爆管。戴玉玲[15]针对国内某500t/d 垃圾焚烧锅炉爆管的问题研究显示，该厂受热面设计不合理，面积偏大，造成主蒸汽温度高，高温过热器壁温超温；由于过热器的设计不合理，造成工质流速偏低，导致管内存在工质流量偏差大，造成过热器管壁局部超温，导致过热器频繁爆管。某些公司在设备初期安装、焊接质量不合格。例如，强力装配、带应力焊接、焊接缺陷等使应力集中在某个焊口，导致运行时，在交变应力作用下，应力释放，受热面焊缝泄漏。

（4）设计经验不足导致的爆管。有研究者提出垃圾焚烧锅炉的余热锅炉设计采用高参数，由于高参数垃圾焚烧余热锅炉的设计经验不足和基础设计数据缺乏，导致余热锅炉的爆管。比如，骆俊[16]研究提出，余热锅炉采用高参数（如 5.0MPa、485℃），但受热面积灰污染系数缺乏研究数据，设计阶段对过热器的节距、布局、积灰污染规律等缺乏科学依据。研究表明，管束积灰腐蚀程度随时间呈高斜率增长，同时，过热器入口烟温又高于650℃，就会导致管壁局部超温，引发锅炉高温腐蚀爆管。

（5）烟气冲刷磨损导致的爆管。烟气冲刷磨损主要是烟气中含有大量的灰渣颗粒，这些颗粒物质在引风机的作用下跟随烟气流动，不断的冲刷管壁，尤其是过热器第一排管排，冲刷更加严重，有研究显示，管排的磨损程度与烟气流速的三次方成正比例关系。为了能够降低烟气的冲刷磨损，一般会设计合理的烟气流速，而烟气流速与炉膛容积、垃圾热值、垃圾燃烧工况、垃圾处理量、一次配风和二次配风等相关；因此，设计阶段就要充分考虑在满足环保要求的同时，尽量控制烟气流速，降低冲刷磨损。

在运行操作中，也要合理配风，保持适当的过量空气系数，保证能够完全燃烧且符合环保要求，同时，控制适当的炉膛负压、烟气流速等，这些都是控制烟气冲刷磨损的重要手段。

（6）管材质量不合格导致的爆管。因为垃圾成分复杂且含有高氯物质，同时，受热面的工作环境恶劣，为保障受热面长周期稳定运行，保障城市生活垃圾的处置需求。一般过热器都会采用抗腐蚀、抗磨损的合金钢，如 12Cr1MoVG。这种材质的过热器管壁工作温度可达 580℃，具有持久的耐高温性质。12Cr1MoVG 管材由多种合金元素构成，可提高合金钢的强度、韧性、抗腐蚀、耐磨特性。有研究者提出锅炉管采用 15Mo3 材质，该材料的使用温度仅为 480℃；有研究表明 15Mo3 钢材生产的过热器长期运行在 480℃以上，会产生石墨化，造成过热器管强度下降，导致过热器爆管。

（7）运行调整不当导致的爆管。垃圾焚烧锅炉运行不当导致锅炉爆管的现象也比较常见。城市生活垃圾处理需求大以及国内某些垃圾焚烧发电厂为谋求更高收益，使得部分垃圾焚烧发电厂的焚烧炉处于超负荷运行状态。超负荷运行带来一系列影响，例如，过热器入口烟气温度升高，加剧高温腐蚀，导致过热器爆管频发。有的垃圾焚烧发电厂由于掺烧工业垃圾和陈腐垃圾，导致入厂垃圾热值波动大，运行调整不当，造成锅炉燃烧不稳，负荷大幅波动，使余热锅炉的入口烟气流速、温度大幅波动，管外壁交变热应力急剧变化，受热面管壁氧化皮减薄剥落，从而频繁爆管。

2.1.2 垃圾焚烧锅炉的高温腐蚀问题

生活垃圾中碱金属和氯元素的含量较高，这是由于垃圾中塑料、橡胶和餐厨含量较高。在焚烧过程中，这些元素相互作用会引起严重的高温腐蚀问题。这是因为它们首先反应生成腐蚀性的物质进入烟气中，然后通过气体冷凝、黏附较大的颗粒、烧结和结渣等化学反应沉积在传热面上。在锅炉管表面沉积的富含氯化物的沉积物通常会引起生活垃圾电厂锅炉受热严重的腐蚀问题。这一腐蚀问题给垃圾焚烧电厂带来了严重的安全隐患，也极大地降低了垃圾焚烧发电厂的生产效率。

通过对受热面管壁外部物质的化验分析可知，主要物质为碱金属硫酸盐，包括 Na_2SO_4、K_2SO_4 和 $FeCl_2$ 等产物，这几种产物在 600～900℃ 的温度环境下，变成熔融态，与灰渣混合在一起黏附在锅炉管外壁，进一步侵蚀管壁，形成复合型硫酸盐产物。这种复合硫酸盐组织结构多孔松散，为深入腐蚀管壁提供良好的反应条件，在合适的反应条件下，Cl_2、复合碱金属硫酸盐、碱金属氯化物等物质都在不断地腐蚀管壁。垃圾燃烧烟气中的碱金属氯化物会随着高温燃烧烟气冲刷换热器管段，通过一系列物理和化学反应沉积在管壁上，造成管壁的结渣与腐蚀。早期我国某垃圾发电站运行 100 天就因过热器的高温腐蚀而严重损毁。通过对遭受腐蚀的锅炉材料进行分析，结果表明过热器表面大量的沉积物是造成爆管的主要原因。通过对管壁沉积物采样分析，沉积物中高浓度碱金属、重金属的氯化物和硫酸盐引起广泛重视。国内外大量文献表明，沉积物中的钙、钾、钠的氯化物和硫酸盐是引起锅炉积灰和腐蚀的关键。

　　为提高垃圾焚烧电厂的发电效率，增加发电量，必须不断提高蒸汽温度参数，可以预见，未来垃圾焚烧电厂的腐蚀温度会进一步提高，这势必导致未来生活垃圾焚烧发电厂的腐蚀问题更为严重。锅炉管一旦发生高温腐蚀，不仅降低锅炉的发电功率，减少设备的使用寿命，增大锅炉维修的次数，甚至会直接导致泄漏事件的发生，给锅炉机组运行的安全性带来严重威胁。然而，现阶段垃圾焚烧发电厂锅炉管材的服役温度和耐蚀性都无法完全满足发电厂的高温熔融氯盐的腐蚀环境。燃烧过程中腐蚀元素的迁徙过程[17]，如图 2-3 所示。因此，研发超强高温耐蚀防护涂层用于未来垃圾焚烧电厂的锅炉管材是非常有必要且有实际意义的。

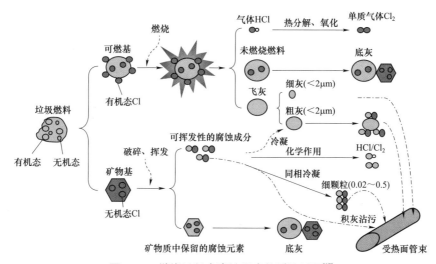

图 2-3　燃烧过程中腐蚀元素的迁徙过程[17]

2.1.3　垃圾焚烧锅炉高温防腐的迫切性

　　目前，垃圾焚烧发电是国际上公认最有发展前景的垃圾处理方式。我国垃圾发电产业后来居上，目前的规模为全球领先，但我国垃圾焚烧发电技术在中、小城市的普及率与一些发达国家还有差距。其中，垃圾焚烧系统关键受热面腐蚀是目前困扰国内大多数垃圾焚烧厂的一大难题，垃圾焚烧锅炉每年因腐蚀引发的事故远高于同级别的燃煤锅炉。由于锅炉四管都属于压力部件，一旦发生管壁腐蚀减薄就容易出现爆管。因此，锅炉管道的腐蚀问题已成为影响垃圾焚烧行业发展的瓶颈。

　　高温腐蚀是金属材料在高温下与环境介质发生反应引起的破坏。通常垃圾焚烧锅炉管壁工作烟温较高，管内工质为蒸汽，换热性能较差，它是易发生高温腐蚀的部件。管壁面上覆盖有飞灰选择性沉积附着层,其结构为金属基体+氧化层+浸润性附着内层+外附着层。生活垃圾中所含的氯在锅炉管的高温腐蚀中起着很重要的作用。当垃圾中含氯量达到一定值时,它的作用远远超过了硫的作用。研究结果表明,当燃料中氯含量大于0.3%时,与氯有关的高温腐蚀倾向严重。世界四大锅炉制造商也以燃料中氯含量0.3%左右作为其考虑高温腐蚀的参考值。研究还发现,在锅炉管的高温腐蚀中,硫的腐蚀是一次性的,而氯的腐蚀是重复性的。因此,氯腐蚀危害性更不容忽视。生活垃圾焚烧发电锅炉管的腐蚀机理示意,如图2-4所示。

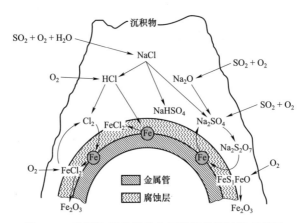

图2-4 生活垃圾焚烧发电锅炉管的腐蚀机理示意

2.2 垃圾焚烧锅炉高温腐蚀类型

2.2.1 含氯气体引起的腐蚀

垃圾燃烧过程中的腐蚀主要与气态 HCl 和 Cl_2 有关。垃圾焚烧锅炉管壁被置放在高温氧化环境中,管壁金属表面可形成一层致密的氧化保护膜来阻止内部的金属被腐蚀和氧化。然而,HCl 和 Cl_2 可穿透该保护膜并与内部金属直接发生反应形成金属氯化物。其反应式如下。其中,M 代表金属。

$$M(s) + Cl_2(g) \rightarrow MCl_2(s) \tag{2-1}$$

$$M(s) + 2HCl(g) \rightarrow MCl_2(g) + H_2(g) \tag{2-2}$$

$$MCl_2(s) \rightarrow MCl_2(g) \tag{2-3}$$

2.2.2 固态碱金属氯化物引起的腐蚀

有关研究表明,以生活垃圾为燃料的锅炉换热面上的腐蚀主要是由沉积物中的碱金属氯化物引起的。即使在温度低于碱金属氯化物熔点的情况下,锅炉管换热面上的腐蚀也很严重。当温度高于 400℃时，碱金属化合物可以明显地增加普通钢和奥氏体钢的氧化速度。

（1）碱金属氯化物的硫酸盐化。碱金属氯化物的硫酸盐化可以加强腐蚀。沉积的碱金属氯化物可与流过其表面气体中的 SO_2 或 SO_3 反应生成硫酸盐并释放 Cl_2，当有水蒸气存在时释放 HCl，其反应式如下。

$$4KCl(s) + 2SO_{2(g)} + O_2(g) + 2H_2O(g) \rightarrow 2K_2SO_4(s) + 4HCl(g) \qquad (2-4)$$

$$2KCl(s) + SO_2(g) + O_2(g) \rightarrow K_2SO_4(s) + Cl_{2(g)} \qquad (2-5)$$

被释放的 HCl 可向金属基体表面扩散，并与金属反应生成金属氯化物（$FeCl_2$ 或 $CrCl_2$），或根据式（2-6）被氧化成 Cl_2：

$$4HCl(g) + O_2(g) \rightarrow 2H_2O(g) + 2Cl_2(g) \qquad (2-6)$$

部分 MCl_2（g）气体通过沉积层向外扩散，扩散到氧气分压高的部位，并与氧根据式（2-7）和式（2-8）反应生成金属氧化物，其中，$M \in \{ Fe, Cr, Ni \}$。

$$4MCl_2 + 3O_2(g) \rightarrow 2M_2O_3(s) + 4Cl_2(g) \qquad (2-7)$$

$$4MCl_2 + O_{2(g)} + 4H_2O(g) \rightarrow 2M_2O_3(s) + 8HCl(g) \qquad (2-8)$$

碱金属氯化物被硫酸盐化后，Cl 或 Cl_2 被释放出来重新向金属表面扩散，其腐蚀的机理和上面描述的气态氯引起的腐蚀相似。

（2）固体碱金属氯化物与金属氧化膜直接反应。碱金属氯化物可与氧化膜根据式（2-9）～式（2-12）直接发生反应。

$$4KCl(s,l) + Cr_2O_3(s) + 5O_2 \rightarrow 2K_2CrO_4(s,l) + 2Cl_2(g) \qquad (2-9)$$

$$4KCl(s,l) + 2Fe_2O_3(s) + O_2 \rightarrow 2K_2Fe_2O_4(s,l) + 2Cl_2(g) \qquad (2-10)$$

$$8NaCl(s,l) + 2Cr_2O_3(s) + 5O_2 \rightarrow 4Na_2CrO_4(s,l) + 4Cl_2(g) \qquad (2-11)$$

$$4NaCl(s,l) + 2Fe_2O_3(s) + O_2 \rightarrow 2Na_2Fe_2O_4(s,l) + 2Cl_2(g) \qquad (2-12)$$

反应生成的 Cl_2 扩散到金属表面，并发生由气态 Cl_2 引起的腐蚀。

2.2.3 熔融态碱金属氯化物引起的腐蚀

纯碱金属氯化物的熔化温度为 774℃，然而碱金属氯化物可与不同的化学物质形成低熔点的共晶化合物。例如，KCl 可与铁和铬的氯化物形成低熔点的共晶化合物。KCl、$CrCl_2$ 和 $FeCl_2$ 形成的共晶化合物的熔点分别为 355℃和 470℃；KCl 可与 $FeCl_3$ 形成熔点更低的共晶化合物，其熔点仅为 202～220℃。因此，碱金属氯化物可与换热面上的金属或金属氧化物反应，并在换热面上熔融成液态。Fe_2O_3 和 KCl 的混合物在 310℃开始与气体 SO_2 和 O_2 发生反应，当温度接近 500℃时，反应的速率增加，当温度在 500～650℃时，反应速率降低。在该反应过程中有 Cl_2 的产生。通过 X 射线衍射仪（XRD）对反应产物进行检测，发现物相中含有 $K_3Fe(SO_4)_3$ 而不含 $FeCl_3$。因此，由 $FeCl_3$ 引起的腐蚀反应如下。

$$2Fe_2O_3(s)+12KCl(s,l)+6SO_2(g)+3O_2(g) \rightarrow 6K_2SO_4(s)+4FeCl_3(s,l,g) \quad (2-13)$$

$FeCl_3$ 的熔化温度低（310℃），因此，在锅炉管壁金属表面形成较高的蒸汽分压力而向含氧量高的地方扩散，$FeCl_3$ 与 SO_2 和 O_2 可根据式（2-14）形成 $Fe_2(SO_4)_3(s)$。

$$2FeCl_3(s,l,g)+3SO_2(g)+3O_2(g) \rightarrow Fe_2(SO_4)_3(s)+3Cl_2(g) \quad (2-14)$$

合并式（2-13）和式（2-14）得出式（2-15）：

$$2Fe_2O_3(s)+12KCl(s,l)+12SO_2(g)+9O_2(g) \rightarrow 4K_3Fe(SO_4)_3(s,l)+6Cl_2(g) \quad (2-15)$$

由此可知，$FeCl_3$ 是加速反应的中间产物。反应产生的 Cl_2 扩散到金属表面，并发生由气态 Cl_2 引起的腐蚀。

总体上，由氯引起的腐蚀与碱金属有密切关系，尤其是在沉积物中的碱金属。碱金属氯化物引起腐蚀的过程都伴有气态氯的释放，而且它可重复释放并与金属发生反应。因此，氯在腐蚀过程中扮演着接触反应的角色，并不断将金属 Fe 由管道表面内层向外层输送，加速腐蚀的进程。

2.3 垃圾焚烧锅炉高温腐蚀产物

2.3.1 垃圾焚烧锅炉管壁的腐蚀产物

根据不同的压力参数，垃圾焚烧余热锅炉可分为低压、中压、次高压、超高压等级，其中，中压锅炉的工作压力在 3.8～5.3MPa，次高压锅炉的工作压力在 5.3～9.8MPa。

目前，垃圾焚烧行业余热锅炉的主蒸汽参数主要有两种：一种是中温中压参数，即中参数（4.0MPa/400℃）；另一种是中温次高压参数，即高参数（5.3MPa/450℃ 或 6.4MPa/450℃ 或 6.4MPa/485℃）。提高垃圾焚烧发电厂发电效率的主要途径有提高余热锅炉热效率、提高汽轮机进汽参数、降低厂用电率、降低线损率等。垃圾焚烧发电厂锅炉蒸汽参数的选择直接影响到汽轮机的进汽参数，进而影响到垃圾焚烧发电厂的发电效率。因此，提高蒸汽参数成为提高发电效率的重要途径。

水冷壁和过热器表面积聚了大量积灰，水冷壁积灰层较厚，颜色呈现深灰色。而过热器积灰层较薄，颜色呈现黄棕色，并且过热器管壁表面有很多积灰脱落的痕迹，从而使过热器裸露的金属管壁更易遭受腐蚀侵害。过热器的积灰颗粒质地更加坚硬，并且其组成积灰的颗粒多呈现团簇状和碎片状。因此，为进一步探究组成积灰颗粒的形貌，可采用扫描电镜/能谱仪分析受热面的积灰形貌。

为了分析积灰中碱金属氯化物的分布，探究积灰形成机理，对过热器积灰沿生长方向进行剥离，分别是外层积灰、内层积灰和交界面积灰，并对三层积灰进行电镜表征，过热器积灰分层电镜扫描，如图 2-5 所示。从图 2-5 中可看出，分层积灰有不同的形貌特点和元素含量，总结如下。

（1）外层积灰中多呈现长棒状的颗粒。

（2）内层积灰中多呈现球状颗粒，并且有球状颗粒存在聚集现象。同时，球状颗粒表面呈现多孔洞的形貌。

（3）交界面积灰呈现大面积片层状颗粒，并且颗粒多具有棱角。

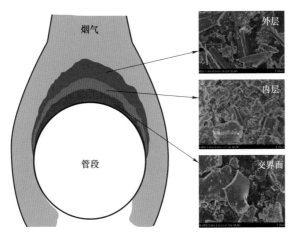

图 2-5　过热器积灰分层电镜扫描

过热器分层积灰的元素分析见表 2-1。从表 2-1 中可看出：

（1）钙元素和氯元素存在于外层和内层积灰中。其中，外层氯元素含量约为内层氯元素含量的三倍，外层钙含量约为内层钙含量的两倍。

（2）硫元素、钠元素和钾元素存在于交界面积灰中，这有可能是碱金属氯化物被硫化的结果。

表 2-1　　　　　　　　　过热器分层积灰的元素分析［％（质量百分比）］

位置	主要元素含量
外层	Ca（27.37%）、Cl（15.59%）、Si（7.01%）、Al（6.97%）
内层	Si（18.18%）、Ca（10.91%）、Mg（9.26%）、Cl（5.97%）
交界面	S（23.18%）、Na（14.7%）、K（8.26%）

因此，推测积灰的形成过程应该如下：首先碱金属氯化物由于其低熔点特性附着在金属表面，此时表面碱金属氯化物呈熔融状态。这时烟气中的二氧化硫会与熔融态碱金属氯化物反应，生成碱金属硫化物，而碱金属氯化物被硫化的过程中，可能会有氯气和

氯化氢的产生，它们在向外扩散的过程中，会与氧化层 Fe_2O_3 反应，将氯元素固定在外层积灰中。

2.3.2　氯化腐蚀的基本过程

自 20 世纪 60 年代以来，各国学者对高温氯腐蚀提出了很多模型。我国学者张允书较早提出了在熔融硫酸盐中的电化学腐蚀模型。张柯等人也用电化学腐蚀模型解释其实验现象，但他们认为在高温腐蚀初期电化学腐蚀占主导，外层氧化物形成后，"活化氧化"机制占主导地位。目前，最有说服力的模型为"活化氧化"模型。

对金属和合金在含氯环境中的高温腐蚀研究结果表明，无论气氛中充入 Cl_2、HCl 气体或 NaCl 蒸汽，还是在合金表面沉积氯化物盐都能强烈加速氧化。在热重研究中，当通入 HCl 或在预氧化试样上沉积一层氯化钠时腐蚀速率大为增加，氧化膜变得非常疏松，表面鼓泡，并产生裂纹和孔洞，不再具有良好的附着性和保护性；在金属/氧化膜界面上还可检测到金属氯化物，即发生所谓的活化腐蚀现象。

氯化与氧化、碳化、硫化、氮化的差异在于金属氯化物具有更高的蒸汽压和低的熔点，如 $FeCl_2$ 在 536℃、$NiCl_2$ 在 607℃、$CrCl_3$ 在 611℃均可发生明显的挥发现象，而 $FeCl_2$ 和 $FeCl_3$ 的熔点分别仅为 675℃和 305℃，即使形成氯化物的凝聚相，也会同时发生氯化物分子的连续蒸发。氯与金属或其氧化物发生反应主要通过以下两种模式。

（1）金属或氧化物与 HCl 和/或 Cl_2 直接反应的气相腐蚀。

（2）金属或氧化物与沉积盐中的低熔点氯化物（如 $FeCl_2$、$PbCl_2$、$ZnCl_2$）和硫酸盐发生的热腐蚀。氯化腐蚀大致包括以下过程。首先，在金属氧化膜表面形成 Cl_2：

$$4HCl + O_2 = 2Cl_2 + 2H_2O \qquad (2-16)$$

氯化物（如氯化钠）与氧化物（如 Fe_2O_3）反应也可得到 Cl_2：

$$4NaCl + 2Fe_2O_3 + O_2 = 2Na_2Fe_2O_4 + 2Cl_2 \qquad (2-17)$$

Cl_2（或 Cl^-）穿过氧化膜到达氧化膜/金属界面，与金属反应形成挥发性的氯化物（MCl）：

$$2M + Cl_2 = 2MCl(g) \qquad (2-18)$$

MCl 连续向外挥发过程中又被氧化：

$$2MCl(g) + O_2(g) = 2MO(s) + Cl_2(g) \qquad (2-19)$$

MO 在氧化膜中生长破坏了氧化膜的完整性，而部分 Cl_2 重新返回氧化膜/金属界面，加入腐蚀过程使反应持续较长时间，直至氯被消耗尽。在这过程中 Cl_2 起到了一种自催化作用，气相氯腐蚀的基本过程，如图 2-6 所示。

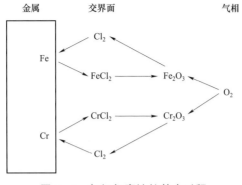

图 2-6 气相氯腐蚀的基本过程

2.4 垃圾焚烧锅炉高温腐蚀机理

2.4.1 高温腐蚀的规律

（1）氧化膜疏松多孔，附着性差，并有分层现象。在金属表面生成致密的氧化膜，使腐蚀性物质无法向金属内部扩散是防止金属腐蚀的基本原理之一。大量实验和实践证明，不论是在 Cr、Ni、Fe 或它们的合金表面涂盐膜，还是将它们放在含 HCl 的模拟垃圾焚烧炉的烟气的环境中，都没有在金属表面观察到致密的氧化膜。在氯化腐蚀中产生的氧化膜非但不致密反而疏松多孔，附着性差极易剥落，尤其是在较高温度下的腐蚀。在金属表面涂盐膜产生的氧化膜和在垃圾焚烧炉中实地采样的氧化膜既有相同之处也有不同之处。相同之处是它们都是 3 层氧化膜结构且内层相差不大；不同之处是外层和中间层组成成分不同。氧化膜内层较薄，富含氯元素，主要是由金属氯化物和金属氧化物形成的共晶盐组成；中间层主要由金属氧化物组成。

（2）氯元素在氧化膜/金属界面上的富集。不管是表面涂盐膜的腐蚀实验，还是垃圾焚烧炉的现场采样或模拟垃圾焚烧炉烟气的腐蚀实验，都在氧化膜/金属界面上发现了氯元素富集的现象。富氯物质的表面形态各不相同，对于纯铬和纯镍，富氯膜的表面形态很像干裂的大地。

（3）腐蚀突变。腐蚀突变是氯化腐蚀的初期，腐蚀速度进展很快，但发展到一定程度后，腐蚀速度突然减缓，这个现象在金属表面涂盐膜的腐蚀实验中是很常见的。在金属表面涂纯净高蒸汽压的氯化盐的腐蚀实验是先失重后稍有增重的现象，这可能是由于氯化物在高温下挥发失重的速度大于金属氧化增重的速度。

这说明高温氯腐蚀与氯化物的浓度的关系并不是线性的。在垃圾焚烧炉的现场取样中，在氧化膜/金属基体之间会出现厚度最大为 0.3mm 的富氯物质，这就相当于在金属表面涂了一层氯化物，这样即使烟气中没有氯化物，腐蚀也会以几乎不变的速度发展下去。

（4）氯化腐蚀与金属壁温的关系密切。在较低的温度下，主要是由于管壁温度低于烟气露点温度产生的电化学腐蚀，这同燃煤锅炉低温腐蚀机理一样。腐蚀最严重的温度出现在 500～700℃，造成这种腐蚀的原因主要是烟气中的灰尘在管壁上积灰，并且积灰越严重，高温腐蚀也就越严重。纯镍的腐蚀特点是在 400℃时，试样增重－温度曲线为一抛物线，500～700℃时试样质量先是稍有增高，然后迅速降低，造成这种结果的原因可能是 $NiCl_2$ 被氧化成 NiO 所要的氧气分压力比 $FeCl_2$ 或 $CrCl_2$ 氧化成相应的氧化物大得多，该差距最大能达到 10^{13} 倍。

由于氯化物在高温下的蒸汽压较高，所以用测试试样腐蚀增重的数据来分析氯化腐蚀并不科学，至少对铁、镍和锌等有高蒸汽压的氯化物而言是这样的。比较科学的数据应该是测量试样腐蚀后失质量，但腐蚀是一个很缓慢的过程，试样腐蚀后的失质量很小，测量困难，所以这样的数据很少。根据文献资料，当试样温度在氯化物沸点以下时，温度提高 100℃，腐蚀速度就会增加 2～3 倍。

2.4.2　高温氯腐蚀微观过程

氯化反应过程中，关键步骤在于氯如何从氧化膜表面向氧化膜/管壁金属界面快速扩散，以及挥发性氯化物如何由该界面向外扩散。曾经认为 Cl 可通过氧化物界面进行扩散，或在氧化膜中氯离子代替氧离子而以晶格扩散形式到达氧化膜/管壁金属界面，但由于通入 HCl 或在氧化膜上沉积氯化物后活化氧化立即开始，没有孕育期，因此 Cl 传输到界面不应主要由缓慢的固态扩散晶界扩散所为。即使以气体分子 Cl_2 的形式通过氧化膜上的缝隙、微裂纹等缺陷直接渗透的方式也不能解释氧化速率的突变现象，因为氧化膜中出现的宏观缺陷可为这个过程提供快速扩散的路径，但也同时允许 O_2 向内扩散，导致重新形成氧化膜。某种程度上，Cl_2 本身应该对形成快速扩散的通道有影响，然而氯的这种影响由于氧化膜很快疏松和散落而未能被清楚验证。事实上，在金属氯化研究中应综合考虑氧化膜结构、缺陷结构、杂质掺杂影响、反应体系的互扩散系数、Cl 在金属中的溶解度和扩散系数及其他动力学因素。对此研究者提出了许多机理，但没有一种可以完整解释氧化速率突变现象，对其机理还没有形成统一的认识。对于氯的腐蚀机理研究发现以下特点。

（1）挥发性氯化物导致氧化膜产生机械性损伤。氯化腐蚀的典型特征是快速的线性腐蚀速率，腐蚀表面呈现鼓泡，腐蚀形貌表现疏松多孔，附着性降低。从这些方面来说类似于热腐蚀，但差异在于热腐蚀发生在熔融盐中，而氯元素以气相出现时也能加速氧化。类似的影响在 NaCl 蒸汽出现时也能观察到。由于反应形成的氯化物或氧氯化物具有较高的蒸汽压，如果氧化膜有充足的孔洞和裂纹，气相可以很快通过氧化膜上的宏观通道逸出，腐蚀继续进行而不损害氧化膜。但当产物不能充分通过氧化膜时，在接近氧化膜表面被氧化而在氧化膜内部产生应力，最终导致氧化膜产生更严重的开裂或鼓泡。此外，由于膨胀系数不匹配造成金属/氧化膜界面的氧化物受压应力而金属受拉应力，降低了氧化膜与金属界面处的附着强度，容易发生氧化膜脱落现象。在其他体系中，鼓泡现象被认为是出现 HCl 而在冷却过程中溶解入金属中的 H_2 逸出所致。

（2）氯对氧化膜的掺杂作用。氯影响金属腐蚀速率的另外方式可能是以固溶形式溶解入氧化膜中，改变了氧化膜的缺陷结构，增加了迁移最快物质的扩散系数。已证明这种作用影响了硅的氧化，并被用来解释 NaCl 蒸汽对 Ni-Cr-Al 合金氧化速率的影响。以氧化钴的氯化为例，如果氯在氧化钴中的溶解度较大，在阴离子晶格部位单电荷的氯离子将代替双电荷的氧离子。出于电荷平衡的考虑需要产生阳离子空位，即氧化物中的阳离子扩散系数随 PCl_2/PO_2 增加而增加，因此出现氯时氧化速率较高。研究者曾试图在控制氧压、氯压的条件下测量氧化膜的导电率以验证氯是否对氧化膜缺陷结构有显著影响，不过其测量比较困难，精确度也不高。无论如何氯总要以某种未知方式改变原来在氧化膜中缓慢的固态扩散的速率控制步骤，通过某种短程扩散使含 Cl 物质快速到达金属/氧化膜界面。

（3）气相传输过程。许多氯化腐蚀实验后，在靠近试样的炉壁冷端部位经常发现氯化物凝聚相，表明合金中可形成挥发性物质，并通过氧化膜向外逸出，由此提出另一种机理。氯对氧化膜的侵蚀可能最初在靠近晶界处形成点蚀坑，氯优先通过这些坑向内渗透，与金属反应后形成挥发性的氯化物，并贯穿氧化膜建立了氧压和氯分压的梯度。在氧压较高处氯化物被氧化而连续沉积，呈现多孔和细晶结构，不同于在纯氧中氧化形成的常见柱状晶结构。如果这种机理成立，氯对氧化过程的影响主要在于通过产生挥发性的氯化物，建立了阳离子从金属中向外迁移的浓度梯度，提供了金属从氧势较低的氧化膜/金属界面向氧势较高的气相/氧化膜界面传输的快捷途径。这种离子的向外迁移由逆向流动的空位集结而成的孔洞所平衡。因此，氧化膜/金属界面残留的氯化物和聚集的空位协同作用，降低了氧化膜/金属界面的有效接触面积而显著降低了保护性氧化膜的附着性。不锈钢暴露于碘蒸气中、镍铬钛合金与溴反应时均可观察到这种现象。

2.4.3　高温腐蚀的影响因素

事实上，氧化-氯化环境中腐蚀行为十分复杂，取决于混合气中的各组分相对含量及流速、实验温度、合金的成分，以及沉积盐中氯化物和硫酸盐的种类和比例。因此，高温热重分析实验中可能表现出失重特征，或者比通常的氧化增重速率更快，甚至失重增重交替进行。相应的腐蚀产物既可包括凝聚相氧化物/氯化物,也可包括挥发性物质(如氯化物或氧氯化物)。

(1)温度和气体成分的影响。温度和气体成分对腐蚀过程的作用在于影响了氧化物和氯化物的形成顺序及其稳定性。例如,纯 Fe 在 HCl 中腐蚀时在 450℃ 以下形成二价氯化铁,腐蚀增重与时间呈抛物线关系;在 600℃ 或更高温度下没有初始增重,试样质量随时间线性降低。当 HCl 中加入氧后,除形成氧化铁外,也有利于形成低熔点和高蒸汽压的三价氯化铁,使腐蚀加快。在氧浓度较低条件下,氧化膜不具保护性,增加氧含量有利于形成氧化铁,而升高温度在有利于形成氧化铁的同时也增加了氯化物的升华速率。另外,高温含氯环境中少量水蒸气的存在对合金腐蚀性影响也很复杂,例如,18Cr-8Ni 不锈钢在 200℃ Cl_2-H_2O(0.4%)的腐蚀速率高出其在干燥氯气中的 200 倍,温度高于 300℃ 时,由于表面形成氧化膜,不锈钢的腐蚀速率反而下降。气相中出现 SO_2 时,由于抑制形成(K,Na)Cl(易形成低熔点共晶混合物),稳定了沉积物中的硫酸盐,可一定程度地阻止材料发生式(2-20)的腐蚀反应。

$$2(K,Na)_2Ca_2(SO_4)_3 + 4HCl = 4(K,Na)Cl + 4CaSO_4 + 2SO_2 + 2H_2O + O_2 \quad (2-20)$$

(2)合金成分的影响。碳钢和低合金钢的氯化腐蚀速率往往很高。很多研究者报道了含 AlNi 基合金在氯化环境中具有较好的耐蚀性,是潜在的具有良好抗氯化性的材料。该类合金有时会发生 Al_2O_3 保护膜的破裂,但从热力学上考虑应该起因于机械损伤而非由 Cl_2 引起的化学侵蚀过程。形成 Cr_2O_3 型的合金经常遭到严重的氯化侵蚀,氧化膜的损伤可能来源于形成了挥发性的 CrO_2Cl_2,但仍需进一步证实。

(3)沉积盐的影响。实际工况条件下的结构材料表面往往黏附着碱金属(Na,K 等)、碱土金属(Ca 等)、重金属(Pb,Zn 等)的氯化物和硫酸盐,其自身熔点较低或相互间可以形成低熔点的共晶混合物,并能与氧化膜反应形成铁酸盐和 Cl_2。此外,由于碱性氯化物与硫酸盐的混合物中出现 CuO、PbO、ZnO 等氧化物降低了沉积盐的熔点,也能加剧腐蚀。

某些二元混合物的共晶点温度见表 2-2。烟气中碱金属盐主要是 NaCl、KCl 等,当烟气温度低于 780℃ 时,碱金属盐开始凝结在过热器管外壁,与烟气中的三氧化硫发生反应,生成碱金属硫酸盐。

$$2RCl + SO_3 + H_2O = R_2SO_4 + 2HCl \quad (2-21)$$

表 2-2　　　　　　　　　　某些二元混合物的共晶点温度

熔融盐	熔融盐熔点(℃)	混合熔融盐	混合熔融盐熔点(℃)
$FeCl_2$	676	25%NaCl + 75%$FeCl_3$	156
$FeCl_3$	303	60%$SnCl_2$ + 40%KCl	176

熔融盐	熔融盐熔点（℃）	混合熔融盐	混合熔融盐熔点（℃）
$NiCl_2$	1030	70%$SnCl_2$＋30%$NaCl$	183
$AlCl_3$	193	70%$ZnCl_2$＋30%$FeCl_3$	200
$GrCl_2$	820	20%$ZnCl_2$＋80%$SnCl_2$	204
$CrCl_3$	1150	55%$ZnCl_2$＋45%KCl	230
CrO_2Cl_2	－95	70%$ZnCl_2$＋30%$NaCl$	262
$MoCl_5$	194	60%KCl＋40%$FeCl_2$	355
WCl_5	240	58%$NaCl$＋42%$FeCl_2$	370
$ZnCl_2$	318	80%$PbCl_2$＋20%$CaCl_2$	475
$PbCl_2$	498	72%$PbCl_2$＋28%$FeCl_2$	421

硫酸盐在 350～600℃很容易在受热面管外壁变成熔融态，并继续与三氧化硫及氧化铁反应生成低熔点的复合碱金属硫酸盐，形成硫酸盐熔池，并持续捕获飞灰，形成更厚的积灰层。随着积灰层的增厚，受热面的传热系数下降，管壁温度继续升高，更能满足高温腐蚀的反应温度，腐蚀更加剧烈。化学方程式如下。

$$R_2SO_4 + SO_3 = R_2S_2O_7 \tag{2-22}$$
$$3R_2SO_4 + Fe_2O_3 + 3SO_3 = 2R_3Fe(SO_4)_3 \tag{2-23}$$

两种硫酸盐的熔点与挥发温度见表 2-3。

表 2-3　　　　　　两种硫酸盐的熔点与挥发温度

分子式	熔点（℃）	挥发温度（℃）
$Na_2S_2O_7$	420	460
$K_2S_2O_7$	320	410

可以发现，受热面外壁的腐蚀与碱金属硫酸盐的熔点、挥发点相关，因此，垃圾焚烧锅炉受热面结构的改造，使受热面的工作温度处于安全范围内是保证锅炉安全运行的关键手段之一。余热锅炉受热面管壁温度与高温腐蚀速度的关系，如图 2-7。从图 2-7中可看出，当管壁温度达到 460℃以上时，管外壁的高温腐蚀逐渐加剧，主要是碱金属复合硫酸盐开始挥发，导致腐蚀加剧，在 640℃时高温腐蚀到达高峰。

综上所述，生活垃圾焚烧电厂中的高温氯腐蚀与材料中的合金成分、蒸汽温度、积灰中的碱金属及生活垃圾燃烧后的气氛有关，且是重复性的，氯在反应中的消耗极小，只是充当不断往金属表面运送金属的作用，危害不容忽视。

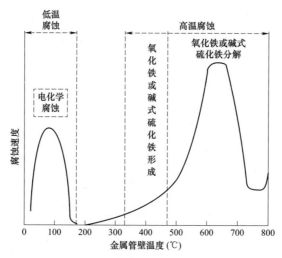

图 2-7　余热锅炉受热面管壁温度与高温腐蚀速度的关系

2.5　高温腐蚀速度规律

受热面腐蚀过程是一个包括了腐蚀气体、固体积灰、熔融态液体间的多相耦合复杂腐蚀反应过程,炉膛烟气温度、管道壁温、管壁积灰、管内流动工质等是影响腐蚀的主要因素。本节针对垃圾焚烧锅炉受热面日益严重的腐蚀问题,以经典的腐蚀曲线为对象,对垃圾炉受热面的腐蚀速度规律做了分析和归纳,并对全温域内随管道壁温变化的腐蚀机理进行了综述,总结出腐蚀速度曲线具有双峰、突变、虚实等三个显著特征。对腐蚀速度根据从低到高的壁温变化主要按照电化学腐蚀和高温腐蚀两部分进行了分析,并分段解构,根据不同壁温度区间腐蚀规律和机理进行论述。探讨了烟温对腐蚀速度的影响,对于通过壁温影响腐蚀速度的几个关键因素,如工质温度、积灰、氧化皮及温度梯度等进行了分析,并针对腐蚀速度曲线进行了较为深入的探讨。

为了对垃圾焚烧系统中的腐蚀速度问题有更加全面和较为深入的认识,从而为寻找更经济有效的防腐手段提供基础,主要针对管壁腐蚀速度的内在规律及影响因素进行分析。

2.5.1　腐蚀速度与管壁温度间的关系

垃圾炉管道腐蚀速度随壁温的变化规律,如图 2-8 所示。经检索,图 2-8 中的腐蚀曲线源自一位欧美学者 Brussels 在 1988 年的一篇技术报告[1]。该图在行业内引用范围广泛、数量众多。仅中国知网(CNKI)统计,国内论文包括核心期刊、学位论文、行业标准及研究成果报告等引用数就达数百篇,包括一些新型垃圾焚烧锅炉设计,其中的锅炉管道防腐设计均以该曲线为设计依据。由此可见,这是一条早已获得行业内普遍认可,并视为经典的腐蚀曲线。

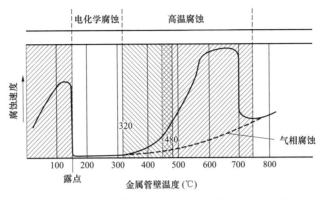

图2-8　垃圾炉管道腐蚀速度随壁温的变化规律[1]

(1) 腐蚀曲线的特征。不锈钢在450℃的腐蚀动力学曲线[2],如图2-9所示。直观可看出该曲线具有如下显著特征。

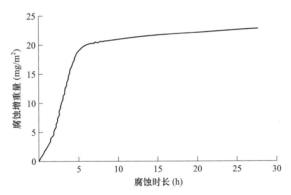

图2-9　不锈钢在450℃的腐蚀动力学曲线[2]

1) 双峰特征。腐蚀曲线随管壁温度的变化呈现两个峰值,第一个峰值在低温区40~150℃,该区间腐蚀是由电化学腐蚀主导。峰顶处于 130~150℃,说明原电化学腐蚀环境的完全形成和趋于稳定对温度有一定的要求。第二个峰值是在320~700℃,该区间的腐蚀是由高温化学腐蚀主导,其中也穿插电化学腐蚀的作用。该峰顶处于580~700℃,与上一个峰相比,该峰呈现一个相对较宽的平台,该平台说明氯化铁、碱金属氯化物和硫化物在此温度区间内完全生成和趋于腐蚀稳定。而在这两个峰值之间的150~320℃,呈现了一个凹面,该区间内腐蚀速度很低。这是因为位于该温度区间的温度值超过了露点温度,不构成原电池环境,所以未发生电化学腐蚀;同时,又因为温度不够高,腐蚀介质氯化铁和碱金属还未生成,从而造成腐蚀程度较轻。

2) 突变特征。图 2-8 中曲线在两个峰值之后都存在腐蚀速度的突变,即达到峰值后快速下降。第一个突变点在 150℃，因为当壁温超过露点温度后，电化学环境解体，腐蚀明显减弱。第二个突变点在 700℃，也就是过了此温度后，腐蚀速度突然快速下降。这种突变现象其实并不孤立，有人做过类似氯化物腐蚀金属的试验，如图 2-9 所示[2]。从图 2-9 可知，0~6h 的腐蚀速率基本不变，腐蚀 6h 后，腐蚀增重基本停止，腐蚀速度急速下降。

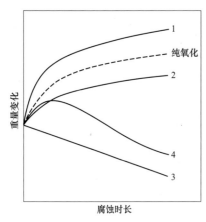

图 2-10　四种典型的腐蚀动力学模式[3]

有学者研究在有 Cl 和 O_2 混合参与的高温腐蚀试验内，出现了四种不同形状特征的腐蚀曲线，四种典型的腐蚀动力学模式[3]，如图 2-10 所示。由图 2-10 可知，不同的腐蚀介质对金属腐蚀规律是不相同的[9]。图 2-10 中，虚线为氧化腐蚀，曲线 1 为氯化物腐蚀为主，显然比氧化物腐蚀严重；曲线 2 硫化物腐蚀比氧化腐蚀增重少；曲线 4 初期增重快随后迅速减重；曲线 3 属于线性减重。曲线 3 表示金属表面先有氧化膜后有氯化物，所以腐蚀逐渐较小；曲线 4 表示同时存在的氧化腐蚀和氯化物腐蚀的竞争中，氧化物逐渐取得优势。根据曲线 4 的变化规律，也就是先增重后快速减重，对理解图 2-8 曲线中的高温突变现象应该有所帮助。

3）虚实特征。图 2-8 中的实线，表示管壁的腐蚀速度；虚线表示气相腐蚀，也就是指管壁是在完全干燥气体条件下发生的腐蚀。由图 2-8 可知，在此条件下腐蚀速率明显偏低。实际上，垃圾焚烧过程中垃圾中含有的水分和渗沥液的加入，以及两次送风等原因，高温烟气中的湿度较高，而且锅炉中是气相腐蚀与熔融盐、碱金属积灰层等多相腐蚀介质对管壁进行综合腐蚀，致使实际腐蚀速度甚至要高一倍以上。

关于气相腐蚀与熔融硫酸盐积灰层的腐蚀速度相对比的实验结果表明，二者相差较大，熔融硫酸盐对 T22 钢的腐蚀速度[9]，如图 2-11 所示。由图 2-11 可见，在约 650℃壁温的条件下，二者相差约 4 倍，当壁温小于 650℃时，熔融硫酸盐的腐蚀速度比气相腐蚀逐渐增大，而当壁温大于 650℃时，二者间的差距逐渐缩小最后到负值。

综上所述，在垃圾炉中的纯气相腐蚀的情况正如图 2-8 中腐蚀速度曲线中标出的虚线所示，该虚线仅表示为理论模拟或实验室条件下做出，而实际上未必存在。

（2）腐蚀曲线的分区间解构。下面对图 2-8 曲线根据电化学温腐蚀和高温腐蚀的各温度区间分别阐述。

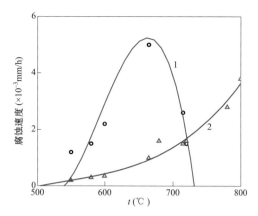

图 2-11　熔融硫酸盐对 T22 钢的腐蚀速度[9]
1—熔融硫酸盐的腐蚀曲线；2—硫酸盐气态下的腐蚀曲线

1) 电化学腐蚀。当壁温在 20～150℃，虽然属于中、低温，但腐蚀速度几乎不亚于高温区，这种情况大多发生于锅炉尾部烟道的管道表面。电化学腐蚀的特点较少出现点蚀坑，大多腐蚀面积大且厚度比较均匀，使管壁迅速减薄，最终导致破裂，对锅炉的尾部烟道（如省煤器等管道）的危害性很大。区别于火电锅炉煤的燃烧，垃圾焚烧过程的烟气中，不仅 HCl 浓度高，而且湿度较大，极易形成酸雾，还使各种酸的露点温度升高，因此，相比火电燃煤锅炉燃烧过程中产生高温烟气的酸露点温度来说要高一些。

垃圾焚烧烟气中的氯化物和硫化物等气体和 H_2O 蒸汽产生的酸性化合物[18-20]，在温度达到它们的饱和温度时称为露点温度以下，即低于 150℃时，就开始发生电化学腐蚀，也称电解腐蚀及露点腐蚀。电解腐蚀主要指的是硫酸和盐酸这两种强酸的腐蚀。一般情况下，氯化氢的露点在 27～60℃，而硫酸露点在 110～150℃，大多在这些气体的露点温度以下 20～50℃会有较严重的腐蚀发生。例如，烟气中含有二氧化硫时，经氧化后将会有部分转化成三氧化硫，并与湿汽结合生成硫酸蒸汽，从而提高露点温度。硫酸湿蒸汽逐渐变为硫酸溶液，在管壁表面结露凝结于管壁，形成电化学腐蚀环境，从而造成管壁表面金属材质的阳极溶解。

2) 高温腐蚀。由图 2-8 曲线可知，从壁温大于 320℃就开始进入高温腐蚀区域。在 320～480℃为弱腐蚀区，此区域内 $FeCl_3$、碱式硫酸盐开始逐渐生成。熔融态或液态和固态的碱式氯酸盐和硫酸盐更具有腐蚀性，它们本身熔点较低，混合后形成熔点更低的共晶盐积灰。在积灰与管壁表面的接触界面处产生液相层，使管壁表面发生较严重的腐蚀[21]。

当壁温大于 400℃，特别是在 480～700℃时，高温腐蚀反应最为活跃。一方面，随着温度的升高，烟气中氯化氢的体积浓度也在不断增高；另一方面，在此温度区间内，$FeCl_3$ 及碱式硫酸盐发生分解和熔融。分解后的 $FeCl_3$ 生产 Cl_2，以"活化氧化"机理进行腐蚀。一些试验研究结果指出[22-23]，当垃圾中的 Cl 体积浓度大于等于 0.35%时，腐蚀速度大幅度提高。当氯化氢达到 0.8%的浓度，金属表面氧化层的完整性已被破坏；大于 2.0%后，氧化层的连续性也被破坏。垃圾焚烧锅炉壁温影响水冷壁和过热器腐蚀速度的情况[11]，如图 2-12 所示。

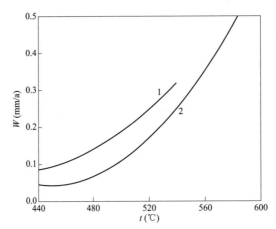

图 2-12　垃圾焚烧锅炉壁温影响水冷壁和过热器腐蚀速度的情况[11]
1—水冷壁；2—过热器

由图 2-12 可知，壁温对腐蚀增重的影响，对水冷壁和过热器来说有所不同。首先，水冷壁的曲线到 550℃就截止了，而过热器超过 580℃，这是因为二者的管壁温度有所差别。当壁温小于 500℃时，水冷壁和过热器的腐蚀均呈抛物线关系，可能是 Fe_2O_3 膜已形成保护的缘故。在大于 500℃高温下，过热器的腐蚀率逐渐随壁温的升高接近线性关系，可能是由于在还原性气氛条件下，氯化氢对金属的腐蚀率随 Fe_2O_3 膜的消失又得以提高。实际上，也有过热器的管壁温度超过 600℃的情况，尽管图中没有示出，此时，管壁表面就会出现脱碳现象，在低碳区域晶粒与晶界二者间出现了腐蚀原电池环境，阳极腐蚀效应使腐蚀速率更快。

2.5.2　腐蚀速度的主要影响因素

（1）烟温。腐蚀速度的最主要影响因素就是烟温，对于垃圾炉烟温对腐蚀的影响问题，学者们的观点并不统一。首先，有人认为烟气温度过高是管壁腐蚀的主要原因，烟气温度对水冷壁和过热器高温腐蚀的影响主要体现在升高壁温上，烟气温度和壁温的关系为[9]：

$$t_{wb} = t_j + q_{max} \left\{ \beta\mu \left[\frac{1}{\alpha_2} + \frac{2\delta}{\lambda(\beta+1)} \right] + R_{yh} \right\} \tag{2-24}$$

式中　t_{wb}——管壁温度，℃；

q_{max}——热负荷的最大值，kW/m^2，该参数主要取决于烟气温度；

t_j——工质均温，℃；

β——管子外径与内径之比；

μ——均流系数；

δ——管壁厚度，m；

λ——管壁热导率，$W/(m\cdot℃)$；

α_2——工质侧对流传热系数，$W/(m^2\cdot℃)$；

R_{yh}——管壁氧化皮热阻。

从式（2-24）可知，水冷壁管壁温度和烟气温度成正比，烟气温度越高，壁温相应也越高。还有一种观点认为，在垃圾焚烧环境中，随着烟气温度的升高，壁温的提高是有一定限度的。但是，在一定的温度范围内随烟温的提高，腐蚀速度的提高是成正比的。烟温之所以对腐蚀过程起到重要作用，关键原因就是烟温对腐蚀介质的形成顺序和稳定性起到助力的作用。

烟气温度、管壁温度与腐蚀速度的关系[7]，如图2-13所示。该图也很经典，引用率相当高。该图针对受热面管壁腐蚀减薄以致发展到爆管的危险性划分出三个区域，在左边的低腐蚀风险区内管壁几乎不发生腐蚀，在右边的腐蚀区内管壁极易腐蚀，中间还有

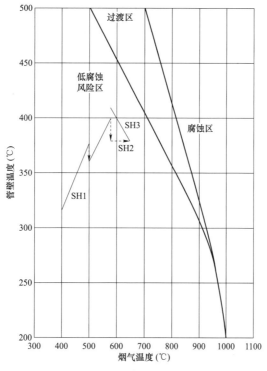

图2-13　烟气温度、管壁温度与腐蚀速度的关系[7]

一段过渡区，在过渡区内管壁存在一定程度的腐蚀，例如，当管壁温度 500℃时，烟温只有在 500℃以下才能保证不发生腐蚀；而在 500～700℃时，管壁会出现腐蚀现象，但并不严重；一旦烟温大于 700℃，管壁肯定腐蚀很严重。值得注意的是，该图的纵坐标壁温仅到 500℃，至于 500℃以上的腐蚀规律之所以没有示出，一种可能是 500℃以上就不符合图中曲线的变化规律，另一种可能是工质温度目前均为 400～500℃，壁温最高略微超出 500℃，烟温即使再高，壁温也不随之提高而趋于稳加[47]。

垃圾焚烧锅炉烟温对管道壁温的影响要比燃煤电站大得多，其原因主要为高温烟气中的飞灰在高温作用下发生软化或呈熔融态，另一方面是 HCl 向 Cl_2 的转化率增多。

烟温和壁温对腐蚀深度随腐蚀时间变化的影响规律[10]：

$$H^n = K_0 e^{-\left(\frac{Q}{RT}\right)\tau} \qquad (2-25)$$

式中　H——腐蚀深度，mm；

　　　　n——腐蚀指数，取决于腐蚀速度随时间降低的程度；

　　　　K_0——常数，与材料、烟气成分、壁温及腐蚀条件有关；

　　　　Q——表观活化能；

　　　　T——烟温，K；

　　　　τ——试验时间；

　　　　R——通用试验气体常数，$R = 8.314 J/(mol \cdot K)$。

对用 12CrMoV 的水冷壁来说，腐蚀深度对数公式为[10]：

$$\lg H = 1.77 - \frac{3444}{T} + 0.513 \lg \tau \qquad (2-26)$$

对用 12CrMoV 的过热器来说，腐蚀深度对数公式为[10]：

$$\lg H = 2.9 - \frac{4445}{T} + 0.513 \lg \tau \qquad (2-27)$$

式（2-26）和式（2-27）比较可知，垃圾锅炉内，在还原性气体较高的条件下，过热器的腐蚀速度高于水冷壁，这可能是由于过热器壁温高于水冷壁壁温。

上述实验均未专门考虑腐蚀时间对腐蚀速度或腐蚀失重的影响，一般只能得到在实验前人为确定某个时间段的实验结果，而在实际工况中，腐蚀速度会随着腐蚀时间出现不同的变化。如果把腐蚀时间作为一个影响腐蚀速度的因素考虑的话，腐蚀速度温度的变化规律应该更趋近实际工况。

纯铁在不同烟温下的腐蚀量随时间的变化规律[6]，如图 2-14 所示。由图 2-14 可知，烟温对腐蚀的影响很大，特别是在低于 500℃下为可抵抗腐蚀的抛物线曲线，但在高温下却仅为较低的抵抗能力。

（2）工质温度。之所以无论烟气温度如何变化，锅炉管壁温都能保持基本恒定，是因为管内的流动工质可随时把高于工质温度的大部分热量带走，实现持续不断散热。受热面壁温与管内工质温度的关系随不同的管道直径、壁厚和结构特征，以及热交换方式而有所区别。经检测，在烟气温度远高于工质温度的条件下，锅炉四管的壁温呈现出一定的规律性，具体壁温根据传热方式不同而有一定的差别，如省煤器壁温：管内水温+30℃（对流），管内水温+60℃（辐射）；水冷壁壁温：管内水温+60℃；过热器壁温：管内蒸汽温度+50℃（对流），管内蒸汽温度+100℃（辐射）。

根据仿真计算结果可知，水冷壁壁温受到水冷壁壁面热负荷差异和管内蒸汽温度的影响较大。相对高负荷而言，在低负荷时，由于管内存在沸腾相变，所以由其引起的表面传热系数增大和蒸汽温度提高对壁温影响明显。

实际上，垃圾焚烧锅炉水冷壁管内水从液态到气态的相变及在两相流输运过程中，始终易出现由于两相流流动不均造成的传热不均衡，以致引起受热面局部壁温的快速升高。

（3）积灰。在实际工况下，当垃圾焚烧锅炉管道服役一段时间后，管壁上粘了一层积灰，其厚度与管壁外环境有关，垃圾焚烧锅炉管受热面的积灰[10]，如图2－15[10]所示。因此，管壁温度还受到管外壁积灰的影响。

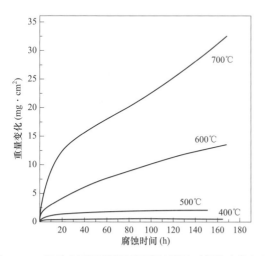 

图2－14　纯铁在不同烟温下的腐蚀量随时间的变化规律[6]　图2－15　垃圾焚烧锅炉管受热面的积灰[10]

在管壁积灰条件下，垃圾锅炉四管受热面受到严重腐蚀的原因在于高温使积灰烧结固化后产生膨胀作用，同时，存在积灰中碱金属Cl离子扩散腐蚀的作用。积灰中的氯化物在浓度差与温度差双梯度的驱动下向Fe_2O_3层扩散从而与管壁金属发生反应，所生成的共晶结构很疏松并在高温下扩散，从而引起严重腐蚀。积灰厚度对管壁温度的影响[10]见表2-4。

表2-4　　　　　　　　　　积灰厚度对管壁温度的影响[10]

积灰厚度 （mm）	0	1				2			
积灰热导率 [W/（m·K）]	—	0.03	0.1	1	3	0.03	0.1	1	3
传热系数 [W/（m²·K）]	94.18	28.13	55.11	87.91	91.97	16.42	38.64	82.26	89.8
单位长度传热量 （W）	18.98	5.73	11.23	17.92	18.74	3.38	7.96	16.95	18.51
管壁温度 （℃）	298.9	286.2	291.4	297.7	298.5	284.0	288.3	296.7	298.1

由表2-4可知，积灰层的存在使热阻急剧上升，造成壁温升高，也为电化学腐蚀提供了条件，随着积灰的增厚，腐蚀加快。

（4）氧化皮。在高工质温度的服役工况下，锅炉四管内表面极易产生氧化皮，过热器管内氧化皮剥落堵塞[12]，如图2-16所示。一般情况下，当工质温度大于400℃时，管内壁的氧化反应速率升高，易产生氧化皮；当工质温度小于570℃时，生成的氧化皮主要成分为 Fe_2O_3 和 Fe_3O_4，该氧化膜较为致密，可降低管壁的氧化速度；而当大于570℃时，由 FeO、Fe_2O_3 及 Fe_3O_4 组成的三层氧化膜，在最里层的 FeO 膜相对来说致密性较差，因此极易破坏其他氧化膜的完整性。

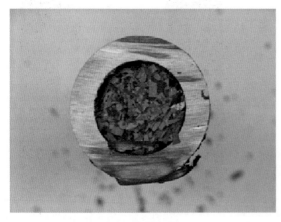

(a) 管内氧化皮堵塞　　　　　　　　　　　(b) 氧化皮形貌

图2-16　过热器管内氧化皮剥落堵塞[12]

管内壁氧化皮厚度对壁温的影响[9]，如图2-17所示，可见，壁温升高除其他原因外，氧化皮厚度的影响也不可轻视。

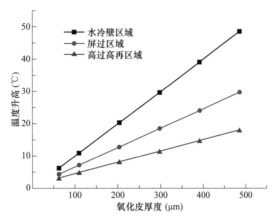

图 2-17 管内壁氧化皮厚度对壁温的影响[9]

由于氧化皮与金属间的热膨胀系数相差较大，当垃圾锅炉启停时，由于管壁突然增温或降温，管壁金属的热胀冷缩效应易使氧化皮从管壁内表面脱落下来。随着氧化皮的厚度逐渐增加散热恶化，壁温也随之升高，又由于氧化膜热导率偏低，产生的绝热效应难以通过管内流动的蒸汽散热，使管壁温度持续升高，最终造成爆管。

（5）温度梯度。有学者研究表明，温度梯度是使积灰中的碱金属腐蚀介质向管壁金属表面迁移沉积的主要原因。经过水冷壁管壁和积灰层的温度梯度[9]，如图 2-18 所示。由图 2-18 可见，当烟气温度高于管壁温度时，碱式氯化物与硫化物由烟气中心向冷壁面迁移，其浓度差大于 5.5%，腐蚀较为严重，而在烟温与管壁温接近的情况下，其浓度基本均匀腐蚀相对也较轻。

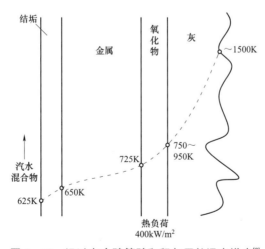

图 2-18 经过水冷壁管壁和积灰层的温度梯度[9]

此外，除上述几个主要影响因素外，还有其他一些通过壁温对腐蚀速度的影响因素，例如，还原气氛的影响、渗滤液回喷的影响、脱硝的影响及垃圾成分的影响等。

2.5.3　高温腐蚀速率小结

　　上述对垃圾炉的腐蚀速度规律做了归纳，并对全温域内随管道壁温变化的管壁的腐蚀机理进行了评述，下面针对图2-8中的腐蚀速度曲线探讨几个问题。

　　（1）对于"双峰特征"中的第一个峰，即图2-8中的电化学腐蚀速度峰值出现在150℃附近，该峰几乎没有平台效应，即到最大值后迅速下降，而不像第二个高温腐蚀的峰值存在一个壁温宽度超过100℃的腐蚀平台，其原因完全用露点温度解释似乎不够充分；其次，为何壁温的峰顶是在150℃左右也有存疑，由于垃圾炉在该温度区间的电化学腐蚀，腐蚀介质主要是由盐酸和硫酸产生的腐蚀，而氯化氢的露点仅在27~60℃，虽然理论上的硫酸露点在110~150℃，但实际腐蚀情况不大可能有纯硫酸的腐蚀存在，而是多以混合腐蚀介质的存在形式为主。对此问题，也有必要进一步从理论和实验进行探讨。

　　（2）图2-8的腐蚀曲线在壁温700℃附近出现突变点，也就是在这点，腐蚀速度突然呈现坠崖式迅速下降，虽然在"突变特征"中对此现象做了解释，但不够充分。关于这种速率突变现象的原因，可能是预示着氯腐蚀的一个区别其他腐蚀介质的高温腐蚀特征；另一种可能就是在该温度下，氯化铁、碱式氯化物分解后期，氯化物腐蚀开始减弱，而硫化物腐蚀开始成为主角，但硫化物腐蚀速度比氯化物小不少；对此也有人认为，氯化物和硫化物相互间存在抑制作用。总之，如何做出令人信服的结论还有待探讨。

　　（3）图2-8中曲线横坐标壁温的起点约为20℃，即从室温开始测量腐蚀速度，而曲线右端截至壁温800℃左右。目前，国内次高温次高压锅炉的蒸汽温度最高为485℃，从壁温与蒸汽温度的关系可知，水冷壁温约为550℃，即使考虑到某些特殊原因，壁温也小于600℃。该曲线所示的最高壁温大于800℃，该曲线可能是根据实验室的试验结果或仿真曲线的发展趋势做出的预测值。然而至少在现阶段，对我们比较有参考价值的壁温区间应该还是在600℃以下。

　　（4）关于烟温对壁温的影响导致影响腐蚀速度的问题，学术界对此问题的看法并不统一，目前有几种观点。一种观点认为从理论上说，腐蚀速度随烟温可以一直上升，不存在明显的上限，仅是上升的速度随烟温的提高不断减慢。另一种观点认为影响是有限度的，例如，在壁温500℃以下，随烟温的提高壁温也提高，同时，腐蚀速度随之提高是成正比的，这是因为烟温对腐蚀过程的作用本质主要是影响了两种腐蚀介质的形成顺序和稳定性；有人通过实验证实，一旦烟温超过500℃，壁温基本就稳定在一定值，而不再随烟温的升高而升高；超过500℃后，虽说壁温基本稳定，但发现随着烟温的升高管壁的腐蚀仍在升高；也有人认为烟温对壁温的影响非常有限，而工质温度才是影响壁温的关键因素，例如，余热锅炉第一、二烟道的烟气温度远高于后面的烟道，而这两个烟道中的水冷壁出现腐蚀减薄乃至爆管的风险要明显小于后部烟道中放置的过热器，从水冷壁和过热器的材质上也可看出差别，前者几乎都用 20G 碳钢，后者则用 12Cr1MoV 或 15CrMo 低合金钢。总之，上述观点各有道理但难以贯通，因此有待今后深入研究。

（5）包括图 2-8 中壁温对腐蚀速度的影响规律的实验在内，很多研究论文中的腐蚀实验未考虑腐蚀时间对腐蚀速度或腐蚀失重的影响，大多是在实验之前人为确定某个时间段的实验结果。实际上，如果把腐蚀时间作为一个影响腐蚀速度的因素考虑的话，也就是把腐蚀时间的坐标拉长，就会得出腐蚀速度随温度的变化，根据不同工况应该会有不同的规律，而这样的试验结果应该说更符合实际工况。此外，对于腐蚀程度的表征不尽相同，如图 2-8 曲线就是随横坐标壁温的增加，纵坐标是用腐蚀速度来表征；也有人用腐蚀增重或减重，同时有人用腐蚀深度来表征。腐蚀速度是后者的变化率，二者之间相差一个 Δt；腐蚀增重和减重之间也存在如何过渡和两种腐蚀机理转化的问题。这些表征虽然各有特点，但哪种方法表征更能体现出腐蚀本质，看来还有待进一步研究。

（6）由上述（3）的讨论，又引申出一个问题，就是该曲线是在什么条件下做出的，如果是在实验室做出或模拟仿真的结果，那么氯化物、硫化物、碱金属之间的比例是如何确定的，更何况实际锅炉内烟温、积灰、氧化皮等对壁温的影响非常大。再有就是试验材料，因为像碳素结构钢、低合金钢及不锈钢的耐温和耐腐蚀性能差别甚大。如果这些试验条件没有给出的话，仅凭一条单一的曲线，表征腐蚀速度就有较大的局限性。

综上所述，图 2-8 的腐蚀速度曲线源自 20 世纪 80 年代中后期国外的试验结果，而近几十年来，垃圾焚烧锅炉管道无论从材料、工艺还是技术等都有变化和发展，而且每个国家垃圾焚烧的垃圾来源及采用的焚烧制度等都有很大不同。虽然该曲线可作为研究和分析垃圾腐蚀速度的定性参考，但又不必完全拘泥于它，特别是目前国内正在快速发展的高参数锅炉的腐蚀规律肯定又有所不同，或者说不同参数的锅炉有不同的腐蚀曲线。总之，期待国内该领域的学者能够早日做出适合我国国情、与时代同步、具有高仿真度的腐蚀速度曲线，以供科技人员参考。

参 考 文 献

[1] 曹民伟，马小明，等. 垃圾焚烧炉过热器的失效分析与改造 [J]. 机电工程技术，2002（4）：35－37.

[2] 邱留良，边浩疆. 垃圾发电厂锅炉受热面 CMT 堆焊 Inconel625 镍基材料技术分析 [J]. 科学技术创新，2018（18）：162－163.

[3] Zahs A, Spiegel M, Grabke H J. The influence of alloyingelements on the chlorine-induced high temperaturecorrosion of Fe-Cr alloys in oxidizing atmospheres [J]. Material Corrosion, 1999, 50(10): 561－578.

[4] Nielsen H P, Frandsen F J, Dam-Johansen K. Theimplications of chlorine-associated corrosion on theoperation of biomass-fired boilers [J]. Progress in Energyand Combustion Science, 2000, 26(3): 283－298.

[5] Montgomery M, Larsen O H. Field test corrosionexperiments in denmark with biomass fuels part 2: co-firing of straw and coal [J]. Materials and Corrosion, 2002, 53(3): 185－194.

[6] 王美玲. 生物质锅炉结焦、结灰分析及应对措施 [J]. 现代工业经济和信息化，2020, 10（1）：120－121.

[7] 李莉，宋景慧. 垃圾焚烧电厂过热器管腐蚀泄漏机制分析 [J]. 华电技术，2017（4）：24－27.

[8] 程鹏. 温度造成锅炉腐蚀的原因及减少腐蚀的措施分析 [J]. 南方农机，2017（10）：105－105.

[9] 徐陈. 垃圾焚烧炉中防止高温腐蚀和低温腐蚀的措施 [J]. 化工管理，2020（17）：113－114.

[10] 胥杨，陈文觉，陈乐，等. 某台垃圾焚烧炉过热器失效分析 [J]. 锅炉技术，2019（1）：55－60.

[11] 王永征，姜磊，岳茂振，等. 生物质混煤燃烧过程中受热面金属氯腐蚀特性试验研究 [J]. 中国电机工程学报，2013, 33（20）：88－95.

[12] 黄洁. 垃圾焚烧卧式锅炉过热器爆管的原因分析 [J]. 工业锅炉，2018（3）：54－56.

[13] 韩舒飞. 垃圾焚烧余热锅炉受热面爆管原因分析及防范措施 [J]. 工业锅炉，2014（3）：60－62.

[14] 吴威宁. 某垃圾焚烧厂锅炉过热器爆管分析与研究 [J]. 科学与信息化，2020（29）：67－68.

[15] 戴玉玲，丁虹. 某台 500t/d 卧式垃圾焚烧余热锅炉过热器频繁爆管事故原因分析及改造 [J]. 江苏锅炉，2014（1）：23－26.

[16] 骆俊. 垃圾焚烧发电锅炉受热面频繁爆管原因分析和解决方法研究 [J]. 长江技术经济，2020：210－211，214.

[17] 刘亚成. 垃圾焚烧锅炉受热面高温腐蚀分析及防腐涂层的应用 [J]. 工业锅炉，2020（6）：41－44.

[18] 高巍，张红明，刘恩满. 4650kW 热媒炉低温腐蚀与积灰问题分析 [J]. 管道技术与设备，2008（2）：49.

［19］ Ruh A, Spiegel M. Thermodynamic and kinetic consideration on the corrosion of Fe, Ni and Cr beneath a molten KCl-ZnCl2mixture ［J］. Corros. Sci., 2006, 48: 679.

［20］ Ishitsuka T, Nose K. Stability of protective oxide films in waste incineration environment-solubility measurement of oxides in moltenchlorides ［J］. Corros. Sci., 2002, 44: 247.

［21］ Pan T J, Zeng C L, Niu Y. Corrosion of three commercial steels under ZnCl2 – KCl deposits in a reducing atmosphere containing HCl and H2S at 400 – 500℃ ［J］. Oxid. Met., 2007, 67: 107.

［22］ 许明磊，严建华，马增益，等. 垃圾焚烧炉受热面的积灰腐蚀机理分析 ［J］. 中国电机工程学报，2007，27：32.

［23］ 顾玮伦，穆生胧，宋国庆，等. 垃圾焚烧锅炉氯腐蚀问题浅析 ［J］. 应用能源技术，2020（5）：52.

［24］ 刘昕昶，张新闻，昌小朋，等. 温度对超临界锅炉水冷壁高温腐蚀影响的实验研究 ［J］. 工业炉，2019，41（4）：26.

3

垃圾焚烧锅炉防腐涂层技术与发展

自从 2017 年巴黎气候协定生效后，英国、丹麦、芬兰、加拿大、美国、日本等发达国家相继把垃圾及生物质焚烧发电作为环保和减碳"双赢"的重要技术而大力支持[1-3]。我国近年来随着"碳达峰碳中和"战略目标的提出，垃圾焚烧发电技术后来居上，发展迅猛，目前，垃圾焚烧的装机容量和垃圾年处理量均已列世界第一。"锅炉四管"（水冷壁、过热器、再热器、省煤器）是垃圾焚烧锅炉组件中重要的热量交换部件，由于垃圾焚烧过程中产生的大量氯化物气体及附着在管道受热面上的氯化物积灰及结焦，使管壁长期遭受高温腐蚀[4-8]，致使管壁减薄引起爆管，从而造成锅炉非规性停机，不仅严重影响了人员与设备安全，而且对垃圾焚烧的发电效率及经济效益产生巨大影响。

目前，国内外垃圾焚烧锅炉四管的基体材料仍然使用以低合金钢、不锈钢等为主的传统金属材料[9-12]，也有少数垃圾焚烧厂使用镍基和铁基等高温合金材料[13-14]，虽然这些新型合金材料的开发和使用能够在一定程度上提高锅炉在高温环境中的耐蚀性能，但高昂的成本仍只限于部分应用。鉴于此，使用表面涂层技术在锅炉管壁受热面制备高温防护涂层，不仅可显著降低爆管泄漏引起的安全事故概率，而且能够提高发电效率，降低发电锅炉的碳排放，因此成为锅炉管道防护的主要手段[15]。本章综述了国内外锅炉管道基体材料的应用现状和研究进展，然后在概述涂层材料设计原则的基础上，重点针对目前国内外垃圾焚烧锅炉行业应用较多的防腐涂层技术，包括热喷涂、超音速火焰喷涂、堆焊、感应熔焊、表面渗铝、热化学反应纳米陶瓷涂层及激光熔覆等，分析了这些涂层技术与涂层材料及其协同发展的研究现状和发展趋势，指出了当前锅炉涂层防护材料研究存在的主要问题和今后的研究方向，主要包括应打破粉末设计—涂层设计—工艺设计—工业应用—性能评价四者间各自独立、缺乏协同的学术壁垒，提出目前防护涂层主要的材料体系是以高 Cr 含量的 FeCr 系和 NiCr 系合金为主，应在此基础上开发耐高温纤维增强材料、稀土增强材料、高熵材料及智能材料等在垃圾焚烧锅炉的应用，开发能耐飞灰磨损和耐高温腐蚀的综合性能涂层材料，研发加强感应熔焊层界面的扩散反应、加宽过渡区域的涂层材料，以及针对垃圾焚烧电厂锅炉内各烟道的环境条件不同，实现差异化、精确性设计涂层防护材料等，旨在为促进垃圾焚烧发电企业的提质增效提供技术基础。

3.1 垃圾焚烧锅炉管基材

垃圾焚烧锅炉管道的防腐材料体系主要包括管道基体材料和涂层材料，其中，管道基体材料是高温防腐的最终"防线"。一直以来，垃圾焚烧锅炉管道材料基本上参考燃煤锅炉的管道材料，这是由于这两种锅炉的工作条件比较接近，且燃煤锅炉发展历经数百年，技术成熟。

早期国外锅炉管材主要分为铁素体钢与奥氏体钢，铁素体钢主要为马氏体、贝氏体、珠光体等，一般铁素体钢不能耐受高于 565℃的温度，故高参数锅炉的高温过热器与再热器一般都不能采用铁素体钢。美国在 20 世纪就开发出了 T91 钢材，作为一种马氏体钢材，它在 9Cr1MoV 的钢材基础上，通过降低含碳量，并添加一定量的 V、Nb 等元素与碳粒合金化，形成弥散强化，提升了钢材的耐热能力，表现出了较好的耐高温氧化性能[14]，但随着锅炉参数的不断提升，蒸汽温度在超过 600℃的条件下，发现 T91 表现疲软，不能满足锅炉安全运行的要求，而奥氏体钢则在这种高温区域表现出了优良的抗蠕变能力与热稳定性。典型的奥氏体钢材有 TP347、Super304H、HR3C 等，它们普遍耐受温度达到 600℃以上，因此应用越来越广泛。

自 20 世纪末以来，随着垃圾焚烧锅炉技术的日渐成熟且逐步向高参数发展，欧美等发达国家对管道材料耐高温疲劳及蠕变性能要求也越来越高。在低合金钢的基础上添加适量的高性能合金材料，提高锅炉管道综合性能及服役寿命已成为高参数锅炉管道材料发展的一种趋势。比较典型的管材主要分为以下四种。

（1）高铬高镍铁基合金。作为垃圾焚烧锅炉高温过热器用管材，应首先考虑耐腐蚀和耐高温特性，其次还要具有良好的焊接性和可加工性。一般来说，在蒸汽温度 400℃以下，可使用普通碳钢，而 450℃以上可采用 CrMo 钢、奥氏体不锈钢、镍基合金等，同时，Mo、Nb、Si 等合金元素的适量添加对 Ni−Cr−Fe 系合金的防腐起到性能增强的效果[16]。日本的垃圾焚烧锅炉管道材料多采用 25Cr−14−20Ni 钢，该钢种的 Ni、Cr 含量相当于 309S、310S、310HCbN 和 NF709310S 等不锈钢中的含量，主要用于对耐腐蚀性能及性价比要求较高的大多数中温中压 400℃/3.9MPa 锅炉。欧美国家使用较多的 Ni-Cr-Fe 系合金和 Ni 基合金的耐腐蚀性能在 450℃以下的蒸汽温度下基本相同，管材在 450℃和 550℃条件下腐蚀厚度随 [Cr+Ni+Mo] 含量的变化规律[16]，如图 3−1 所示。

由图 3-1 可知，Cr、Ni、Mo 的含量越高，合金材料越耐腐蚀。

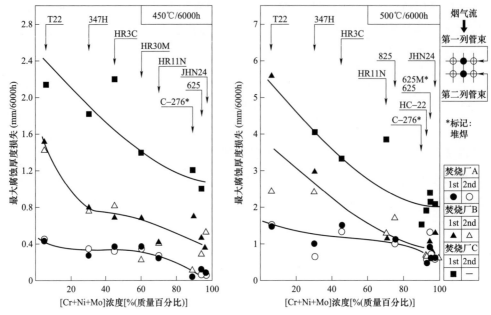

图 3-1　管材在 450℃和 550℃条件下腐蚀厚度随［Cr＋Ni＋Mo］含量的变化规律[16]

（2）高铬高钼镍基合金。由图 3-1 可知，在蒸汽温度 450℃以上时，含钼的 625 合金复合管具有良好的耐高温腐蚀性能；此外，HC-22 也称为 622 合金，其 Mo 含量大于 625 合金，具备优异的耐腐蚀性能。625 合金和 622 合金已应用于许多垃圾/生物质锅炉的高温过热器，不仅技术成熟且市场表现较好[16]。

（3）高硅高铬镍基合金。在欧洲一些国家常用的管材 QSX3 和 QSX5，就是表示 Si 含量约为 3%的改性 310S 合金，相当于传统的 Nicrofer 45TM 管材。应用实践证明，它在垃圾焚烧锅炉中具有良好的耐腐蚀性能。此外，管材型号为 MAC-F 和 MAC-N 表示 Cr 含量为 21%～28%，Si 含量为 3.2%～4.2%，其余为 Ni 和 Fe 的合金，已开始应用于高温次高压锅炉的高温过热器[17]。

（4）双层共挤复合管。在北欧一些国家，以高 Cr 钢为外管、以碳钢或低合金钢为内管的双层共挤复合管，已应用于垃圾焚烧发电锅炉高温过热器，且已积累了与高铬高钼镍基合金（如 Sanicro 63 等管材）相比较的许多应用案例。虽然服役效果较好，但由于价格偏高，所以其性价比还无法与某些合金涂层及堆焊层相比[18]。

除上述四种合金钢管材外，近年来，国外学者针对处于高氯、高硫腐蚀及磨损环境下的垃圾焚烧锅炉，对管道材质进行了深入的探索。Goyal 等[19]研究发现，以 Superfer 800H、Superco 605、Superni 75 为代表的铁基、钴基、镍基高温合金在 $Na_2SO_4+60\%V_2O_5$ 热腐蚀环境下具有不同的增重速率，钴基合金由于表面形成的 Co_3O_4 容易产生酸性溶解使保护性氧化膜无法形成，因此其热腐蚀增质量最大；铁基合金增重次之，其表面形成的 Fe_2O_3 与熔盐发生互扩散而产生剥落，腐蚀介质通过裂纹与金属基体接触产生灾难性氧化；镍基合金热腐蚀增重最小，表面形成的 Cr_2O_3 与 $Ni(VO_3)_2$ 作为扩散屏障降低了腐蚀介质的扩散速率。

对于生物质锅炉，Israelsson 等[20]研究了 FeCrAl 合金在 $O_2 + H_2O + KCl$ 环境中的热腐蚀性能，在 K_2CrO_4 快速形成后使 Cr_2O_3 被耗尽，同时，触发 Fe 的快速氧化过程，KCl 环境中铁基合金抗热腐蚀能力较弱，高 Cr 含量合金对于高温 Cl 腐蚀保护效果不明显。为提高生物质锅炉用高温合金的抗高温氧化及腐蚀性能，一方面，研究人员使用前/后处理来提高合金高温性能，例如，Okoro 等[21]研究了预氧化处理对镍基合金热腐蚀性能的影响，发现未处理合金外层会形成 Ni、Cr 氧化物，内层形成 Ti、Al 氧化物与 KCl 反应失去保护性，预氧化处理后合金外层形成 TiO_2，能有效阻挡 KCl 向内扩散；另一方面，研究人员在高温合金中加入 Si、Ni、Nb 等成分，研究其对高温氧化及腐蚀性能的影响，如 Klein 等[22]在 Co−9Al−9W-B 中添加不同含量 Ni、Si。

结果表明，添加 Ni 会使晶界及氧化物层中 B 消失，阻碍了 Al_2O_3 的形成，使抗氧化性下降。而在氧化物/合金界面、晶界和沉淀物内的含 Si 相可进一步提高合金的抗氧化性，但有可能降低合金的力学性能。Weng 等[23]在镍基合金中添加 Nb 后，合金表面形成致密的 Nb_2O_5，使抗热腐蚀性能显著提高。Birol[24]发现高温环境下 32CrMoV33 锅炉钢的显微硬度下降幅度达到 50%，而 Inconel 617 和 Stellite 6 的显微硬度下降幅度较小，高温服役环境下高温合金具有更好的力学性能。

国内在垃圾发电的早期阶段，锅炉管道钢材基本借鉴国内的燃煤电站和生物质电站锅炉使用的管材，应用较多的是 20G、15CrMoG、12Cr1MoVG、HR3C、T23、TP310、S30432、T24、SA210C 等。吴佐莲等[25]在相同实验条件下，对比了六种管材的抗腐蚀特性，得出耐腐蚀性能由强到弱依次为 HR3C、TP310、S30432、15CrMoG、12Cr1MoVG、20G。同时也观察到，管材耐腐蚀性越强，高温对腐蚀的影响就越弱。张知翔等[26]通过在模拟烟气中的水冷壁高温腐蚀实验，对比了 T91 和 12Cr1MoVG 两种材质的抗腐蚀性能，发现由于 T91 钢中铬含量很高，可以在钢材表面形成致密的 Cr_2O_3 氧化膜，从而阻止腐蚀性气体的侵入，因此，其抗腐蚀性能明显优于 12Cr1MoVG。黄林凯[27]选取 12 种垃圾焚烧炉常用钢材，采用检测腐蚀前后的减薄量，在垃圾焚烧炉烟气环境中进行耐高温腐蚀性能试验。结果表明：12 种钢材的耐高温腐蚀性能由优到劣的顺序为 TP347H＞TP316L＞TP321＞TP310S＞TP304＞12Cr1MoVG＞15Mo3＞20G＞SA−210＞T11＞T91＞T22。

随着垃圾焚烧防护技术的迅速发展，国内垃圾焚烧锅炉水冷壁和过热器管材也逐渐成熟，近年来较普遍应用的管材为 20G、12Cr1MoVG、15CrMoG 及 TP347H、TP310S

等，国内垃圾焚烧炉常用五种管材的性能[31]见表3-1。一般材料的热导率随温度不同而变化，表3-1中所列的热导率为服役温度区间的平均值，耐温指的是材料在长期服役条件下所能承受的最高温度。

表 3-1　　　　　　　　国内垃圾焚烧炉常用五种管材的性能[31]

管材	性能特点	适用位置	热导率 [W/(m·K)]	耐温（℃）
20G	比普通碳钢管耐高温且塑性与韧性均较好	水冷壁	45～50	<450
15CrMoG	在小于500℃综合性能较好，但力学性能随着温度升高而逐渐降低	水冷壁或中、低温过热器	15～16.5	<500
12Cr1MoVG	高温性能优于15CrMoG，特别是抗氧化性能较好	高、中温过热器	15～16	<550
TP310S	良好的抗氧化性、耐腐蚀性、耐酸碱及耐高温性能，但接近800℃开始软化	中、高温过热器	14～19	<700
TP347H	高温性能优于TP310S，耐高温酸腐蚀和耐晶间腐蚀的能力较强	高温过热器	14～19	<750

3.2　基于制备工艺的防腐涂层体系

表面防护方法主要有涂刷法、电镀、热渗镀、热喷涂和堆焊。在耐磨性方面，利用电镀、热喷涂和堆焊等技术，在材料表面形成一层耐磨层，可以有效地提高材料和构件的耐磨性。经过人们的探索研究发现，最直接有效的预防措施是对受腐蚀构件表面覆盖耐腐蚀的隔离层的方式。然而在该方法中，其过程受到工件尺寸的限制，镀件通常需要经过拼焊，拼焊过程中镀层会出现薄弱环节，降低使用性能，并且无法对已有设施进行再次防腐。因此，真正能用于锅炉水冷壁最直接有效的措施是热喷涂法和堆焊法。表面涂层防护主要应用在垃圾热值比较高的环境下，是目前逐渐趋于普遍的防护方法，重点针对锅炉水冷壁和过热器管材受热面，采取堆焊、热喷涂、重熔及表面熔敷等防护方式来限制或延缓腐蚀，提高材料防腐性能。

对于水冷壁和过热器的高温腐蚀治理主要包括基材选择、表面防护和运行控制这三个方面，其中，表面防护是最主要的手段。国内对于垃圾焚烧炉受热面的表面防护主要应用的技术是堆焊、热喷涂和重熔，而热喷涂技术因其涂层为机械结合而尚未占据市场主导地位。由于涂层材料根据不同的涂层工艺而各有不同，所以针对垃圾焚烧锅炉腐蚀防护应用相对较多的涂层工艺，包括普通热喷涂、堆焊、超音速火焰喷涂（HVOF）、感应熔焊、热化学反应生成陶瓷涂层、表面渗铝、激光熔覆等，对其材料体系及其协同发展的研究现状分别进行介绍。

在诸多涂层工艺中，热喷涂技术尽管发源较早，但在垃圾焚烧炉管道表面防护处理的应用效果并不理想，所以应用有限。在热喷涂技术中，若不考虑沉积率低造成的成本因素，超音速火焰喷涂是较为可靠的技术方案，而且已积累了一些应用案例。目前，应用最广泛当属堆焊技术，多年的应用取得了不错的效果，但因其稀释率较高及成本高、效率低等问题，正在受到其他方法的挑战。近年来，感应熔焊技术的发展迅速，在改善热喷涂层的组织和提高性能方面展现出了较大的发展潜力。热化学反应纳米陶瓷涂层技术由于工艺简单、成本低廉，受到部分企业的欢迎，但因涂层太薄，用一段时间后易形成斑驳型脱落，还需复涂，从而影响了其进一步的发展。表面渗铝技术进入垃圾焚烧锅炉领域较晚，虽然试验效果较好，但距离进入该领域市场尚需时日。激光熔覆在实验室研究了多年，而由于设备投入偏高、工艺控制较复杂等原因，市场占有率还比较小。总之，相对来说堆焊、感应熔焊、HVOF 这三项技术应用较多。

垃圾焚烧锅炉高温腐蚀防护的涂层材料设计应满足以下要求[28-30]：涂层本征结构致密，涂层内部孔隙、裂纹等缺陷越少越好；涂层在高温环境中表面能够形成热力学稳定的保护相，如 Al_2O_3、Cr_2O_3、SiO_2 等；形成的保护相能够缓慢生长，使保护性元素在涂层表面处于低消耗水平；氧化物层、涂层及基体之间热膨胀系数应尽可能接近，减少由于热应力变化引起的涂层与氧化物层剥落；涂层与基体之间应该具有较高的结合强度；涂层与基体之间应该具有缓慢的相互扩散过程，可通过设计多层结构引入扩散屏障或通过对基材和涂层进行前/后处理来实现。

3.2.1　热喷涂技术

针对垃圾焚烧炉的热喷涂技术研究与应用是近年来行业关注的焦点，也被认为是解决受热面高温腐蚀较为有效和可靠的方法之一。热喷涂工艺具有多种技术形式，现行应用方式中较具代表性的有超音速火焰喷涂（HVOF）技术、等离子喷涂技术与电弧喷涂技术。

（1）超音速火焰喷涂（HVOF）。超音速火焰喷涂 HVOF 在诸多热喷涂方法中发展得较晚，然而却因其孔隙率低和结合强度高等优势脱颖而出，很快就超越其他热喷涂方法，快速发展成为一种独立的先进表面技术。超音速火焰喷涂（HVOF）的结构与工作原理，如图 3-2 所示。

超音速火焰喷涂（HVOF）具有粒子飞行速度快、焰流温度较低等特点，对于制备低氧量高致密度金属合金及金属陶瓷涂层具有显著优势。由于这种喷涂法可获得超音速粉末粒子，对基材撞击动能较大，因此，提高了涂层与基材的结合强度和涂层的致密度。2000 年初，美国推出的 Densys DS-200 保护涂层材料，是一种成分为 $75\%Cr_2C_3$、$25\%CrNi$

的陶瓷材料，用 HVOF 工艺喷出的涂层具有极低的孔隙率、非常细的晶粒、均匀的组织、高结合强度及高硬度，且涂层表面非常光滑。这种材料具有非常好的高温抗冲蚀能力，后来在德国、日本也得到了应用。

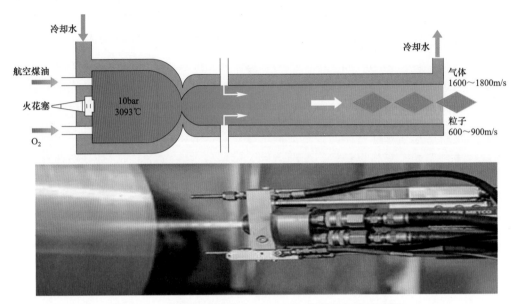

图 3-2　超音速火焰喷涂（HVOF）的结构与工作原理

美国学者 Hamatani 等[32]在原来的 Cr_3C_2-NiCr 锅炉防护材料中掺入 20%NiCr 材料用于 HVOF 喷涂，且采用了更小的粒径，小颗粒的大比表面积使粒子具有更好的传热和加速性能，使涂层结合强度提升了约 50MPa。金属涂层通常采用合金材料，如 NiCr 合金、FeCrBSi 合金、NiCrBSi 合金、Stellite 合金等。Sidhu 等[33]用 HVOF 喷涂在几种锅炉钢上分别制备了 Ni80Cr20 和 Stellite-6 金属涂层，并以锅炉钢作为对照组，经过硅砂的冲蚀磨损测试，发现涂层样品未出现任何宏观或微观的破坏，而锅炉钢却已产生裂纹，可见涂层的耐磨效果显著，而且发现 Ni80Cr20 的效果优于 Stellite-6 合金。DS-200 是含 $Cr_3C_2$75%和 NiCr25%的金属陶瓷涂层，多采用超音速火焰喷涂技术进行喷涂，该涂层主要用于高温磨蚀和冲蚀严重的环境[34]。

美国 Metalspray 公司生产的双层涂层 CRC-269/CA-625，里层为电弧喷涂的 625 涂层，外层为 HVOF 喷涂的 CRC-269（Cr_3C_2/TiC-25NiCr），是一种具有优良的耐腐蚀、耐冲蚀磨损的涂层[34]。日本 Kawahara[35]等人利用超音速火焰喷涂制备了 Ni80Cr20/Al 的双层涂层，目前日本已经有超过 7 座垃圾焚烧发电厂采用了该技术。芬兰 Oksa M，MetsäjokiJ[36]等人采用气态燃料超音速火焰喷涂（HVOFGF）和液态燃料超音速火焰喷涂（HVOFLF）分别制备了 NiCr（51Ni-46Cr-2Si-1Fe）和 FeCr（Fe-19Cr-9W-7Nb-4Mo-5B-2C-2Si-1Mn）涂层，这两种涂层均表现出良好的抗高温腐蚀性能。

近年来，欧美使用的 HVOF 喷涂材料仍以 Ni 基合金为主，常用的有 Ni80Cr20、Ni50Cr50、Ni-18Cr-5Fe-5Nb-6Mo、Ni-17Cr-4Fe-3.5B-4Si、Cr_3C_2-NiCr 等。其中，Cr 是最主要的合金元素，服役时涂层表面生成的 Cr_2O_3 在该类腐蚀环境和温度下具有较高的化学稳定性及保护性，能够有效阻碍腐蚀介质向涂层内部的渗透[37]。垃圾焚烧锅炉水冷壁腐蚀使火焰喷涂 Al/80Ni20Cr 涂层与 NiCrSiB 合金 HVOF 涂层结合强度的变化规律[35]，如图 3-3 所示。这种涂层的结合强度随着腐蚀时间的增加而降低，腐蚀气体也可从气孔进入后对涂层/基材的界面进行腐蚀，涂层厚度逐渐在减小。如图 3-3 中曲线所示，与火焰喷涂相比，显然 HVOF 的高喷涂速度可大大减少孔隙和提高结合强度，从而提高耐久性。

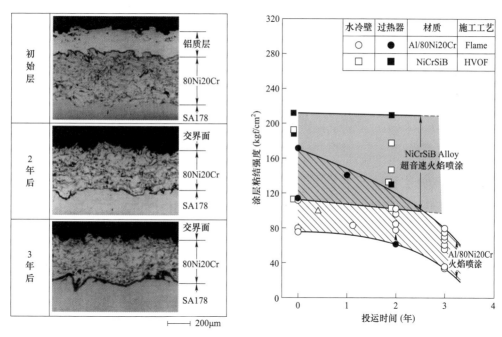

图 3-3　垃圾焚烧锅炉水冷壁腐蚀使火焰喷涂 Al/80Ni20Cr 涂层与 NiCrSiB 合金 HVOF 涂层结合强度的变化规律[35]

2008 年以来，HVOF 逐渐成为国内的研究热点，有学者[38]对 HVOF 涂层的组织性能及结构分析，结果表明超音速喷涂 80Ni20Cr/Inconel 625 合金涂层主要物相为 $CrNi_3$，随着 80Ni20Cr 含量的增加，涂层中 $CrNi_3$ 相含量逐渐增多，涂层表面沉积物颗粒细小均匀，存在少量氧化物；以 NiAl 和 NiCrAlY 打底的 80Ni20Cr/Inconel 625 合金涂层孔隙率分别仅为 0.52% 和 0.68%，涂层与基材的平均结合强度达 56.06MPa 和 49.69MPa。吴姚莎等[39]采用 HVOF 在中碳钢表面喷涂纳米 $NiCrBSi$-TiB_2 涂层，以饱和 Na_2SO_4-30%K_2SO_4 溶液为腐蚀介质，研究该涂层 800℃时的热腐蚀行为，结果显示微米涂层晶粒粗大，Si 的扩散系数低，易出现贫 Si 富 Cr 层，形成的 Cr_2O_3 膜在碱性熔盐中具有较低的溶解度，对涂层具有良好的保护作用。

陈小明等[40]主要研究了 HVOF 制备的 WC－10Co4Cr 涂层耐腐蚀性能，结果表明，与一般的热喷涂涂层相比，该涂层组织致密，显微硬度更高，结合强度更高，孔隙率更低，纳米结构使涂层晶粒细化，韧性、抗微切削、抗疲劳剥落性能及抗冲蚀性能得到提高。大多数垃圾焚烧锅炉耐腐蚀涂层采用的 Ni－Cr－Fe 三元素的相对含量[41]，如图 3－4 所示，包括 Fe 基涂层 9 种，Ni 基涂层 21 种，可见 Ni 基涂层使用的普遍性，且这两类涂层中基本都含有 20%～30%的 Cr 元素，可见 Cr 能够显著提高涂层的高温耐腐蚀性能。

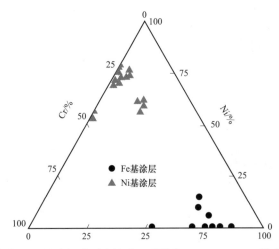

图 3－4 大多数垃圾焚烧锅炉耐腐蚀涂层采用的 Ni－Cr－Fe 三元素的相对含量[41]

目前，国内外开发应用的 HVOF 喷涂用料主要以 Ni 基合金为主，包括 Ni80Cr20、Ni50Cr50、Ni－18Cr－5Fe－5Nb－6Mo、Ni－17Cr－4Fe－3.5B－4Si、Cr_3C_2－NiCr 等。铬作为该类合金中最主要的元素，投用期间能够在涂层表面生成 Cr_2O_3。这种氧化物在垃圾焚烧炉内的工况和腐蚀环境下具有良好的防护作用，可对腐蚀介质向涂层内部的渗透产生阻隔效果，并且生成的尖晶石结构相（$NiCr_2O_4$）对涂层耐蚀性也具有改善作用。尽管国内学者[41]普遍认为 HVOF 制备的 NiCr 类涂层表现良好，但同时也缺乏更加系统的研究，例如，一些强化元素（如 Ti、Mo、B 等）已被试验证明对涂层耐腐性能具有积极作用，但其具体的作用规律、机理仍不清楚，如何改善涂层组分以提升耐腐性能仍然需要深入研究。此外，通过实验室验证的耐腐涂层材料比较丰富，但在垃圾焚烧电厂应用的涂层类型却较少，例如，对于国内外电弧喷涂或等离子喷涂使用较多的 45CT 及 Inconel625 合金防腐材料，就很少用于 HVOF，HVOF 喷涂的高昂成本也是目前限制其使用的重要原因。相信随着 HVOF 涂层的应用日渐广泛，在衡量性价比的情况下，HVOF 喷涂在锅炉换热面腐蚀防护的应用可预见具有良好的前景。

（2）等离子喷涂。等离子喷涂的涂层质量好、束流温度高、材料适应性广，可以制备金属、陶瓷及复合涂层等。郭平[42]对垃圾焚烧锅炉管道防护的等离子喷涂 NiCr、Cr_3C_2-NiCr 涂层进行了试验研究。研究结果表明，这两种涂层都具有层状组织结构，涂层和喷涂粉的相组成基本保持一致。其中，由于 Cr_3C_2-NiCr 涂层在喷涂过程中粉末熔化不良，层间结合不紧密，而 NiCr 涂层中的未熔颗粒、孔隙和氧化物夹杂明显较少，且涂层中孔隙分布相对均匀，组织更加致密。此外，NiCr 金属涂层的显微硬度很低，而 Cr_3C_2-NiCr 较高；相反，Cr_3C_2-NiCr 复合涂层与基底的结合强度较低，而 NiCr 则是较高的。石绪忠[43]等对等离子喷涂纳米氧化铝钛涂层机械性能进行了研究，结果表明纳米陶瓷涂层结合强度及硬度较高，原始粉体的纳米组织可在涂层中得以遗传。纳米涂层抗剥落性能优异，韧性明显好于传统微米涂层，经过 50 次 20～400℃水淬循环试验，涂层仍未失效。

利用等离子喷涂技术施加的涂层总体性能与 HVOF 制备的涂层是相近的，都能对垃圾焚烧炉水冷壁管壁起到有效而稳定的防护作用。但是，该技术同样面临设备昂贵、耗能大、工艺复杂等问题。

（3）电弧喷涂。电弧喷涂也是一种较为成熟的热喷涂法，具有设备简单易操作、低成本、沉积效率高等优点，是一种适合大规模工业应用的方法。早在 21 世纪前，美国就将电弧喷涂 45CT 丝材应用于电站锅炉防腐，而且涂层经 7 年腐蚀后仍能正常工作，从而大大延长了管排的使用寿命。英国、瑞典等国采用电弧喷涂 Fe-CrAl 合金作为管排防腐层，为锅炉用管道的防腐蚀提供了一种新的途径，且这种合金能够生产成丝材，用于火焰及电弧喷涂。

国内有研究者研制出一种电弧喷涂 NiCrB 系粉芯丝材，其在 NiCr 基材的基础上加入了一些助脱氧的 B 元素，使喷涂态 NiCrB 涂层的含氧量降至小于 2%，低于商用 NiCrTi 涂层的 9%。试验表明，尽管 NiCrB 涂层中的 Cr 含量低于 NiCrTi 涂层，但氧化物生成量的减少对涂层在类似垃圾焚烧炉工况下的防腐性能产生了显著改善。徐霖[44]等人针对垃圾焚烧锅炉膜式壁表面受到的高温氯腐蚀问题，应用高速电弧喷涂的方法在该受热面制备了镍基合金 C276 涂层，通过工艺优化和对喷枪的改进使涂层具备超低孔隙率、高结合强度、高硬度等性能。应用扫描电子显微镜（SEM）、X 射线光电子能谱技术（XPS）分析了涂层的组织结构，通过极化曲线及熔融盐模拟腐蚀试验评估其腐蚀行为。试验结果表明，相对单一的 20G 钢材料，电弧喷涂制备的 C276 涂层具备优异的抗熔融盐与抗高温氯腐蚀性能。杨国谋[45]等采用超音速电弧喷涂 45CT 合金，在垃圾焚烧锅炉过热器管表面施加了一层防腐涂层，显著提高了该部件的使用寿命。

虽然电弧喷涂法能够制备较为优良的防腐蚀涂层，相对等离子喷涂和 HVOF 而言，电弧喷涂涂层氧化物含量和孔隙率都较高。此外，对于拔丝工艺而言，其涂层合金成分调整空间相对较小。这些因素使该技术在垃圾焚烧炉的应用中有很大的局限性。

在热喷涂技术应用过程中，随着近年垃圾焚烧锅炉主蒸汽参数的提高，对涂层材料的要求也不断提高，从传统的合金涂层逐渐发展到金属陶瓷涂层和陶瓷涂层。目前来看，中温中压垃圾焚烧锅炉基本上还是应用合金涂层，因为在满足锅炉服役寿命的前提下，其性价比较好。对于近年来迅速发展的高温次高压和高温高压锅炉，在高温段的水冷壁和过热器，有部分或全部采用了金属陶瓷或陶瓷涂层。

（1）合金涂层。20 世纪 80 年代，欧美一些发达国家开始大力发展垃圾焚烧发电技术，针对垃圾锅炉抗高温氯腐蚀性能要求，早期美国 TAFA 公司推出电弧喷涂涂层的专用丝材 45CT，其含镍 55%、铬 43%、钛 2%。当时作为防护效果较好的一种涂层，很快广泛地应用于欧美多个国家，是一种专用于抗高温腐蚀的合金丝材[46]。据统计，在中温中压锅炉管壁喷涂 45CT 涂层可保证在 7 年内基本不减薄、不剥落。此外，欧美较早开发的供热喷涂使用的主要涂层材料体系是具有高 Cr 含量的 FeCr 系和 NiCr 系合金，常见材料除 45CT 外，还有 ERNiCrMo－13、FeCrBSi、Inconel 625、NiCrBSi 等，这些涂层材料在抗高温腐蚀方面有很大优势[47]。多年的垃圾焚烧锅炉防腐实践证明，NiCr 系涂层比 Fe 基涂层具有更好的抗氯腐蚀性，这是因为当氯元素以各种形式对涂层进行腐蚀时，形成的镍和铬的氯化物比 Fe 的氯化物具有更低的挥发性，故可以减少 Cl 元素的循环量，从而减缓了腐蚀。

虽然 Fe 基涂层在此方面存在一定不足，但在垃圾焚烧锅炉高温大于 600℃且存在较多硫化物的复合腐蚀环境中，含有一定 Si 元素的 Fe 基涂层则表现出较好的耐蚀性，这是由于在孔隙和微裂纹处生成的 SiO_2 沉淀对涂层起到了封孔的作用[47]。德国 J.Wilden、S.Jahn 等[48]采用电弧喷涂技术制备了不同成分的铁－铬－硅系合金涂层，并在涂层中加入 B 进行对比，优化了喷涂工艺参数，对电弧喷涂试样进行测试结果表明：B 能明显改善涂层的组织，降低涂层的裂纹和孔隙数量，但是含硼涂层并没有太多提高高温耐腐蚀性。芬兰 M.A.Uusitalo 等[49]采用电弧喷涂制备了以 Ni 或 Fe 为基础元素的高温合金涂层，研究发现 Ni 基合金的耐腐蚀性能优于 Fe 基合金。

（2）金属陶瓷涂层。Fukuda.Y[50]在垃圾焚烧高温次高压 500℃/9.8MPa 锅炉中的二级过热器 310HCbN 管材表面，分别采用 HVOF 和爆炸喷涂两种方法，制备了 50%TiO_2＋50%625（TiO_2＋625）、Cr_3C_2＋75Ni25Cr 两种金属陶瓷涂层试件，涂层厚度均为 200μm。将这两种涂层试件同时放在工质温度为 432～448℃、壁温约 451～488℃的垃圾焚烧锅炉内做防腐试验，其中，Cr_3C_2＋75Ni25Cr 试件应用试验时间为 1.3～2 年，TiO_2＋625 涂层为 2 年。停炉后进行厚度检测，发现 TiO_2＋625 涂层的厚度减小量比 Cr_3C_2＋75Ni25Cr 涂层低。垃圾焚烧锅炉过热器基材 310HCbN 表面用 HVOF 喷涂 50%625/50%TiO_2 陶瓷涂层腐蚀 13800h 后的微观形貌[50]，如图 3-5 所示。由图 3-5 可知，涂层厚度和结构基本保持完整；图 3-6 表示由爆炸喷涂制备的 50%625/50%TiO$_2$ 涂层的厚度减小量约 0.1mm，预测其使用寿命至少可达到四年[50]。

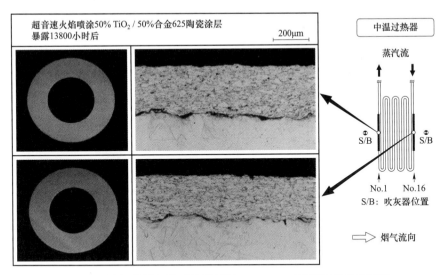

图 3-5 垃圾焚烧锅炉过热器基材 310HCbN 表面用 HVOF 喷涂
50%625/50%TiO$_2$ 陶瓷涂层腐蚀 13800h 后的微观形貌[50]

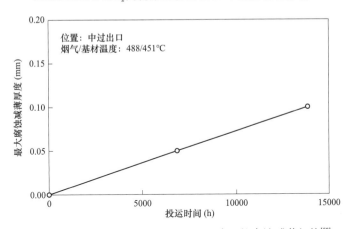

图 3-6 爆炸喷涂 50%625/50%TiO$_2$涂层的腐蚀减薄规律[50]

采用爆炸喷涂制备的 Cr$_3$C$_2$-NiCr（75Ni+25Cr）涂层试件，在垃圾焚烧锅炉中腐蚀 4 个月后，Cr$_3$C$_2$·75Ni25Cr 涂层的裂纹和微观形貌[50]，如图 3-7 所示。由图 3-7 可看出，涂层表面有许多呈多边形的裂纹，有些甚至已开始局部剥落。经分析得知，裂纹的形状和方向受到吹灰器吹灰力度和方向的影响。

1）超音速电弧喷涂 WC-NiCrB 金属陶瓷涂层。美国的垃圾焚烧锅炉腐蚀应用试验结果证明[51]，采用超音速电弧喷涂系统制备的 WC-NiCrB 金属陶瓷涂层，在具有严重腐蚀和飞灰硬颗粒侵蚀的生物质流化床锅炉中表现出良好的耐腐蚀性。

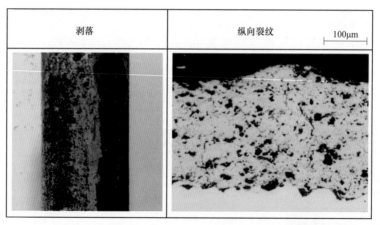

图 3-7　Cr₃C₂·75Ni25Cr 涂层的裂纹和微观形貌[50]

2）高速空气电弧喷涂 CrC-不锈钢和 WC/CrC-NiFe 金属陶瓷涂层。高速空气电弧喷涂方法（High-Velocity Air-Fuel-ARC，HVAC），是 20 世纪 90 年代美国开发的[52]，该技术制备的 CrC-不锈钢和 WC/CrC-NiFe 金属陶瓷涂层应用于污泥焚烧流化床锅炉（Circulating Fluidized Bed Combustion，CFBC）中，腐蚀防护效果明显比普通电弧喷涂要好。

3）陶瓷涂层。为防止生物质/垃圾焚烧锅炉的严重腐蚀，Kawahara，Y[53]采用在高温过热器表面采用陶瓷涂层防护。初期由于陶瓷材料的脆性易产生裂纹及热膨胀系数不匹配等原因，效果不够理想。之后又用 HVOF 喷涂 625 或 NiCrSiB 底层，再用超音速等离子喷涂 $ZrO_2-8\%Y_2O_3$（YSZ）陶瓷面层。YSZ/Ni 和 $Cr_3C_2-75Ni25Cr$ 涂层试件的服役点位、工况及腐蚀后的微观形貌[53]，如图 3-8 所示。图左表示过热器及涂层位置，图右上

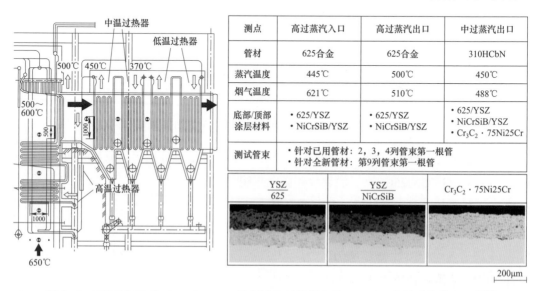

测点	高过蒸汽入口	高过蒸汽出口	中过蒸汽出口
管材	625合金	625合金	310HCbN
蒸汽温度	445℃	500℃	450℃
烟气温度	621℃	510℃	488℃
底部/顶部涂层材料	·625/YSZ ·NiCrSiB/YSZ	·625/YSZ ·NiCrSiB/YSZ	·625/YSZ ·NiCrSiB/YSZ ·Cr₃C₂·75Ni25Cr
测试管束	·针对已用管材：2，3，4列管束第一根管 ·针对全新管材：第9列管束第一根管		

图 3-8　YSZ/Ni 和 Cr₃C₂-75Ni25Cr 涂层试件的服役点位、工况及腐蚀后的微观形貌[53]

部为试验条件，下部为涂层表面微观形貌。将两种陶瓷复合涂层与单层的金属陶瓷涂层 $Cr_3C_2+75Ni25Cr$ 进行对比，由图 3-8 可知，从孔隙率和界面结合情况来看，陶瓷涂层比金属陶瓷效果更好。

现场喷涂 YSZ/625 复合涂层在腐蚀 1.3 年后涂层的微观形貌[53]，如图 3-9 所示。图 3-9 表示从过热器的三个部位对涂层取样进行分析的表面形貌，三个部位分别是沿过热器左、右两侧与表面倾斜 35°的两个方向（烟气循环方向），以及管顶部位。由图 3-9 可见，涂层内已产生部分孔隙和裂纹，且涂层厚度开始减小。作为对比，在相同的位置腐蚀同样的时间，采用 HVOF 喷涂 NiCrSiB 和 TiO_2-625 合金层。结果表明，耐久性排序为 YSZ/625＞YSZ/NiCrSiB＞TiO_2-625＞$Cr_3C_2-75Ni25Cr$。

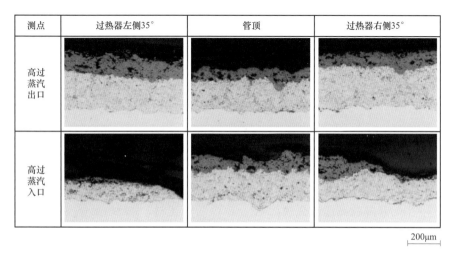

测点	过热器左侧35°	管顶	过热器右侧35°
高过蒸汽出口			
高过蒸汽入口			

200μm

图 3-9　现场喷涂 YSZ/625 复合涂层在腐蚀 1.3 年后涂层的微观形貌[53]

三种金属陶瓷涂层经腐蚀试验 1.3 年后的综合耐久性评估[53]见表 3-2。结果表明，YSZ/625 和 NiCrSiB 喷涂层具有相对较好的耐久性。经理论预测，服役寿命比无涂层的金属管壁要多 1～3 年。

表 3-2　　　　　三种金属陶瓷涂层经腐蚀试验 1.3 年后的综合耐久性评估[53]

测试位置（材料）	烟气/蒸汽温度（℃）	最大腐蚀速率（mm/a）		涂层材料（顶层/底层）	涂层寿命	
		无吹灰器影响	受吹灰器影响		无吹灰器影响	受吹灰器影响
中压过热器蒸汽出口（310HCbN）	488/450	0.41	0.64	YSZ/625 YSZ/NiCrSiB $Cr_3C_2·75Ni25Cr$	＞3 ＞3 ＜0.3	≥1.5 ≥1.5 ＜0.3
高压过热器蒸汽出口（合金625）	510/500	0.59	1.1	YSZ/625 YSZ/NiCrSiB	＞3 ＞3	－ －
高压过热器蒸汽入口（合金625）	621/445	1.82	3	YSZ/625 YSZ/NiCrSiB	＞3 ＞3	≥1.5 ≥1.5

国内在垃圾焚烧发展初期，电弧喷涂是主要的腐蚀防护技术，其最大特点是现场施工效率高，例如，100m² 锅炉水冷壁仅需 2 天即可完成，而且对基体无热影响。当涂层被腐蚀后，还可再次在锅炉管上进行喷涂，但如果能将涂层孔隙率由目前的大于 6%控制在 3%以内，就可显著提高涂层的抗高温氯腐蚀性能，从而将涂层寿命提升 2～3 年[54]。

2003 年，北京有色金属研究总院开发出一种电弧喷涂用新型高铬镍基合金涂层（Cr＞40%），经运行试验显示，该涂层具有优异的抗高温腐蚀性能[54]。李尚周等[55]利用 SB50 型超音速电弧喷涂设备，采用普通电弧涂层材料进行喷涂，将涂层的硬度值从 35HRC 提高到 56HRC。陈丽艳等[56]采用电弧喷涂技术在水冷壁 20G 表面制备了 Ni－50Cr 合金涂层，研究了涂层在 750℃的抗高温氧化性能，其抗高温氧化性能分别比 20G 钢基体和 45CT 涂层提高了 85 倍和 1.3 倍。

2005 年后，国内较多采用超音速电弧喷涂技术制备 NiCr－AlTi 成分的 PS45 涂层，用于水冷壁防腐。PS45 是一种 NiCr 基的实心丝材，形成的喷涂层表面存在连续、致密且与涂层结合牢固的 Cr_2O_3、Cr_2NiO_4 薄膜，阻断了 SO_2、H_2S、O_2、Cl_2 等腐蚀性介质向内部的扩散[57]。涂层具有较高的韧性和硬度，与基材的结合强度可达 35MPa 以上，具有良好的抗高温烟气冲刷性能[58-59]。研究表明，单一 Cr_2O_3 膜不能抵抗氯离子腐蚀，在高温下与氯化物盐反应生成沸点约 500℃的铬酸盐，导致氧化膜破坏，使金属基材产生点蚀[57]。王利等[37]开发的高速电弧喷涂 NiCrB 系粉芯丝材，在 NiCr 基的基础上添加了适量有利于脱氧的 B 元素，从而使喷涂态 NiCrB 涂层的氧含量降低到 2%以下，低于商用 45CT 涂层的 9%。尽管 NiCrB 涂层中的 Cr 含量 25%～30%低于进口 NiCrTi 涂层的 Cr 含量 43%～45%，但氧化物的降低却显著提高了抗热腐蚀性能[60-61]。

3.2.2 堆焊技术

21 世纪初，堆焊技术还是业内最为可靠的垃圾焚烧炉高温防腐技术之一，其在水冷壁及部分过热器表面的防腐应用中均展现出较好的防护效果。其中，应用最为成熟的堆焊材料是堆焊 Inconel625 合金、C－276M 等，堆焊方法采用较多的是熔化极惰性气体保护焊（Melt Inert-gas Welding，MIG）、熔化极活性气体保护电弧焊（Metal Active Gas Arc Welding，MAG）、冷金属过渡弧焊（Cold Metal Transfer，CMT）等。

为改善 20G 锅炉膜式水冷壁的腐蚀情况，孙焕焕[62]等利用 MIG 技术在水冷壁管表面堆焊 Inconel625 合金，并进一步研究了这种膜式水冷壁的组织和性能。根据其实验结果，堆焊层组织为奥氏体树枝晶，堆焊层与 20G 基体间形成了致密的冶金结合，堆焊层表现出比金属基体更高的硬度，其抗拉强度达到了 509MPa。邱留良[63]等对垃圾发电厂锅炉受热面采用 CMT 堆焊 Inconel625 镍基材料，在相同的焊丝进给速度下，MAG 和 CMT

方法分别需要 300、180A 电流，且 CMT 相应的热输入量也小。CMT 焊接利用焊丝回抽来促进熔滴过渡，过程短路电流低，呈现出高频的冷热交替过程，可大幅降低输入的热量，这也是这种堆焊方法温度相对偏低的主要原因。范蕙萍[64]采用 CMT 技术对垃圾焚烧炉水冷膜式壁堆焊高温合金。试验结果表明，Inconel625 堆焊与 20G 的化学成分虽然差别较大，但两者的膨胀系数并没有太大差别，因而采用堆焊方式进行结合时不会产生太多裂纹；此外，CMT 焊接还可有效解决稀释问题。

堆焊熔覆层与热喷涂涂层相比能够与基材间产生牢固的冶金结合，组织均匀，厚度可达几厘米，因此其可靠性和耐久性都更具优势，但也存在一些问题：较深的熔池使稀释率一般达到 10% 以上，常需进行双层堆焊来降低稀释率，使涂层厚度常在 2mm 以上，这不仅增加了材料成本，也会对传热性能造成一定影响。另外，堆焊工艺限制了防腐蚀合金材料的选择性。堆焊时基体形变较大需要增加控制成本，特别是当温度高于 415℃ 时防腐蚀效果变差。

堆焊作为国内外垃圾焚烧锅炉腐蚀防护应用最广泛的手段，主要分为两种类型，Inconel 625 丝材堆焊和等离子粉末堆焊，前者应用较广泛，是由于使用标准 Inconel 625 焊丝，操作方便，堆焊层性能稳定，效率高，但难以根据锅炉的实际情况进行材料调整。而等离子粉末堆焊优点是可根据堆焊的对象，进行差异化、个性化设计粉末材料。所以说二者各有所长。

2000 年前后，美国、欧洲多国开始大面积应用 Inconel 625 堆焊技术取代热喷涂技术进行电站锅炉水冷壁的腐蚀防护，水冷壁堆焊[65]，如图 3 – 10 所示，其防护效果突出，从此开创了锅炉高温防腐的新局面。

图 3 – 10　水冷壁堆焊[65]

到目前为止，625 合金堆焊防护层在欧美一些国家的垃圾焚烧锅炉内已经使用了 20 余年，防腐效果较好。前期，垃圾焚烧锅炉管道堆焊多采用自动 MIG 焊和气体保护电弧焊，十余年来，大面积应用冷金属过渡焊 CMT 技术。美国学者锅炉内现场腐蚀测试[66]，对于 500℃/9.8MPa 的高温次高压垃圾焚烧锅炉的堆焊层进行腐蚀试验，两年的最大腐蚀速率约为 0.1～0.2mm/a。500℃/9.8MPa 垃圾焚烧锅炉水冷壁 625 合金堆焊与 NiCrSiB 合金 HVOF 喷涂层的最大腐蚀厚度[66]，如图 3－11 所示，说明堆焊的防腐效果显著。

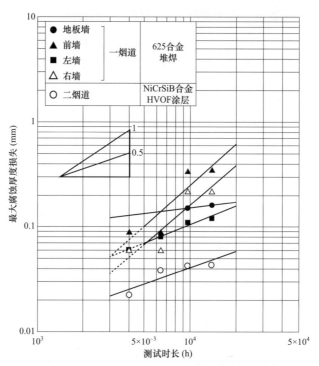

图 3－11　500℃/9.8MPa 垃圾焚烧锅炉水冷壁 625 合金堆焊与
NiCrSiB 合金 HVOF 喷涂层的最大腐蚀厚度[66]

近 10 年来，国外等离子粉末堆焊材料的研究重点主要集中在自熔性合金粉末及其增强粉末的复合化设计，尽管已取得一些成果，但并未拓宽新的熔覆材料研究领域。直至目前，等离子粉末堆焊熔覆材料体系主要有合金化自熔性复合材料，利用一些功能性元素的固溶强化、析出强化、弥散强化和细晶强化等作用，改善熔覆层的组织和性能；增强化自熔性复合材料，利用金属陶瓷基颗粒增强效应，提高熔覆层的性能；稀土掺杂自熔性复合材料，发挥稀土特有的化学活性，净化熔覆层组织；金属基自润滑复合材料，以金属或合金作为基相，固体润滑剂作为分散相，形成金属基自润滑堆焊熔覆材料等[54]。

国内自 2003 年从国外引进 625 合金堆焊技术一直沿用至今，在水冷壁和过热器的应用中防护效果较好[67]。堆焊材料除 Inconel 625 合金外，还有 C－276M（Ni－18Cr－14Mo－4W）、

HC-2000（Ni-23Cr-16Mo-1.6Cu）等。国产 625 堆焊材料是在国外 Inconel625 合金的基础上经过改进得到的，如对钼、镍、铬、铁等金属材料的含量严格设计，而且合理的工艺参数是发挥其作用的关键，否则极易在堆焊过程中出现热输入量偏大，从而易产生粗大魏氏体组织，使堆焊层的冲击韧性下降。

此外，在锅炉现场堆焊或实现原位修复是堆焊技术的一大难题，国外一些国家已经成功实现了 CMT 在水冷壁表面现场堆焊，国内仅有少数单位进行过试验研究。有学者在试验过程中发现在进行二次堆焊修复时容易引起原始熔覆层组织脆化，产生裂纹并扩展，这也造成了材料的大量浪费和使用成本的进一步提高，因此，国内目前对堆焊复修技术的前景并不乐观。此外，有研究表明[53]，Inconel 625 合金熔覆层的性能表现与服役温度密切相关，在 400℃ 以下时，其抗热腐蚀性能较为优异且稳定，而当服役温度达到 420℃ 以上时，熔覆层则基本失去防护效果；若使用温度超过 540℃，熔覆层腐蚀速率甚至高达 0.2μm/h。因此，开发适合我国国情的高性能、低成本堆焊材料是该技术所面临的迫切需要解决的问题。

3.2.3　感应熔焊技术

虽然感应熔焊技术本身比较成熟，但应用到垃圾焚烧锅炉腐蚀防护方面时间并不长，国外不到 20 年，国内仅约 5 年的时间。其基本原理为在垃圾焚烧发电锅炉水冷壁受热面，首先用火焰喷涂镍基自熔合金，冷却后再让水冷壁穿过高频感应线圈，使涂层在很短的时间内迅速重新熔化和凝固。由于快速结晶效应，重熔后的涂层晶粒来不及长大，晶粒细小孔隙率很低（＜1%），而且界面结合处的成分过渡曲线不是一条陡变的垂直线，而是约有几微米的过渡区，说明在熔覆层与基体的界面结合处存在一个很窄的共混区。经检测，结合界面处的最终沉积物是致密的金属结晶组织，并与基体形成约 0.05～0.1mm 的微冶金结合层，其结合强度约 150～250MPa。涂层厚度虽然很薄，但其防护性能突出，服役寿命与堆焊很接近，且成本低近一半，所以是一项很有发展前景的涂层防护技术。

2005 年，日本三菱重工业长崎造船研究所与第一高周波株式会社联合开发，成功将感应熔焊技术用于垃圾焚烧锅炉水冷壁的高温防腐，效果显现[68]。2006 年，台湾浅草垃圾发电公司率先从日本引进该技术，很快就在全岛的垃圾焚烧电厂推广应用[69]。据报道，台湾台中市后里垃圾焚烧厂自采用感应熔焊技术防护后基本消除爆管现象，而且垃圾焚化量增加了 6.12%，发电量增加了 7.65%，投资回报率很高[69]。

2006 年，Y. Matsubara 等[68]学者研究了垃圾焚烧锅炉水冷壁采用感应熔焊技术防腐性能试验，防护涂层粉末的化学成分见表 3-3[68]。共有 8 个试件，其中 A、B、C、D、E 均为镍基自熔合金粉末，管材分别为高铬铸钢、SUS 304 与 SUS 309 不锈钢，使用美国 J3 火焰喷涂系统对水冷壁喷涂镍基自熔合金，使用日本川崎公司制造的功率为 25kW 的 HI-HEATER 4025 感应熔焊系统完成了水冷壁的重熔。将表 3-3 中的 8 个试件放在浓度为 50%HCl 气体的管式炉进行 72h 的加速腐蚀试验结果[68]（如图 3-12 所示），由图 3-12 可知，镍基自熔合金涂层的腐蚀失重比高铬铸铁、SUS 304 和 SUS 309 都要低很多，在 5 种粉末中，A 型粉末相对更经济，性价比更突出。

表 3-3　　　　　　　　粉末与基体的化学成分[68]

粉末	化学成分 [%（质量百分比）]					
	Ni	Cr	Si	B	Mo	W
A	剩余量	15	4.3	3.1	2.5	
B	剩余量	18	4	3.5	16	
C	剩余量	9.8	2.8	2	1.6	32.9
D	剩余量	37.1	3.4	3.6	3	
E	剩余量	15	4	3.2		
基底	Ni	Cr	Si	B	Mo	Fe
Cr 铸件		24.8				剩余量
SUS 304	8.7	18.4	0.4			剩余量
SUS 309	13.9	22.2	0.6			剩余量

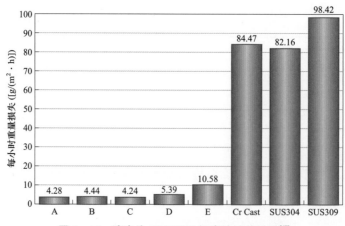

图 3-12　浓度为 50%HCl 的腐蚀试验结果[68]

2008 年后，欧美一些国家陆续开发了自动高频感应重熔 NiCrSiB 合金涂层技术，并成功应用于垃圾焚烧锅炉。应用结果显示，该涂层具有结构均匀、化学键结合、无稀释的特点，并具有 0.5～2.5mm 厚度的光滑表面。垃圾焚烧锅炉水冷壁腐蚀 3 年后镍基自熔合金涂层的耐久性[35]，如图 3－13 所示。图 3－13 左上角表示感应熔焊在锅炉水冷壁应用三年之后，感应熔焊表面基本没有变化，而无涂层的管壁已腐蚀得相当严重，二者厚度减薄量的区别从图右上部看得很明显。由图 3－13 右下部的感应熔焊层的微观显微形貌可看出，涂层组织均匀且致密，结合紧密。

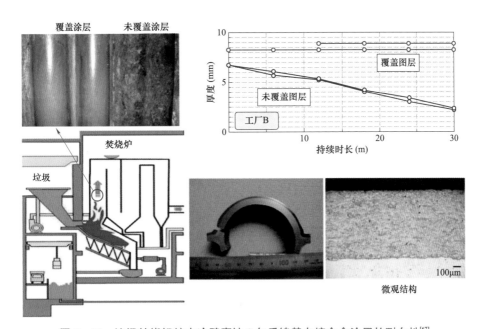

图 3－13　垃圾焚烧锅炉水冷壁腐蚀 3 年后镍基自熔合金涂层的耐久性[67]

日本第一高周波株式会社水冷壁感应重熔涂层[67]，如图 3－14 所示。国内江苏科环新材料有限公司于 2017 年率先在锅炉水冷壁受热面制备涂层获得成功，江苏科环新材料有限公司水冷壁感应重熔涂层[70]，如图 3－15 所示。

国内一些学者[71]对镍基自熔合金材料结合重熔过程进行了深入研究。镍基自熔性合金涂层在重熔后各相结构形成的实质是元素相互扩散、结合及分解析出的结果。在一定温度下，合金元素的扩散受元素在该基材中的扩散系数及浓度梯度等因素影响。C、B 等元素原子半径小利于扩散，如母材为 20G，故于涂层界面处 Fe、Ni、Cr 等元素的浓度坡度很大，易于加速扩散。但如果重熔时间过长，近母材处的涂层部分 C 及 Ni、Cr 含量不断降低，而含 Fe 量大大增高，使组织相应发生由过共晶－共晶－亚共晶的演变，同时过渡带的组织宽度的显著变化，使涂层组织改变，从而性能变差，因此必须严格控制重熔温度及时间[72]。

图 3-14　日本第一高周波株式会社水　　　　图 3-15　江苏科环新材料有限公司
　　　　冷壁感应重熔涂层[67]　　　　　　　　　　水冷壁感应重熔涂层[70]

　　自熔合金在凝固过程中会形成含有弥散相的母体，并嵌有大量第二相硬质点的组织，故有较高的硬度和强度。硼和硅的加入能扩大固相和液相之间的距离，并可与常用的几种母材生成低熔点共晶。Ni-B 共晶熔点为 1070℃，Co-B 为 1095℃，Fe-B 也仅有 1140℃，大大低于这三种金属的熔点，从而保证重熔时有良好的流动性。硼和硅的氧化物主要成分是 B_2O_3 及 SiO_2，两者共存时可能与其他金属氧化物形成硼硅酸盐类，例如，73%SiO_2 和 27%B_2O_3 的复合氧化物熔点 722℃。这种硼硅酸盐黏度小、比重轻、流动性好，在高温熔烧过程中易浮出涂层表面，从而保护涂层不受氧化，同时，也防止气孔的产生。硼和硅还与不少合金元素发生反应生成各种硼化物和硅化物（如 Cr_2B、CrB、Ni_3B、Ni_3Si 等），这些化合物的硬度很高，能提高涂层的耐磨性，但必须控制涂层中的硼、硅含量不超过 5%，以防涂层脆裂[71]。

3.2.4　渗铝涂层技术

　　渗铝涂层技术起步很早，在其他防腐领域（如船舶、桥梁等）早有应用。与热喷涂涂层相比，渗铝这种扩散型涂层应用于锅炉的历史悠久，如渗铬、渗硅和渗铝等多种扩散工艺已被广泛采用，但在垃圾焚烧发电和生物质锅炉中的应用却较少，这是因为这种涂层的有效厚度仅为 10～100μm，涂层的成分会随高温烟气温度和壁温的影响而发生改变，而且涂层有可能由于金属间化合物的形成而变得韧性较差。早期垃圾焚烧发电锅炉用传统渗铝方法[67]，如图 3-16 所示，在 CrMo 材质的高温过热器上应用一年后，可看到腐蚀较为严重，腐蚀产物很多。

图 3-16　早期垃圾焚烧发电锅炉用传统渗铝方法[67]

直到 2000 年以后,国外才开始有人对改进型渗铝涂层开发并应用于垃圾焚烧锅炉,主要从材料改良和加速渗铝工艺这两个方面进行探索。有学者将渗铝涂层设计为多层,以在使用过程中通过锅炉自然加热形成耐腐蚀扩散层,试验结果良好。还有学者以镍铝复合粉末为主体进行渗铝试验,发现这种复合粉末渗铝过程中会产生自结合作用,其主要来源于烧结过程中复合粉末发生的突发的放热反应。这种放热反应促进了涂层与基材之间的界面结合及涂层的致密程度。

试验结果表明,镍铝复合粉末得到的涂层的结合强度高过普通材料一倍以上,而其气孔率则比一般的涂层低得多。反应后的镍铝涂层含有富镍的 NiAl、Ni_3Al,极少量未反应的镍、Al_2O_3 和镍铝尖晶石等,在高温下具有良好的抗氧化能力及强度,其作用是作为过渡层和与其他材料配合作为增效成分起自结合作用。目前已探索出不少自结合材料,如镍钛、铬硅、铝硼、镍硅、硼铬等系列。

也有研究者[73]开发了适合火力发电锅炉管道的新型渗铝工艺,例如,外加电场加速渗铝,能实现异形长管件的批量渗铝。2016 年,国内中国科学院金属研究所沈明礼课题组[74]采用涡流电场加速渗铝,通过电场的电涡流诱导电迁移效应,在不锈钢表面实现了超高速渗铝。渗铝过程的实验分别采用直流电、脉冲直流电、交流电的方式进行比较,不同电流通过试样渗铝原理示意[74],如图 3-17 所示。该研究揭示了涡流电场加速渗铝的机制,发现在采用脉冲电流和交流电时产生的自感应涡流能大大加速渗铝层的生成。

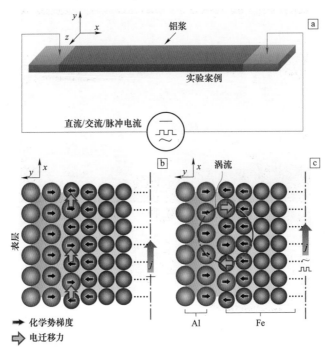

图 3-17　不同电流通过试样渗铝原理示意[74]
a—电流通过试样过程；b—直流电渗铝原理；c—交流电渗铝原理

实验结果表明，交流电促进了电迁移力和化学势梯度之间的耦合，获得协同效应加速渗铝。铝熔化后渗入基材表层，使界面间形成一个约 30μm 的渗铝层。同时，涡流产生的高温使铝合金涂层发生了重熔，渗铝层提高了涂层结合强度，并大大降低了孔隙率。这种超快速渗铝将传统渗铝时间从数小时缩短到数分钟，从而为水冷壁这种大型异型工件的高速渗铝提供了可能[74]。

此外，继渗铝涂层技术后，扬州大学吴多利博士与丹麦技术大学教授 John Hald 合作，在锅炉过热器表面制备了镍铝基涂层，是在锅炉受热面高温防护涂层方面近期取得的重要进展[75]。采用 Watts 镀镍和低温渗铝两步法，在生物质电厂的奥氏体不锈钢管道表面制备 Ni_2Al_3 涂层，随后部分制备 Ni_2Al_3 涂层的管道安装在生物质电厂蒸汽温度与腐蚀速率最高的过热器管道中，服役运行了 7100h。实验结果表明，Ni_2Al_3 涂层在实际电厂服役环境下能够很好地保护基体免受高温腐蚀，仅在局部区域发生了腐蚀破坏。由此可预见，该技术在垃圾焚烧锅炉的防腐有良好的开发前景。

3.2.5　纳米陶瓷涂层技术

热化学反应纳米陶瓷涂层是一种以氮化硼和稀土氧化物为主要原料的复合纳米水基涂料，通过喷涂纳米复合陶瓷悬浊液浆料管材表面，经第一次随炉运行，升温成陶后，在基材表面形成致密光滑超薄的复合稀土氧化膜陶瓷涂层，热化学反应生成纳米陶瓷涂层[7 6]，如图 3－18 所示。陶瓷层通过化学键的方式与管道基材紧密结合。陶瓷材料具有抗沾污结渣的自清洁效应，同时，致密的化学惰性复合增韧纳米陶瓷层，有效屏蔽了氧化和高温腐蚀。由于该方法简便易行，因此受到一些企业的欢迎，也具有一定的市场，但由于这种涂层较薄（0.1～0.2mm），一般使用 1～2 年就开始出现斑驳型脱落，需停炉把原涂层喷砂去除后再重新刷涂，这样又使运行成本升高，这也正是该方法迄今为止应用受限的主要原因之一[76]。

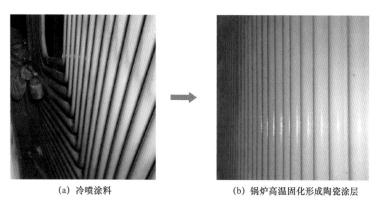

(a) 冷喷涂料　　　　　　　　　(b) 锅炉高温固化形成陶瓷涂层

图 3－18　热化学反应生成纳米陶瓷涂层[76]

自 2000 年左右，国外热化学反应法制备复合陶瓷涂层技术就在航空航天、交通、化工制药、机械电子、能源动力工程等领域开始研发与应用。Patrick[77]等人用热化学反应法在钢材表面制备复合陶瓷涂层，用于解决钢材热处理过程中的一些难题，如脱碳、氧化腐蚀等。Odawara 等[78]在钢材表面制备 Al_2O_3 基陶瓷涂层，涂层与金属基体的界面结合牢固，没有气泡和氧化膜的侵入，界面发生一定固相反应，涂层与基体之间结合强度高，有一定的工业应用价值。

Feng[79]等人使用物相分析手段对 $Al-TiO_2-B$ 体系在高温下的物相反应进行了研究分析，认为在温度逐步提升过程中体系会产生一些过渡相，因为探明了该体系的反应过程，从而制备出了 Al 基复合材料。Scaffer[80]指出，高能球磨会使粉末产生大量的晶体缺陷，从而能降低反应活化能，降低了反应门槛，使固相反应能在较低的温度区间产生。Forrester[81]等对高能球磨研磨获得的粉末微观形貌与尺寸进行分析，提出了球磨通过将粉末反复变形、破碎，逐步将粉末细化，由于该过程为非平衡过程，不受相图规律限制，能制备出许多非常规的材料。他们认为粉末输入能量、速率与粉末细化具有很大的相关性，于是建立了一套粉末所需球磨时间的模型。

国内这方面研究起步较晚。2010 年，辽宁工程大学的马壮[82-85]等人用热化学反应法分别在 Q235 钢表面制备了 $Al_2O_3-TiB_2$ 复相陶瓷涂层；Mo 粉、Fe-B 合金粉等制备的三元硼化物涂层；以 SiO_2、Al 为骨料的 SiO_2 基陶瓷涂层；煤粉为原料添加适量 CeO_2、铝矾土制备的粉煤灰陶瓷涂层，并针对这些不同原料的涂层进行了微观样貌的分析及抗磨损性能、涂层结合强度、耐酸腐蚀性能进行测试，发现涂层均与金属基体发生化学结合，结合强度较高，耐酸蚀、磨损相对基体有显著的提升。

魏宝佳[86]等人选用钠水玻璃（模数为 3.5）替代磷酸二氢铝作为黏结剂，并添加低熔点玻璃粉以促进热固化反应制备涂层。赵斌[87]等人改变了热固化温度，在 300、500℃下制备了 MgO 基陶瓷涂层，经过耐磨损试验发现，500℃下制备的涂层耐磨性高出 300℃制备的涂层 2 倍。刘民生[88]等人针对以 Al_2O_3 为原料，用固相反应制备锌铝尖晶石时所需反应初始温度较高的问题，从而使初始反应温度降低到 800℃，相较降低 400℃。穆柏春、陈健康等[89,90]采用碱金属及过渡族金属的氧化物为陶瓷添加颗粒，并以水基无机盐溶液为黏结剂制备了纳米陶瓷涂层，发现碳钢基体上 1000℃热固化的涂层与基体的剪切强度达 17.41MPa，耐蚀性提高 53 倍。

3.2.6 激光熔覆涂层技术

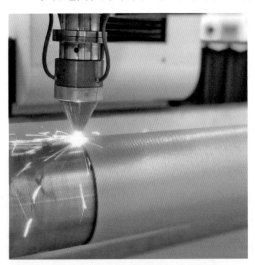

华北电力大学表面工程与电站高温材料研究所所长刘宗德教授率领的技术团队在国内率先开展了激光熔覆锅炉涂层的研究，并成功获得了产业化应用。该团队长期致力于高温耐蚀材料的研发和激光熔覆技术的应用，承担了国家"863 计划"和国家科技支撑计划等多项课题，完成了三十余项专利技术的成果转化。2021 年，该技术团队荣获中国电力科学技术进步一等奖，并经中国电机工程学会专家鉴定，专用于锅炉管外壁耐蚀耐磨涂层的系列材料，解决了传统涂层结合强度低、易剥落、寿命短的技术难题，大幅度提高了锅炉管的高温耐蚀耐磨服役寿命，激光熔覆制备锅炉管表面防腐涂层如图 3-19 所示。

图 3-19　激光熔覆制备锅炉管表面防腐涂层

以高耐蚀镍基合金粉末材料、耐磨金属陶瓷层复合材料等为代表的新型激光熔覆材料已在电厂锅炉、辅机、过热器、水冷壁管等工业部件上成功应用。该技术曾入选"2016 年中国黑科技百强"，耐磨耐蚀新材料被写入电力行业耐磨材料标准 DL/T 681-2018《磨煤机磨碾环用高铬耐磨材料技术条件》，相关的耐磨耐蚀新材料产品已在 150 余个电厂、水泥厂成功应用。经专业机构检测验证，重要部件使用寿命普遍延长 2～12 倍，并有效降低了电厂辅机的能耗，产生了显著的经济效益和社会效益。

激光熔覆技术具有稀释率低、熔覆层组织致密、熔覆层与基体冶金结合、基体热影响区及热变形极小等优点,应用前景十分广阔。熔覆之后的设备部件工作面可以获得基材无法达到的高硬度、高耐磨性及高耐蚀性。经实践证明,激光熔覆可有效解决火电厂锅炉、辅机,油田抽油杆等关键工业设备的高温部件磨损腐蚀问题,从而在满足设备工作要求的同时,大幅提升设备性能,延长使用寿命,改善环境和提高生产力,达到节约生产成本的目的。

国内某生活垃圾焚烧发电锅炉的炉膛温度高达1100℃,且烟气中氯离子、粉尘等有害物质浓度较高,对锅炉局部造成高温腐蚀和冲刷,华北电力大学研发团队运用高耐蚀镍基合金粉末材料对水冷壁进行激光熔覆防腐保护,改造完成稳定运行297天后,对水冷壁管进行检查发现,熔覆层完好无脱落现象,熔覆层外观纹路清晰可见,未发现腐蚀迹象。利用Elecometer456测厚仪测定,熔覆层减薄厚度小于等于0.01mm/a,正常工况下,可推定熔覆层耐蚀寿命完全满足大于30年的要求。据此表明,该激光熔覆管具有显著的耐腐蚀效果,可有效延长垃圾焚烧系统余热锅炉水冷壁管腐蚀严重区域的部件使用寿命。该技术还用于华能国际电力股份有限公司德州电厂水冷壁管(冷灰斗)防护项目,运用新型陶瓷金属复合材料对5号机组进行水冷壁激光熔覆表面防护,熔覆层平均厚度为0.6~0.8mm,同步以超音速防腐喷涂作实验对比。改造后连续运行24个月测定,激光熔覆层无腐蚀现象,水冷壁管几乎无磨损,相较超音速防腐喷涂方案,激光熔覆方案的经济效益至少提升25%,因其使用寿命长的明显优势而避免换管喷涂等多次施工存在的质量、安全事故隐患及因爆管而造成的非停风险,激光熔覆的综合效益更加明显,如图3-20所示。

(a) 运行监测画面   (b) 激光熔覆后运行297天的水冷壁管实拍

图3-20 激光熔覆运行效果

从最初选用的 Ni 基、Co 基和 Fe 基自熔合金逐步发展到在这些自熔合金中加入各种高熔点的碳化物、氮化物、硼化物和氧化物陶瓷颗粒形成复合涂层，甚至纯陶瓷涂层、各种合金、不锈钢、Cu、贵金属等。基体材料有各种碳钢、合金钢、镍基高温合金、铝、铸铁、超级合金和有色合金等。涂层材料的选择基于服役条件、基体材料、熔覆工艺和成本等诸要素。同时，为使热裂倾向最小，最大限度地提高不相容的涂层和基体的疲劳持久极限，近年来开发出了复合涂覆技术或梯度熔覆技术。激光熔覆金属陶瓷技术适应的陶瓷相种类多，粒度及含量变化范围大。

激光熔覆金属陶瓷复合层时，不仅使用了各种碳化钨，包括烧结碳化钨、铸造碳化钨、单晶碳化钨、钴包（镍包）碳化钨，而且还大量使用了碳化钛、碳化硅、碳化铬或它们的混合物，粉末粒度从 $5\sim10\mu m$ 的细粉直到 $900\mu m$ 以上，比例从 10%（质量百分比）直到 80%（质量百分比）不等。这些技术特点是其他涂层技术难以达到的。在激光熔覆条件下，不仅可获得均匀分布的金属陶瓷层，而且陶瓷相的显微硬度可基本保持不变。此外，激光熔覆金属陶瓷复合层时，所用的黏结金属种类多、成分变化范围大，与适当的陶瓷相配合，可望在各种常温或高温耐磨耐蚀抗氧化条件下工作。除传统的 Ni 基、Co 基合金粉末被广泛应用外，近年来也在开发一些新的激光熔覆涂层材料，如 Ni−Cr−P−B 非晶合金涂层、FeNiCr 涂层、SiO_2 涂层、M−Cr−Al−RE（其中，M 代表 Fe、Co、Ni 或其组合）合金涂层、Fe−Cr−Al−Y 涂层、Co−Cr−Al−Y 涂层、Ni−Cr−Al−Hf 涂层、NiCoCrAlY 涂层、NiCoCrAlYSi 涂层等。

相比堆焊技术，激光熔敷技术有其独特的优势，即对母材的热影响较小，熔敷稀释率较低，高的冷却速率往往能够得到晶粒细小均匀的熔敷层组织，有利于提高熔敷层的抗热腐蚀性能等。

3.3 涂层材料体系设计及其协同发展

目前，涂层材料的设计基本沿用传统的材料设计思路，与涂层制备工艺方法和锅炉实际应用之间的联系较少，这种材料设计与工艺、应用相互脱节的现状，已不能适应快速发展的高参数、多品种垃圾焚烧发电锅炉的防护要求，例如，应用于垃圾焚烧锅炉高温烟气中高浓度含氯的同时，又含较高浓度的硫、碱金属及含氯、硫的碱式共晶盐等，真正针对适用于综合、复杂、严苛环境的长效涂层防护材料的研究不足。将来，应大力开展粉末设计—涂层设计—工艺设计—工业应用—性能评价这五者间相互协同设计的研究。而且，目前的研究大部分集中在通过改进技术手段来制备致密涂层结构，或者通过在已有涂层体系中添加微量或少量增强相（如陶瓷相或稀有金属及氧化物）来提高涂层耐蚀耐磨性能。针对粉末制备工艺研究较少，导致新型防护涂层材料发展速度慢于工艺技术的发展速度，未来应加强此方面的研究。

3.3.1 合金材料体系

根据垃圾焚烧锅炉抗高温氯腐蚀性能要求，目前防护涂层主要的材料体系是以高 Cr 含量的 FeCr 系和 NiCr 系合金为主。其中，镍基合金比铁基合金涂层在高温下的抗氯腐蚀性能更加突出，缘于氯化物对金属表面进行腐蚀时，氯化镍、氯化铬等比氯化铁的熔点要低，因此，可降低氯元素的循环腐蚀量，而且热膨胀系数与常用的碳钢管材接近，可大大降低涂层脱落的可能性。目前来看，虽然二者在抗氯腐蚀方面都具有较大优势，但是由于垃圾焚烧锅炉在服役过程中除受到严重的氯腐蚀外，还存在严重的飞灰冲蚀和磨损，而镍基合金与铁基合金抵抗飞灰磨损的能力均不够突出。因此，将来应注重开发综合性能更优的腐蚀、冲蚀、磨损防护涂层材料，同时，还要兼顾良好的导热性、热膨胀性及经济性；还应注重开发耐高温纤维增强材料、稀土增强材料、高熵材料及智能材料等新型材料在垃圾锅炉的应用，从而进一步提高涂层的防护性能和服役寿命。

3.3.2 金属陶瓷材料体系

目前，以 Cr_3C_2-NiCr 等为代表的碳化物金属陶瓷涂层材料体系广泛应用于严重腐蚀、磨损的锅炉环境中，虽然效果较好，但同时也存在一些问题，Cr_3C_2 陶瓷在高温下容易脱碳分解，使材料性能下降，制约其在高参数垃圾焚烧发电锅炉领域的应用。将来，应进一步考虑在金属陶瓷中添加适量碳化物、氧化物、硼化物陶瓷，以及适量添加纤维材料与稀土材料，以提高涂层耐高参数锅炉更恶劣服役工况的能力。

3.3.3 涂层工艺与材料的协同发展

以目前国内外应用较普遍的防护方法堆焊与感应熔焊技术为例，对涂层工艺与技术的协同发展方式进行阐述。

虽然目前 Inconel 625 堆焊的质量比较稳定，但面临的挑战就是稀释率偏高、成本偏高、效率偏低。主要原因有两个，一是为了减小稀释率高造成堆焊层耐腐蚀性下降的影响，只能堆焊较大的涂层厚度；二是使用镍基合金丝材，要实现拉丝工艺，只有当镍含量大于 50%时才能保证材料有足够的塑性，而镍的价格偏高造成堆焊成本居高不下。要改变这种情况，只有在保证堆焊层低稀释率和高性能的条件下，采用材料基因组工程及机器学习等先进工具来加速创新焊丝材料配方设计，寻找适用于垃圾焚烧锅炉服役环境的新型添加相，以提升堆焊的持续竞争力。等离子粉末堆焊材料面临的主要问题包括基于等离子弧粉末堆焊技术开发的粉末材料体系少，大多数以热喷涂粉末作为堆焊熔覆材料成分设计参考，缺少专用粉末材料，而且设计与开发不规范，缺乏设计、评价和应用标准，因此，堆焊质量不够稳定。今后应加强如下研究：建立堆焊熔覆材料成分设计与优化的评价标准和评价模型，例如，通过第一性原理进行材料体系的物理和化学匹配计算，通过正交试验、极差分析、回归分析等数学工具对材料成分进行设计与优化，建立选材评价体系和标准；采用模拟仿真方法，创新材料设计思路，不断拓宽垃圾焚烧锅炉高温防腐的堆焊熔覆材料体系。

感应熔焊的镍基自熔性合金涂层是目前垃圾焚烧锅炉防护涂层中具有很好发展前景的防护技术，而该涂层与管壁基体界面结合处的成分过渡曲线不是一条陡变的垂直线，而是约有几微米的过渡区，说明在熔覆层与基体的界面结合处存在一个区域很窄的共混，正是因为涂层与基体之间形成了扩散转移层，从而使涂层与基体之间形成微冶金结合，结合强度约为 $100 \sim 150 MPa$。但因为该涂层较薄，仅有堆焊厚度的 $20\% \sim 25\%$，因此，结合强度相对堆焊来说更为重要。如何进一步提高结合强度，关键就在促进增大结合界面处的扩散效应，目前来看，界面处涂层中的 Ni 与基体中的 Fe 实现共晶互混过渡区偏窄，影响了涂层的结合强度。因此，从材料角度进一步加强扩散反应、加宽过渡区域是未来的研究方向。

多年来，锅炉防腐材料设计都是需求方根据现有的涂层工艺进行选择，基本上都是一台锅炉统一选用同种涂层工艺及材料进行防护，这样做的结果是易造成资源、能源及财力的浪费。将来，应逐步转变到针对垃圾焚烧电厂锅炉内各烟道的环境条件不同，实现差异化、精确性设计涂层防护材料，从而促进垃圾焚烧企业的提质增效。

以某垃圾焚烧锅炉水冷壁涂层工艺与材料及其协同的防护方案设计为例，具体说明如下。

（1）在余热锅炉的第一烟道中、下部，主要是高温气相腐蚀，有浇注料作为主要屏障，遮挡住部分垃圾焚烧高温热量的直接烘烤，因此，建议应用高铬中镍等离子粉末堆焊方案。

（2）在第一烟道上部与顶棚和第二烟道，在高温烟气的作用下，不仅温度高且腐蚀介质的浓度也最高，腐蚀速度最快，因此必须重点防护。两种方案可选择：一是 625 合金堆焊。二是采用火焰喷涂镍基自熔合金＋高频重熔＋超音速等离子喷涂金属陶瓷制备复合涂层的工艺，材料体系：① 对底层来说，采用高温防腐综合性能最佳材料选用高镍高铬的 $Ni-Cr-B-Si$ 方案；② 对面层来说，采用金属陶瓷材料，有三种面层材料方案可选择：中温中压锅炉选用 $Al_2O_3+TiO_2+NiCr-Cr_3C_2$，中温次高压或次高温次高压锅炉选用 $Al_2O_3+NiCr-Cr_3C_2$，高温高压锅炉选用 $ZrO_2+NiCr-Cr_3C_2$。

（3）在第三烟道，由于烟气温度有所下降，而腐蚀速度属中等水平，同时，考虑到工艺的一致性，涂层可选择中等强度防护手段，例如，工艺为性价比较高的火焰喷涂＋高频重熔镍基自熔合金方案，粉末材料对应为高铬中镍配方。

（4）在第四烟道或尾部烟道，烟气温度和腐蚀速度已降为中下水平，两种方案可选择：一是热化学反应纳米陶瓷涂层方案；二是重熔镍基自熔合金工艺及对应的粉末材料为经济型的低镍高铁方案。

参 考 文 献

［1］张世鑫，史磊，许燕飞，等. 煤和生物质、固废直燃耦合发电技术应用［J］. 电站系统工程，2021，37（4）：12.

［2］杨卧龙，倪煜，曹泷. 生物质直接混烧技术在燃煤电站的应用研究进展［J］. 可再生能源，2021，39：1007.

［3］Agbor E, Oyedun A O, Zhang X L, et al. Integrated techno economic and environmental assessments of sixty scenarios for co-firing biomass with coal and natural gas［J］. Appl. Energy, 2016, 169: 433.

［4］马海东，王云刚，赵钦新，等. 生物质锅炉积灰特性与露点腐蚀［J］. 化工学报，2016，67：5237.

［5］Deng J X, Ding Z L, Zhou H M, et al. Performance and wear characteristics of ceramic, cemented carbide, and metal nozzles used in coal-water-slurry boilers［J］. Int. J. Refract. Met. Hard Mater., 2009, 27: 919.

［6］Nagarajan R, Ambedkar B, Gowrisankar S, et al. Development of predictive model for fly-ash erosion phenomena in coal-burning boilers［J］. Wear, 2009, 267: 122.

［7］Niu Y Q, Tan H Z, Hui S. Ash-related issues during biomass combustion: Alkali-induced slagging, silicate melt-induced slagging(ash fusion), agglomeration, corrosion, ash utilization, and related countermeasures［J］. Prog. Energy Combust. Sci., 2016, 52: 1.

［8］Chen H, Pan P Y, Zhao Q X, et al. Coupling mechanism of viscose ash deposition and dewpoint corrosion in industrial coal-fired boiler［J］. CIESC J., 2017, 68: 4774.

［9］Mahajan S, Chhibber R. Hot corrosion studies of boiler steels exposed to different molten salt mixtures at 950oC［J］. Eng. Fail.Anal., 2019, 99: 210.

［10］Meißner T M, Grégoire B, Montero X, et al. Long-term corrosion behavior of Cr diffusion coatings on ferritic−martensitic superheater tube material X20CrMoV12−1under conditions mimicking biomass(co−)firing［J］. Energy Fuels, 2020, 34: 10989.

［11］Montero X, Ishida A, Rudolphi M, et al. Breakaway corrosion of austenitic steel induced by fireside corrosion［J］. Corros. Sci., 2020, 173: 108765.

［12］曹超，蒋成洋，鲁金涛，等. 不同 Cr 含量的奥氏体不锈钢在 700℃煤灰/高硫烟气环境中的腐蚀行为［J］. 金属学报，2022, 58: 67.

［13］ Hagman H, Boström D, Lundberg M, et al. Alloy degradation in a co-firing biomass CFB vortex finder application at 880oC ［J］. Corros. Sci., 2019, 150: 136.

［14］ 7 刘正东，陈正宗，何西扣，等. 630～700℃超超临界燃煤电站耐热管及其制造技术进展［J］. 金属学报，2020，56：539.

［15］ 张世宏，胡凯，刘侠，等. 发电锅炉材料与防护涂层的磨蚀机制与研究展望［J］. 金属学报，2022，58：272.

［16］ Kawahara, Y., Nakamura, M., Tsuboi, H., et al. Evaluation of New Corrosion Resistant Superheater Tubings in High Efficiency Waste-to-energy Plants. Corrosion, 1998, 54: 576−589.

［17］ Kawahara, Y., Sasaki, K., Nakagawa, Y. Development and Application of High Cr-high Si−Fe−Ni Alloys to High Efficiency Waste-to-Energy Boilers. J. Jpn. Inst. Met, 2007, 71: 76−84.

［18］ Wilson, A., Forsberg, U., Lunderg, M., et al.Composite Tubes in Waste Incineration Boilers. In Proceedings of the Stainless Steel World/99, Den Haag, The Netherlands, 15−17 November 1999; pp. 669−678.

［19］ Goyal G, Singh H, Prakash S. Effect of superficially applied ZrO_2 inhibitor on the high temperature corrosion performance of some Fe, Co and Ni-base superalloys ［J］. Appl. Surf. Sci., 2008, 254: 6653.

［20］ Israelsson N, Unocic K A, Hellström K, et al. A microstructural and kinetic investigation of the KCl-induced corrosion of an FeCrAl alloy at 600oC ［J］. Oxid. Met., 2015, 84: 105.

［21］ Okoro S C, Montgomery M, Frandsen F J, et al. Influence of preoxidation on high temperature corrosion of a Ni-based alloy under conditions relevant to biomass firing［J］ Surf. Coat. Technol., 2017, 319: 76.

［22］ Klein L, Killian M S, Virtanen S. The effect of nickel and silicon addition on some oxidation properties of novel Co-based high temperature alloys ［J］. Corros. Sci., 2013, 69: 43.

［23］ Weng F, Yu H J, Wan K, et al. The influence of Nb on hot corrosion behavior of Ni-based superalloy at 800oC in a mixture of Na_2SO_4−NaCl ［J］. J. Mater. Res., 2014, 29: 2596.

［24］ Birol Y. High temperature sliding wear behaviour of Inconel 617and Stellite 6 alloys ［J］. Wear, 2010, 269: 664.

［25］ 吴佐莲，王志超，张喜来，等. 超超临界锅炉受热面管材高温腐蚀试验. 热力发电，2018，47：123.

［26］ 张知翔，成丁南，边宝，等. 水冷壁材料在模拟烟气中的高温腐蚀研究［J］. 材料工程，2011（4）：14−19.

［27］ 黄林凯. 垃圾焚烧锅炉常用钢材耐高温腐蚀性能对比试验. 西部特种设备，2020，3（4）：23.

［28］ Schütze M, Malessa M, Rohr V, et al. Development of coatings for protection in specific high temperature environments ［J］. Surf. Coat. Technol., 2006, 201: 3872.

［29］ Trindade V, Christ H J, Krupp U. Grain-size effects on the high-temperature oxidation behaviour of chromium steels ［J］. Oxid. Met., 2010, 73: 551.

［30］ Sadeghimeresht E, Markocsan N, Huhtakangas M, et al. Isothermal oxidation of HVAF-sprayed Ni-based chromia, alumina and mixed-oxide scale forming coatings in ambient air ［J］. Surf. Coat. Technol., 2017, 316: 10.

［31］ 张晓斌，戴小东，熊君霞. 垃圾焚烧发电项目余热锅炉中参数和高参数的对比分析. 能源研究与信息，2018，34（4）.

［32］ Hamatani H, Ichiyama Y, Kobayashi J. Mechanical and thermal properties of HVOF sprayed Ni based alloys with carbide ［J］. Science and Technology of Advanced Materials, 2002, 3(4): 319 – 326.

［33］ Sidhu H S, Sidhu B S, Prakash S. Solid particle erosion of HVOF sprayed NiCr and Stellite – 6 coatings ［J］. Surface and Coatings Technology, 2007, 202(2): 232 – 238.

［34］ 张凯宏. 锅炉管道超音速火焰喷涂涂层性能研究 ［D］. 武汉：华中科技大学，2017.

［35］ Kawahara, Y. Recent Trends and Future Subjects on High-Temperature Corrosion-Prevention Technologies in High-Efficiency Waste-to Energy Plants.Zairyo-to-Kankyo, 2005, 54: 183 – 194.

［36］ Oksa M, Metsäjoki J. Optimizing NiCr and FeCr HVOF coating structures for high temperature corrosion protection applications ［J］. Journal of Thermal Spray Technology, 2015, 24: 436 – 453.

［37］ 王利，周正，王国红等. 垃圾焚烧炉热腐蚀问题的表面防护技术 ［J］. 热喷涂技术，2017，9（01）：1 – 6.

［38］ 刘康生. 80Ni20Cr/Inconel625 涂层的制备及在模拟垃圾焚烧炉烟气侧的腐蚀行为研究[D] 南昌：南昌航空大学，2017.

［39］ 吴姚莎，王迪，李尚周等. 纳米 NiCrBSi-TiB2 涂层 800℃循环氧化行为研究 ［J］. 热加工工艺，2015，44（08）：143 – 147.DOI：10.14158/j.cnki.1001 – 3814.2015.08.040.

［40］ 陈小明，周夏凉，王莉容等. 超音速火焰喷涂纳米结构 WC – 10Co4Cr 层不同流速下的耐冲蚀性能 ［J］. 材料保护，2018，51（09）：4 – 7. DOI：10.16577/j.cnki.42 – 1215/tb.2018.09.002.

［41］ 李海燕，刘欢，张秀菊，等. HVOF 喷涂用于提高锅炉换热面耐磨损耐腐蚀性能综述. 化工学报，2021，72（4）：1833 – 1846.

［42］ 郭平. 面向锅炉管道防护的等离子喷涂 NiCr、Cr_3C_2 – NiCr 涂层制备及力学性能表征 ［J］. 化学工程与装备，2018（12）：32 – 36 + 62.

［43］ 石绪忠，许康威，武笑宇. 等离子喷涂纳米氧化铝钛涂层机械性能研究 ［J］. 表面技术，2018，47（04）：96 – 101.DOI：10.16490/j.cnki.issn.1001 – 3660.2018.04.014.

［44］ 徐霖，谭伟，朱青霞等. 应用于垃圾焚烧炉的抗高温氯腐蚀镍基电弧涂层研究 ［J］. 材料保护，2018，51（05）：131 – 135.DOI：10.16577/j.cnki.42 – 1215/tb.2018.05.028.

［45］杨国谋. 新型高温防腐电喷涂技术在锅炉上的应用［J］. 承德石油高等专科学校学报，2011，13（02）：35－38. DOI：10.13377/j.cnki.jcpc.2011.02.003.

［46］皮自强，杜开平，郑兆然等. 铁基非晶合金涂层的研究进展［J］. 热喷涂技术，2020，12（04）：1－11.

［47］程海松，刘岗，雷刚. 燃煤锅炉受热面高温腐蚀防护涂层技术研究进展. 中国材料进展，2020，34（Z1）：433.

［48］Wilden J, Jahn S, Reich S, et al. Wire Arc Spraying Technology for Spraying Particle Reinforced Coatings［C］//ITSC2008. ASM International, 2008: 297－301.

［49］Uusitalo M A, Kaipiainen M, Vuoristo P M J, et al. High-Temperature Erosion-Corrosion of Superheater Materials and Coatings in Chlorine-Containing Environments［C］//Materials science forum. Trans Tech Publications Ltd, 2001, 369: 475－482.

［50］Fukuda Y, Hitachi KK B, Kawahara K, et al. Application of High Velocity Flame Sprayings for the Superheater Tubes in Waste Incinerators［C］//CORROSION 2000. OnePetro, 2000.

［51］Dooley, R.; , Wiertel, E. A Survey of Erosion and Corrosion Resistant Materials being used on Boiler Tubes in Waste-to-Energy Boilers. In Proceedings of the 17th Annual North American Waste-to-Energy Conference(NAWTEC17－2334), .Chantilly, VA, USA, 18－20May 2009.

［52］Technical Data of Integrated Global Services Inc.; Integrated Global Services Inc.: Richmond, WV, USA, 2014.

［53］Kawahara, Y., Nakagawa, Y., Kira, M., et al. Life Evaluation of ZrO_2/Ni Base Alloy Plasma-Jet Coating Systems in High Efficiency Waste-to-Energy Boiler Superheaters.CORROSION/2004, Paper No. 04535; NACE: New Orleans, LA, USA, 2004.

［54］魏仕勇，彭文屹，陈 斌，等. 等离子弧粉末堆焊熔覆材料的研究现状与进展. 材料导报，2020，34（5）：09143－09151.

［55］李尚周，聂铭，余红雅等.NiCrFe-Cr2C3 合金超音速活性电弧喷涂涂层性能的研究［J］. 表面技术，2003（04）：15－17＋21.DOI：10.16490/j.cnki.issn.1001－3660.2003.04.005.

［56］陈丽艳，吴玉萍，郭文敏等. 高速电弧喷涂 Ni－50Cr 合金涂层的抗高温氧化性能［J］. 理化检验（物理分册），2015，51（04）：251－255.

［57］崔崇. 锅炉受热面高温腐蚀涂层技术研究和应用进展. 热喷涂技术，2018，10（1）：8.

［58］魏琪，刘旭，李辉，等. 抗氧化耐氯腐蚀电弧喷涂铁基粉芯线材［J］. 中国表面工程，2012，25（2）：92－96.

［59］林茂峻. 锅炉受热面 NiCr 涂层抗高温热腐蚀机制与性能的研究［J］. 沈阳工程学院学报（自然科学版），2011，07（3）：1603－1673.

［60］ Zahs A, Spiegel M, Grabke H. The influence of alloying elements on the chlorine-induced high temperature corrosion of Fe-Cr alloys in oxidizing atmospheres ［J］. Materials & Corrosion, 1999, 50(10): 561－578.

［61］ Grabke H J, Spiegel M, Zahs A. Role of alloying elements and carbides in the chlorine-induced corrosion of steels and alloys ［J］. Material Research, 2004, 7(1): 89－95.

［62］ 孙焕焕, 刘爱国, 孟凡玲. 堆焊 Inconel625 合金的锅炉膜式水冷壁组织和性能 ［J］. 材料热处理学报, 2013, 34（S2）: 96－99.

［63］ 邱留良, 边浩疆. 垃圾发电厂锅炉受热面 CMT 堆焊 Inconel625 镍基材料技术分析 ［J］. 科学技术创新, 2018（18）: 162－163.

［64］ 范惠萍. 垃圾焚烧炉水冷膜式壁堆焊高温合金技术分析 ［J］. 河南科技, 2018（08）: 25－26.

［65］ Yuuzou Kawahara.An Overview on Corrosion-Resistant Coating Technologies in Biomass/Waste-to-Energy Plants in Recent Decades.Coating, 2016, 6(34): 24.

［66］ Kawahara, Y., Orita, N., Takahashi, K., et al. Demonstration Test of New Corrosion-resistant Boiler Tube Materials in High Efficiency Waste Incineration Plant.TETSU-TO-HAGANE, 2001, 87: 544－551.

［67］ Kawahara Y. An overview on corrosion-resistant coating technologies in biomass/waste-to-energy plants in recent decades ［J］. Coatings, 2016, 6(3): 34－40.

［68］ Y. Matsubara, Y. Sochi, M. Tanabe, et al. Advanced Coatings on Furnace Wall Tubes. Journal of Thermal Spray Technology, 2007, 16(2): 195.

［69］ Kawahara, Y. Application of High-Temperature Corrosion-Resistant Ceramics and Coatings under Aggressive Corrosion Environment in Waste-to-Energy Boilers. In Handbook of Advanced Ceramics, 2nd ed.; Somiya, S., Ed.; Academic Press/Elsevier: Waltham, MA, USA, 2013; pp. 807－836.

［70］ 曲作鹏, 钟日钢, 王磊, 等. 垃圾焚烧发电锅炉高温腐蚀治理的研究进展 ［J］. 中国表面工程, 2020, 33（03）: 50－60.

［71］ 刘福田. 金属陶瓷复合涂层的材料体系. 陶瓷学报, 2002, 23（2）: 106.

［72］ 吴渝英, 蒋国昌. 镍基自熔性合金涂层重熔过程组织及性能研究. 机械工程材料, 1984（5）.

［73］ 王昊, 李广忠, 李亚宁. 燃煤火力电站中耐高温材料的应用情况及渗铝涂层制备技术研究进展［J］. 中国材料进展, 2020, 39（06）: 487－495.

［74］ 沈明礼, 朱圣龙. 先进铝化物涂层制备技术进展 ［J］. 航空制造技术, 2016（21）: 105－109.DOI: 10.16080/j.issn1671－833x.2016.21.105.

［75］ 吴多利. Ni_2Al_3 涂层的生物质高温腐蚀机制研究获重要进展 ［J］. 润滑与密封, 2020, 45（10）: 27.

[76] 李广伟，梁华. 高温纳米陶瓷涂层在垃圾焚烧炉上的应用. 工业锅炉，2018，2（12）：52.

[77] Patrick D K. Ceramic coatings for thermal processing applications [J]. Industrial Heating, 2000, 67(2): 59 − 60.

[78] Odawara O, Lkeachi J. Alumina and zirconia ceramic lined pipes produced by centrifugal thermite process [J]. J Trans Jpn Inst Met, 1986, 27(9): 702.

[79] Feng C F, Froyen L. Insitu synthesis of Al_2O_3 and TiB_2 mixture particulate reinforced Al matrix composited [J]. Scripta Materialia, 1998, 36(4): 463 − 467.

[80] Schaffer G B, McCormick P G. Mechanical Alloying [J]. Materials Forum, 1992, 16: 91 − 97.

[81] Forrester J S, Schaffer G B. The Chemical Kinetics of Mechanical Alloying [J]. Metall Mater Trans A, 1995, 26: 725 − 730.

[82] 马壮，黄圣玲，李威，等. 固相反应型 SiO_2 基陶瓷涂层耐磨性研究 [J]. 兵器材料科学与工程，2010，33（1）：16 − 20.

[83] 马壮，王伟，李智超. 固相反应法三元硼化物陶瓷涂层的制备及性能研究 [J]. 材料导报，2010，24（4）：98 − 102.

[84] 马壮，杨杰，韩子钰，等. 热反应法制备粉煤灰陶瓷涂层中的 CeO_2 对涂层耐磨性能的影响[J]. 材料保护，2013，46（9）：54 − 56.

[85] 马壮，谷琳，李智超. 热化学反应法制备 Al_2O_3 基陶瓷涂层及耐磨性能研究 [J]. 热加工工艺，2010，39（6）：83 − 85.

[86] 魏宝佳，马壮，崔长君，等. 固相反应法玻璃质陶瓷涂层的制备及性能研究[J]. 中国陶瓷，2011，47（3）：22 − 24.

[87] 赵斌，蒋圆圆，韩宇超. 热固化温度对轻合金固相反应法陶瓷涂层性能的影响 [J]. 热加工工艺，2013，42（14）：132 − 134.DOI：10.14158/j.cnki.1001 − 3814.2013.14.061.

[88] 刘民生，马爱琼，王臻.Al_2O_3 原料种类对固相反应法合成锌铝尖晶石的影响 [J]. 轻金属，2012（08）：22 − 25 + 37.DOI：10.13662/j.cnki.qjs.2012.08.003.

[89] 穆柏春，张丽娟，谷志刚. 化学反应制备陶瓷涂层的研究 [J]. 新技术新工艺，1997，16（6）：43 − 44.

[90] 陈健康，屠平亮，周建初. 用热化学反应法制备金属陶瓷涂层－涂层技术值得重视的新发展 [J]. 材料工程，1991（4）：17 − 20.

4

垃圾焚烧锅炉防腐涂层的材料体系及特性

4.1 高温防腐合金

4.1.1 镍基高温耐蚀合金

镍是一种铁磁性物质，具有较高强度和良好的延展性、成型性，纯单质镍的强度为 450～520MPa，延伸率为 48%，镍虽为中等的活性金属，却有良好的耐多种介质腐蚀的性质。镍的标准电极电位比氢（$E_H = 0$）略低，为 $E_{Ni} = -0.25V$，而且易钝化，因此，腐蚀过程不会有氢逸出。镍的标准电极电位也相对铁（$E_{Fe} = -0.45$）为正，并且耐活泼的卤族元素和碱金属的能力也都远高于铁，这使镍成为制造碱溶液和熔碱容器的首选材料，也经常应用于其他耐腐蚀产品。然而，纯镍单质也有其不足。虽然镍在干湿大气中的耐腐蚀能力很突出，但是耐 SO_2 腐蚀效果不好，原因是容易造成晶界硫化物。镍在非氧化性稀酸及很多有机酸中，室温条件下非常稳定，但是遇到如 $FeCl_3$ 的催化剂时，镍的腐蚀速率会剧烈上升，同时，镍在硝酸等氧化酸中也很不耐腐蚀。

不过，对于垃圾焚烧锅炉内部复杂的腐蚀环境而言，纯镍单质耐腐蚀能力尚显不足，又由于镍单质对于铬、钼、钨等元素具有良好的固溶能力，可通过合金化来改变单质镍性质上的不足，这些元素也赋予镍基合金更多的优良耐蚀性，从而使镍基合金广泛地应用于各种腐蚀环境。

金属耐腐蚀材料主要有铁基合金（耐腐蚀不锈钢）、镍基合金（Ni-Cr 合金，Ni-Cr-Mo 合金，Ni-Cu 合金等）、活性金属等。国内外最耐腐蚀的材料之一是哈氏合金系列，尤其是在强还原性腐蚀环境、复杂的混合酸环境、含有卤素离子的溶液中，以哈氏合金为代表的镍基耐蚀合金相对铁基的不锈钢具有绝对的优势。哈氏合金发展到现在经历了 B、C、G 三代，目前使用最广泛的是 N10665（B-2）、N10276（C-276）、N06022（C-22）、N06455（C-4）和 N06985（G-3）等系列。

由于金属 Ni 本身是面心立方结构，晶体学上的稳定性使它能够比 Fe 容纳更多的合金元素，如 Cr、Mo 等，从而达到抵抗各种环境的能力；同时，镍本身就具有一定的抗腐蚀能力，尤其是抗氯离子引起的应力腐蚀能力。含 Cl 气氛中大量采用 Ni 基合金，这是因为 Cl 与 Ni 生成的 NiCl 熔点高达 1030℃，而与 Fe 生成 $FeCl_2$ 及 $FeCl_3$ 的熔点分别只有 676℃ 和 303℃。

以镍为基体，能在一些介质中耐腐蚀的合金称为镍基耐蚀合金。1905 年，美国生产的 Ni-Cu 合金是最早的镍基耐蚀合金；1914 年，美国开始生产 Ni-Cr-Mo-Cu 型耐蚀合金；1920 年，德国开始生产 Ni-Cr-Mo 型耐蚀合金（含 Cr 约 15%、Mo 约 7%），到 20 世纪 70 年代各国生产的耐蚀合金牌号已接近 50 种。中国在 20 世纪 50 年代开始研制镍基和铁-镍基耐蚀合金，到 20 世纪 90 年代，已掌握了 20 多种牌号镍基合金的生产和使用技术。

镍基耐蚀合金多具有奥氏体组织，在固溶和时效处理状态下，合金的奥氏体基体和晶界上还有金属间相和金属的碳氮化物存在。按添加元素分类如下。

（1）Ni-Cu 合金：该合金是 Ni 和 Cu 形成的连续固溶体。在还原性介质中，其耐蚀性优于镍，而在氧化性介质中耐蚀性又优于铜，它在无氧和氧化剂的条件下，是耐高温氟气、氟化氢和氢氟酸最好的材料。典型的 Ni-Cu 合金是蒙耐尔（Monel）合金，其 Cu 元素含量约为 30%（质量分数），还含有少量的 Fe 或 Mn 或 Ti 和 Al。Monel 合金一般对卤素元素、中性水溶液、一定温度和浓度的苛性碱溶液，以及中等温度的稀磷酸、硫酸、盐酸都是耐蚀的，在各种浓度和温度的氢氟酸中特别耐蚀。

（2）Ni-Cr 合金：主要在氧化性介质条件下使用。抗高温氧化和含硫、钒等气体的腐蚀，其耐蚀性随铬含量的增加而增强。典型的 Ni-Cr 耐蚀合金有 Inconel600（0Cr15Ni75Fe），它可用于室温的硫酸、磷酸、低浓度的盐酸、氢氟酸等环境中。

（3）Ni-Mo 合金：主要在还原性介质腐蚀的条件下使用。它是耐盐酸腐蚀最好的一种合金，但在有氧和氧化剂存在时，耐蚀性会显著下降。

（4）Ni-Cr-Mo（W）合金：该合金兼有上述 Ni-Cr 合金、Ni-Mo 合金的性能。主要在氧化还原混合介质条件下使用。这类合金在高温氟化氢气中，在含氧和氧化剂的盐酸、氢氟酸溶液中，以及在室温下的湿氯气中耐蚀性良好。奥氏体低碳 Ni-Cr-Mo 合金在 650～1040℃ 时表现出极好的稳定性。对大多数腐蚀介质具有优良的耐腐蚀性，尤其在还原状态下；在卤化物中有优秀的耐局部腐蚀性能。

（5）Ni-Cr-Mo-Cu 合金：该合金具有既耐硝酸又耐硫酸腐蚀的能力，在一些氧化还原性混合酸中也有很好的耐蚀性。据资料介绍，添加了第 4 元素 Cu 的镍铬钼合金 C-2000（00Cr20Mo16）在 HCl 溶液、次氯酸钠及含 3 价铁离子溶液、氢氟酸、硫酸等介质中均显示出优越耐蚀性能。Mo 和 Cu 的联合作用使合金具有出色的抗还原性介质腐蚀的能力，同时，高的铬含量保证了对氧化性介质腐蚀的抵抗能力。

（6）Ni-Mo-Cr-Fe-W 系：属于镍-钼-铬-铁-钨系的镍基合金，典型代表是哈氏 C-276 合金。它是现代金属材料中最耐蚀的一种，主要耐湿氯、各种氧化性氯化物、氯化盐溶液、硫酸与氧化性盐，在低温与中温盐酸中均有很好的耐蚀性能。近三十年来，在苛刻的腐蚀环境中，如化工、石油化工、烟气脱硫、环保等工业领域有着相当广泛的应用。在烟气模拟系统"绿色死亡"溶液中的腐蚀对比试验结果表明，C-276 合金对混合的具有氯离子的酸、盐溶液有很好的耐蚀性能。

国内外常见的高温锅炉管材钢号及主要元素含量见表 4-1，这些材料分别被不同学者进行过相关研究，结果表明，普通的结构钢材高温腐蚀性能普遍较差；TP347H、Super304H、Esshete 1250 等合金由于含有 Ni、Cr 等，可形成稳定氧化物的耐腐蚀元素，腐蚀性能稍好些，但适用温度基本都在 450℃附近，无法应用到更高的蒸汽温度下。研究趋势明显是高含量 Ni、Cr、Mo 等元素的合金化。

表 4-1　　　　　　　　国内外常见的高温锅炉管材钢号及主要元素含量

钢号	% （质量百分比）									最大允许使用温度
	C	Cr	Ni	Mo	W	Mn	V	Nb	Ti	
15Mo3	0.15			0.30		0.60				<450℃
13CrMo44	0.13	1.00		0.50						
10CrMo910	0.10	2.25		1.00		0.50				
HCM2S（1，2）	0.06	2.25		0.30	1.60		0.25	0.05		
P91（1）	0.10	9.00		1.00			0.23	0.07		
NF616（1，2）	0.10	9.00		0.50	1.80		0.20	0.06		
X20CrMoV121	0.20	12.00	0.50	1.00			0.30			<470℃
HCM12	0.10	12.00		1.00	1.00		0.30	0.05		
Esshete 1250	0.10	15.00	10.0	1.00		6.00	0.30	1.00		
X3CrNiMoN1713	0.03	17.00	13.0	2.25						
TP347H FG	0.07	18.0	10.0					1.00		<540℃
TP347H FG	0.07	18.0	10.0					1.00		<585℃
Super304H	0.10	18.0	9.0					0.40		
NF709	0.07	20.0	25.0	1.5				0.25	0.05	
HR3C（1）	0.06	25.0	20.0					0.40		
HR6W		23.0	43.0	1.00	6.00			0.20	0.10	

注　1. 表示该材料含有 N 元素；

　　2. 表示该材料含有 B 元素；

　　3. Super304H 含有 3%的 Cu；

　　4. FG 表示晶粒细化。

4.1.2　Ni-Cr 型耐蚀合金

由于镍本身具有较强的耐腐蚀性质，而且镍基体可以容纳大量的合金元素形成稳定相，所以将镍作为合金的基体。纯单质铬是银白色的难熔金属，20℃时密度为 $7.19g/cm^3$，熔点为 1875℃，沸点为 2660℃，铬本身的耐腐蚀性能出色，可以显著改善钢的抗氧化性和抗蚀性，因此被广泛应用为添加元素。Cr 元素也是 Ni 基合金改善高温腐蚀性能的主要添加元素。一般的 Ni-Cr 合金中 Cr 的比重为 20%以上，只有达到了这一比重，合金表面才可能形成 Cr_2O_3 膜，这种膜具有良好的保护性能。通过研究高温合金化的机理表明，铬在镍基合金中也能起到固溶强化和抗高温腐蚀的作用，在垃圾焚烧锅炉的高温防腐应用中尤为重要[11-15]。

Ni、Cr 合金中 Cr 的质量分数较 Cr 在一般不锈钢中的质量分数变化不大，所以一般介质中，两种合金的耐腐蚀性能也差别不大；不过，在 Ni、Cr 合金中 Ni 的质量分数要比不锈钢中 Ni 的质量分数高得多，所以在碱性硫化物或热碱液等腐蚀介质中，具有较合金钢更优异的耐腐蚀性。典型 Ni、Cr 合金的代表是 Inconel 合金，它是一种组成十分复杂的多元合金，例如，Inconel X 的成分（质量分数）为 14%~16%Cr, 5%~9%Fe, 2.25%~2.75%Ti, 0.7%~1.2%Nb, 0.3%~1.0%Mn, <0.5%Si, <0.29%Cu, <0.08%C, <0.01%S。Inconel 合金会在高温氧化气氛中在表面形成致密的氧化膜，可以阻止氧化反应的进一步进行，因此，该合金在高温下有较好的抗氧化性能和力学性能。该合金在还原气氛中使用的温度是 1100℃，在氧化气氛中的温度为 1150℃，通常应用 Inconel 合金作为燃气轮机叶片的高温部件，有时也应用为高级耐酸合金；它的特点是对于还原性介质保持相当的抗蚀性，同时，也对氧化性介质的稳定性好于纯 Ni 和 Ni-Cu 合金；它是很少能抗 $MgCl_2$ 腐蚀的材料之一，并且有着腐蚀率低和没有应力倾向的特点。例如，Inconel 600 合金，可在碱、低温低浓度的氢氟酸、低浓度的沸腾硫酸、常温的磷酸和硫酸等介质中使用，也在醋酸、脂肪酸等有机酸中有良好的耐蚀性。Inconel 600 对介质中氯离子引起的应力腐蚀不敏感，但在高温的碱中有产生应力腐蚀的可能[16-22]。

4.1.3　Ni-Mo 型耐蚀合金

钼元素进入合金中形成固溶体可减慢 Al、Ti 及 Cr 的高温扩散速率，并加强固溶体原子的结合力，减慢软化速度，Mo 的固溶强化作用和失效强化作用非常明显，并且可以提高热强性，是有利元素，在有些合金中还可提高抗裂性能。一般添加 Mo 元素的量为 7%以上，这样的含量才能很好地改善合金热强性。鉴于垃圾焚烧锅炉中有 Cl 离子的作用，添加 Mo 元素可有效增强合金的抗点腐蚀能力。Mo 单质具有高熔点、高硬度、高耐磨性、耐腐蚀、高热导率和优异的抗热冲击的性能特点，使其被广泛应用。此外，Mo

也有改变表面氧化膜的特性作用，所以 Ni 基合金中 Mo 对于提高耐腐蚀性的作用是十分显著的。

Ni 与 Mo 能形成一系列的固溶体，具有很好的力学、工艺及耐蚀性能。为使合金具备较好的耐蚀性，Mo 含量应高于 20%。典型的 Ni-Mo 合金是 Hastelloy 系列合金（哈氏合金），是为了解决盐酸的腐蚀问题而发展起来的。在硫酸、磷酸、氢氟酸、溴酸、甲酸、醋酸及有机酸等非氧化性酸中，Ni-Mo 合金具有良好的耐蚀性。在氯化铝、氯化镁、氯化铜、氯化锑等非氧化性盐溶液和湿氯化氢等气体中，Ni-Mo 合金也具有良好的耐蚀性。在含氧化性离子的硝酸等氧化性酸中，Ni-Mo 合金的耐蚀性不好。在硫酸和盐酸中，只要有一定质量分数的氧化性盐（包括氯化铁、氯化铜和硫酸铁）存在，就可显著增大 Ni-Mo 合金的腐蚀速率；盐酸中的溶解氧、微量的硝酸杂质都会使 Ni-Mo 合金的腐蚀速率增加，尤其是后者的作用更加显著[23]。

Ni-Mo 合金中以 Hastelloy B 和 Hastelloy B2 耐盐酸腐蚀性能最好。在任何浓度和温度的纯盐酸中，两种合金都相当耐蚀。若盐酸中通入氧或含有 Fe 离子、Cu 离子等氧化剂，都将加速腐蚀[24]。此外，哈氏合金对硫酸、磷酸及氢氟酸也有良好的耐蚀性，但不耐硝酸腐蚀。

4.1.4 Ni-Cr-Mo 系耐蚀合金

Ni-Cr-Mo 系耐蚀合金最具有代表性的是 Hastelloy 哈氏合金，哈氏合金 C22 是由 Haynes 国际公司研制的一种 Ni-Cr-Mo-W 高耐蚀合金，它对于强氧化性和还原性环境均有很好的耐蚀效应，适用于混乱的环境中或多用途的条件，被称为"万能合金"。哈氏合金 C22 中的元素 Ni、Cr、Mo、W 都具有良好的耐高温腐蚀能力，它们的比例是 Ni56%、Cr22%、Mo13%、W3%，还有 Co 和 Fe 等元素，但所占比例不多。哈氏合金是一种超低碳型 Ni-Cr-Mo 合金，具有良好的热稳定性，并且哈氏合金 C22 与其他种类的哈氏合金相比有更好的总体抗腐蚀性，也有良好的抗点蚀、抗缝隙腐蚀和应力腐蚀的能力。在垃圾焚烧发电锅炉中，常常利用 Ni-Cr-Mo 系合金制成涂层应用于锅炉受热面来延长锅炉管的使用寿命[25-29]。

4.2　Ni-Crx-Mo 系高温耐蚀合金涂层

4.2.1　Ni-Crx-Mo 系高温耐蚀合金涂层制备

为改善 Ni-Cr-Mo 系耐蚀合金的抗高温氯腐蚀的效果，本次实验以 Ni-Cr-Mo 系代表性耐蚀合金 C22 为基本研究对象，保持 C22 中 Mo 的含量 13% 不变，改变 Cr 的比重从而改变 Ni–Cr 的质量比来探究 Cr 含量的最佳比例。本次实验共设定五种试样，其中 Cr 含量分别为 22%、24%、26%、28%、30%，通过实验测试寻找最佳的 Cr 比重，从而使 Ni–Cr–Mo 系涂层达到最佳的耐高温腐蚀性能。

首先，利用行星式混粉器将哈氏合金 C22 粉末与纯 Cr 单质和纯 Mo 单质进行混合。每 100g 试样成分见表 4–2，通过以下的成分比达到改变哈氏合金 C22 粉末中 Cr 的含量为 22%、24%、26%、28%、30%的目的。

表 4–2　　　　　　　　　　　　　　每 100g 试样成分

不同比例的 Cr（%）	C22	Cr	Mo
22	100.000	0	0
24	96.900	2.696	0.404
26	93.800	5.396	0.804
28	90.800	8.000	1.200
30	87.700	10.700	1.600

将配比好的几种粉末在鼓风干燥炉中在 130℃下烘干 2h，目的在于除去粉末中的水分，防止粉末与粉末之间、粉末与混粉机钢球之间发生粘黏，导致混合不均匀。混合不均匀会使涂层成分不均匀，涂层表面发生成分分层，严重者会导致耐腐蚀性不一致而产生点蚀等情况。把干燥好的粉末放入行星式混粉器中，用大球研磨 2h。行星式混粉器的原理是通过球磨罐的自转及球磨架的公转带动球磨罐中的钢球进行不规则运动使粉末完成混合。球磨机的钢球有直径为 2cm 和 0.5cm 的两种，本次实验采用的是直径为 2cm 的钢球，对于质量比重较大的金属粉末而言，大直径的钢球质量较大，可以起到很好的搅拌作用，小直径的钢球由于质量较小，在球磨罐中的扰动性不佳，很容易发生搅动不均匀的现象。另外，搅动的时间需适中。

粉末的颗粒大小会影响到其性能。粉末颗粒越小，其涂层的组织越均匀，性能越好；但是涂层粉末颗粒过小会使合金粉末质量较轻，在试样的制备过程中受环境因素影响严重，并且会有大量的粉末飞溅，使涂层出现气孔等现象，影响其性能[30]。因此，粉末颗粒度应控制在 140~300 目。混合充分的粉末的特点是无分层、颜色无差异且无明显金属光泽，这说明基体粉末包裹完全，可以达到组分均匀的要求。

本次实验采用的是预覆粉末方式，将混合好的 Ni–Cr–Mo 系合金粉末均匀撒在 T45 钢板上，厚度约 500μm。由于实验的要求，涂层厚度必须在 3mm 以上，所以每种试样均经历 8 次熔覆。熔覆时需要在粉末上通横向风，目的是防止粉末飞溅损伤镜片。通横向风时要注意风不能有侧漏，否则会吹跑预覆粉末。脉冲激光的实验电流为 300A，频率为

10Hz，脉宽为 3.0。按照实验要求，将得到的试样利用线切割进行切割，10mm×10mm 的试样用于常规性能分析，10mm×15mm 的试样应用于电化学腐蚀实验测试，10mm×20mm×2mm 纯涂层试样应用于模拟炉膛的高温腐蚀失重实验。

4.2.2　Ni-Cr*x*-Mo 系耐蚀合金涂层显微硬度分析

不同 Cr 含量涂层的显微硬度值见表 4-3。涂层显微硬度值随 Cr 含量的变化曲线，如图 4-1 所示。本次硬度测试的是涂层的表面硬度，每个涂层由左向右间隔 1mm，做 10 个点的显微硬度测试取平均值。Cr 的含量提高会使涂层的硬度略微下降，不过 Cr 的含量升高会生成析出相提高涂层硬度，所以涂层的硬度没有特别大的变化。

表 4-3　　　　　　　　　不同 Cr 含量涂层的显微硬度值

Cr 含量（%）	22	24	26	28	30
平均硬度（HV）	371.5	358.6	366.3	372.7	363.7

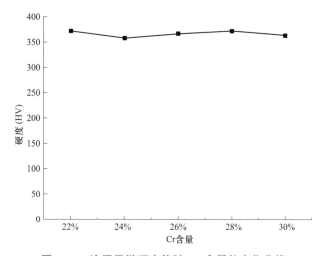

图 4-1　涂层显微硬度值随 Cr 含量的变化曲线

经过显微硬度实验发现，改变 Cr 与 Ni 元素含量的比例对 Ni-Cr-Mo 系耐蚀涂层的硬度没有明显影响和规律的变化，这是由于 Cr 的增加会减弱涂层的强度，但是 Cr 的生成物仍有强化作用，随着 Cr 含量提高，其生成物含量会有所提高[31]。

4.2.3　Ni-Cr*x*-Mo 系耐蚀合金涂层显微组织分析

显微组织分析是推测耐腐蚀性能的传统手段，通过对晶粒的变化情况及具体形貌的分析，以及通过能谱仪对晶界与晶粒的成分含量分析来推断其性能的变化。由于

Ni–Cr–Mo 系耐蚀涂层可抵抗几乎所有酸的腐蚀，为了侵蚀出表面形貌，我们使用的侵蚀剂为 HCl 与 HNO_3 体积分数比为 3:1 的王水试剂配合硫酸铜制作而成的侵蚀剂，经过水浴加热浸泡腐蚀。涂层 Cr 含量为 22% 的显微组织及晶界点和晶粒点扫描能谱分析元素示意，如图 4–2 所示。Cr 含量为 22% 的涂层点扫描结果见表 4–4。涂层 Cr 含量为 24% 的显微组织及晶界点和晶粒点扫描能谱分析元素示意，如图 4–3 所示。Cr 含量为 24% 的涂层点扫描结果见表 4–5。涂层 Cr 含量为 26% 的显微组织及晶界点和晶粒点扫描能谱分析元素示意，如图 4–4 所示。Cr 含量为 26% 的涂层点扫描结果见表 4–6。涂层 Cr 含量为 28% 的显微组织及晶界点和晶粒点扫描能谱分析元素示意，如图 4–5 所示。Cr 含量为 28% 的涂层点扫描结果见表 4–7。涂层 Cr 含量为 30% 的显微组织及晶界点和晶粒点扫描能谱分析元素示意，如图 4–6 所示。Cr 含量为 30% 的涂层点扫描结果见表 4–8。

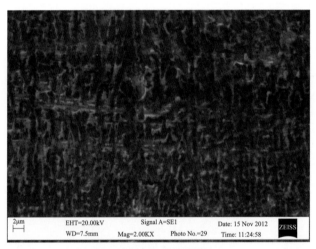

(a) 涂层Cr含量为22%的显微组织

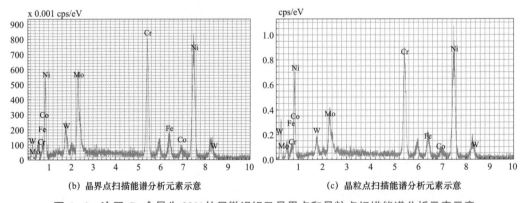

(b) 晶界点扫描能谱分析元素示意   (c) 晶粒点扫描能谱分析元素示意

图 4–2 涂层 Cr 含量为 22% 的显微组织及晶界点和晶粒点扫描能谱分析元素示意

表 4 – 4　　　　　　　　　　Cr 含量为 **22%**的涂层点扫描结果

元素名称	质量分数	
	晶界	晶粒
Ni	47.01	51.23
Cr	23.26	24.78
Mo	16.46	10.59
W	5.69	6.59
Fe	5.20	4.58
Co	2.38	2.23

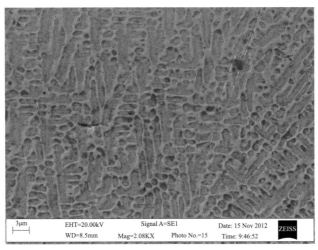

(a) 涂层Cr含量为24%的显微组织

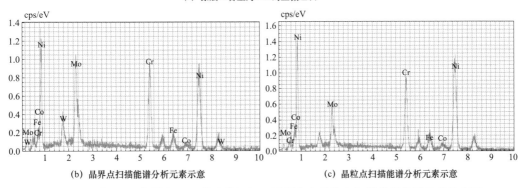

(b) 晶界点扫描能谱分析元素示意　　　　　　　　(c) 晶粒点扫描能谱分析元素示意

图 4 – 3　涂层 **Cr** 含量为 **24%**的显微组织及晶界点和晶粒点扫描能谱分析元素示意图

表 4-5　　　　　　　　Cr 含量为 24% 的涂层点扫描结果

元素名称	质量分数	
	晶界	晶粒
Ni	57.62	58.47
Cr	20.31	20.22
Mo	11.67	11.05
W	3.28	3.17
Fe	5.97	6.03
Co	2.84	2.60

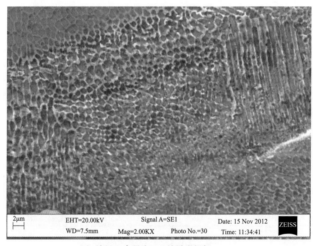

(a) 涂层Cr含量为26%的显微组织

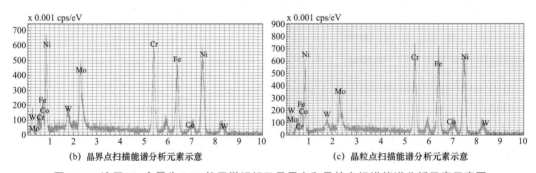

(b) 晶界点扫描能谱分析元素示意　　　(c) 晶粒点扫描能谱分析元素示意

图 4-4　涂层 Cr 含量为 26% 的显微组织及晶界点和晶粒点扫描能谱分析元素示意图

表 4-6　　　　　　　　　　Cr 含量为 26%的涂层点扫描结果

元素名称	质量分数	
	晶界	晶粒
Ni	46.45	56.16
Cr	26.18	22.00
Mo	14.33	9.72
W	5.04	3.78
Fe	6.02	5.71
Co	1.98	2.63

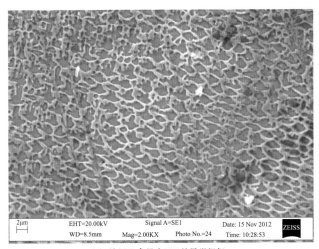

(a) 涂层 Cr 含量为 28%的显微组织

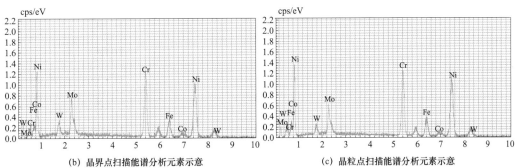

(b) 晶界点扫描能谱分析元素示意　　　　　　(c) 晶粒点扫描能谱分析元素示意

图 4-5　涂层 Cr 含量为 28%的显微组织及晶界点和晶粒点扫描能谱分析元素示意

表 4-7　　　　　　　　　　　　Cr 含量为 28% 的涂层点扫描结果

元素名称	质量分数	
	晶界	晶粒
Ni	50.46	50.19
Cr	23.75	25.27
Mo	9.73	10.30
W	3.46	3.37
Fe	9.85	8.43
Co	2.75	2.44

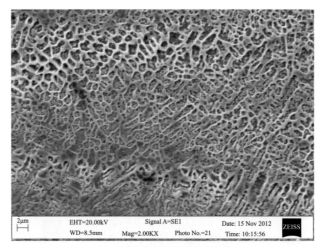

(a) 涂层Cr含量为30%的显微组织

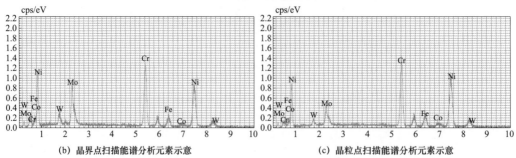

(b) 晶界点扫描能谱分析元素示意　　　　　　　(c) 晶粒点扫描能谱分析元素示意

图 4-6　涂层 Cr 含量为 30% 的显微组织及晶界点和晶粒点扫描能谱分析元素示意图

表 4-8 Cr 含量为 30%的涂层点扫描结果

元素名称	质量分数	
	晶界	晶粒
Ni	42.03	48.45
Cr	29.04	28.70
Mo	16.04	10.13
W	5.00	3.62
Fe	6.16	7.04
Co	1.72	2.06

由扫描电镜显微组织图可看出，Ni-Cr-Mo 系耐蚀涂层有着均匀的晶粒分布，晶粒呈规则的多边形，五组试样的拍摄部位均是涂层的中间部位，由于目的是寻找改变 Cr 含量后涂层性质的变化规律，靠近基体的部位基体元素的 Fe 与 C 扩散严重，晶粒成枝状晶，不利于形貌的对比和能谱仪（EDAX）测试来寻找规律；靠近表面的组织没有经过反复的熔覆，冷却较快，形成的组织没有代表性。因为熔覆过程为脉冲式，快速凝固条件使凝固速度 V 与垂直于涂层方向的温度梯度 G 最大，使凝固组织形态控制因子 G/V 足够大，而从涂层到基体是一个热传导的过程，G 的梯度逐渐减小，于是有了等轴晶的形成，晶粒的大小从 3μm 到 1μm 不等。

五组试样的对比可发现，Cr 含量为 26%的涂层晶粒发生了明显的细化，细化的晶粒晶界多，晶界能较高，组织的性质越稳定，细化晶粒也是我们采用的提高组织性能的方法之一。Mo、Ni 和 Cr 的减缓晶粒长大的能力不同，调整 Ni、Cr、Mo 的不同比例会形成不同的晶粒大小，而晶界上 Cr 和 Mo 的含量相对较高，这样可有效增强晶界强度，防止晶界腐蚀的发生[32-34]。在所有组成分的能谱分析中可发现，均有铁元素的存在，说明基体与涂层发生固溶现象，Fe 元素扩散到涂层形成固溶相，增强了涂层与基体的结合，不过要控制 Fe 元素的含量，如果 Fe 元素含量过高，会影响涂层的耐蚀性能[35-37]。

扫描电子显微镜（SEM）、能谱分析仪（EDAX）的观察结果可发现，Ni-Cr-Mo 系耐蚀涂层产生均匀的晶格结构，并且 Cr 含量为 26%的涂层出现了明显的晶粒细化现象，而且晶界上 Cr、Mo 元素的含量比重偏高，推测 Cr 含量为 26%的涂层组织性能会优于其他涂层[38]。

4.2.4 Ni-Cr*x*-Mo 系高温耐蚀合金涂层电化学测试分析

在实践中，人们最关心的就是金属的腐蚀速率，因为只有知道准确的腐蚀速率才能选择合理的防腐蚀措施。目前为止，实验中常用的测试金属腐蚀速率的方法仍然是最经典的失重法。失重法的优点是准确可靠，但试验周期长、操作麻烦，并且需要多组平行实验，而电化学方法测定金属腐蚀速度的优点是快速、简便且易控制。

本次实验室根据极化曲线的 Tafel 直线测定金属的腐蚀速率。当用直流电对腐蚀金属电极进行大幅度极化时，真实极化曲线与理想极化曲线重合且呈直线，可认为腐蚀金属表面只有一个电极反应进行。腐蚀金属电极的极化曲线方程式为[39,40]

$$i = i_{corr}\left[e^{\frac{2.3(E-E_{corr})}{b_{1,a}}} - e^{-\frac{2.3\Delta E}{b_c}} \right] \quad (4-1)$$

论证得到：当极化值的绝对值 $|\Delta E| > \dfrac{2b_a b_c}{b_a + b_c}$ 时，则进入了强极化区。其中，b_a 和 b_c 分别表示阳极反应和阴极反应的 Tafel 斜率。

在进入强阳极极化区后，阴极反应的电流密度可忽略不计，于是极化值与外测阳极电流密度的关系为

$$i_A = i_{corr} e^{\frac{2.3\Delta E}{b_a}} \quad (4-2)$$

或

$$\Delta E = b_a \lg i_A - b_a \lg i_{corr} \quad (4-3)$$

同理，将腐蚀电阻极化到强阴极极化区后，腐蚀金属电极阳极溶解反应的电流密度忽略不计，此时，极化值与外测阳极电流密度的关系为

$$i_A = i_{corr} e^{\frac{2.3\Delta E}{b_a}} \quad (4-4)$$

或

$$\Delta E = -b_c \lg |i_c| + b_c \lg i_{corr} \quad (4-5)$$

上述为极化值和极化电流密度之间的半对数关系。故在强极化区，如果传质够快，ΔE 对 $\lg i$ 作图可得 Tafel 直线，直线斜率可分别求得阳极 Tafel 斜率 b_c。极化曲线的这一区段称为 Tafel 区，也叫强极化区。在强极化区，两条 Tafel 直线的交点对应的电流为腐蚀速率，通过腐蚀速率则可验证金属的耐腐蚀性。

本次实验腐蚀测试使用三个电极，研究电极、辅助电极和参比电极，外加恒电位仪和电解池，以及数据采集软件组成了电化学测试系统，电化学腐蚀测试装置，如图 4-7 所示。

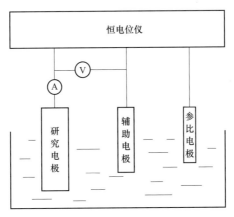

图 4-7　电化学腐蚀测试装置

研究电极的制作是将 15mm×10mm 的试样在 200、400、600、800 号砂纸上依次打磨，在打磨后用超声波清洗机对试样进行清洗，清洗后用酒精将表面擦拭干净以达到洁净、无杂质、无氧化膜的目的。在电极工作面用电烙铁将导线固定。导线一般选择导电性好的材料，本次实验使用的导线为直径 2.5mm 的纯铜导线。将导线固定好后需要在研究电极非工作面与溶液隔离，以减少实验误差，否则会发生双金属腐蚀现象，非工作面用环氧树脂密封，辅助电极是铂电极。

（1）将制备好的试样用金相试样机将表面磨平整，用酒精将试样表面擦拭干净，再用超声波清洗机将试样彻底洗干净，保证其表面无杂质。

（2）将铜导线用电烙铁固定在研究表面，并且用环氧树脂将试样密封，做到除研究表面外无裸露。另外，导线浸入溶液部分也要密封好，否则会发生双电腐蚀，影响待测结果。

（3）把制作好的电极放在 3.5%NaCl 盐溶液中浸泡 20h。

（4）将研究电极固定好，调整扫描信号为电压区间 -2～2V，扫描时间为 14400s（10 天），腐蚀溶液为 3.5%NaCl 饱和盐溶液。测定好后导出实验结果。不同 Cr 含量涂层的 Tafel 曲线，如图 4-8 所示。

首先测定研究电极裸露的研究表面积 S，再利用软件测定自腐蚀电流 I，腐蚀速率可利用公式

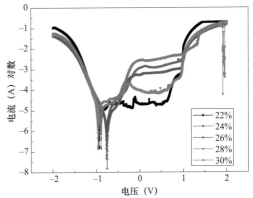

图 4-8　不同 Cr 含量涂层的 Tafel 曲线

$$P = I/S \tag{4-6}$$

几种试样的自腐蚀电位测试结果见表 4－9。自腐蚀电位变化曲线，如图 4－9 所示。

表 4－9　　　　　　　　　　几种试样的自腐蚀电位测试结果

Cr 含量（%）	22	24	26	28	30
自腐蚀电位（V）	－0.948	－0.775	－0.763	－0.905	－0.971

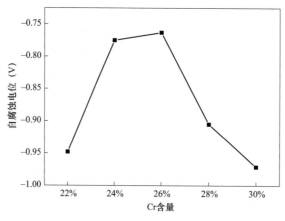

图 4－9　自腐蚀电位变化曲线

测试的腐蚀曲线经过电化学分析软件得到结果，腐蚀速率测试结果见表 4－10。

表 4－10　　　　　　　　　　腐 蚀 速 率 测 试 结 果

Cr 含量（%）	22	24	26	28	30
测试面积（cm²）	0.87	0.6	0.51	0.73	0.86
自腐蚀电流（A）	$1.364e^{-5}$	$3.246e^{-6}$	$2.230e^{-6}$	$1.037e^{-5}$	$1.348e^{-5}$
腐蚀速率（A/cm²）	$1.568e^{-5}$	$5.41e^{-6}$	$4.373e^{-6}$	$1.421e^{-5}$	$1.567e^{-5}$

不同铬含量涂层的腐蚀速率变化曲线，如图 4－10 所示。通过图 4－10 可发现，随着 Cr 含量的增加，Ni－Cr－Mo 系耐腐蚀涂层的腐蚀速率和极化电位均成类抛物线分布，并且在 Cr 含量为 26%时达到极值。腐蚀速率越低，涂层的耐腐蚀性能越大；而自腐蚀电位越高，也同样可以证明耐腐蚀性的强弱。从数据中可证实，Cr 含量为 26%时的 Ni－Cr－Mo 系耐腐蚀涂层的耐腐蚀性能最好。

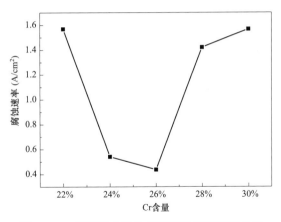

图 4-10 不同铬含量涂层的腐蚀速率变化曲线

4.3 Ni-Cr-Mox系高温耐蚀合金涂层

4.3.1 Ni-Cr-Mox系高温耐蚀合金涂层制备

在一定的环境下，材料腐蚀的严重情况由合金元素与 Cl 反应生成氯化物的吉布斯（Gibbs）自由能大小，以及生成腐蚀产物的高温稳定性决定。Gibbs 能越低，较易与 Cl 发生反应。腐蚀产物的高温稳定性越好，金属抗腐蚀能力越强，而高温稳定性是由金属腐蚀产物的性能来判断的。从根本上来说，这些都是由合金元素决定的，Ni、Cr、Mo、Al 等元素的高温氯化、氧化产物都比 Fe 的稳定。本节主要研究不同 Mo 含量变化对合金组织性能的影响。另外，金属材料的表面状态、制备技术、热处理工艺等对材料的耐腐蚀性能也有一定的影响。本实验研制的耐蚀合金主要根据腐蚀介质设计其元素成分，适当考虑其抗氧化性能[41-42]。

（1）Ni-Cr-Mox 合金中的主要合金元素是 Ni 和 Cr，它们具有优良的耐蚀性能。Ni 可赋予合金完全的奥氏体组织，改善其耐氯化物应力腐蚀能力，增加热稳定性和加工性能。Cr 能赋予合金耐氧化性介质腐蚀的能力[43,44]，增加耐局部腐蚀的能力。不锈钢的实验研究证明，含 Cr 量大于 13%时才能起到抗蚀作用，Cr 含量越高，耐蚀性越好。Cr 元素的作用主要是生成致密的 Cr_2O_3 氧化物保护膜。

（2）添加 Mo 元素可增强合金表面钝化膜的稳定性，延长了点蚀可能发生的孕育期，并且与介质中的 Cl 离子结合形成一层不溶性的氯化物盐膜覆盖在材料表面，从而抑制了点蚀的产生和发展，增加合金耐局部腐蚀和耐氯化物应力腐蚀能力，还可起到固溶强化的作用。在 Fe-Cr-Ni 合金中添加 Mo 可促使合金钢在还原性介质中的钝化能力增强，但如果 Mo 含量过高，会造成较多的 σ 相析出[45]，σ 相与奥氏体的界面是点蚀产生的重要位置，会造成合金耐点蚀的能力下降。因此，主要研究不同 Mo 含量对合金组织性能的影响[46]。

（3）Fe 可增加镍基合金耐氧化性腐蚀的能力，取代部分镍，降低成本。镍基合金中含铁量对其耐蚀性也有重要影响，随着含铁的增加，腐蚀率上升[47]。综合考虑，Fe 含量确定为 3%。

（4）W、Co 的作用：固溶强化，提高合金抗局部腐蚀的能力。

（5）添加稀土元素或具有耐蚀作用的贵金属元素。对稀土镍基金属陶瓷复合涂层进行盐酸腐蚀实验结果表明，添加了适量的稀土 La 能使材料的腐蚀电流减小，使腐蚀电位正移，提高了涂层的耐腐蚀性能。活性金属也具有很好的抗腐蚀能力，典型代表是 Ti、Zr、Ta 等[48,49]。

（6）由于铜元素能改善合金在海水等还原性介质中的耐蚀性能，所以本设计材料中没有添加铜元素。

Ni-Cr-Mox 合金按设计成分（$x=0$，9，13，18）配制，Ni-Cr-Mox 合金成分见表 4-11。

表 4-11 　　　　　　　　　　　　Ni-Cr-Mox 合金成分

元素	Ni	Cr	Mo	Fe	W	Co	Mn	V	Si
质量百分比	余量	22%	x	3%	3%	2.5%	0.5%	0.35%	0.08%

4.3.2　Ni-Cr-Mox系高温耐蚀合金涂层组织

采用 JSM-6490LV 型扫描电子显微镜观察样品的显微组织，并配合 INCA 能谱分析仪进行能谱分析，主要观察腐蚀前熔炼合金的原始组织形貌；所选用的侵蚀剂是盐酸溶液、五水合硫酸铜、稀硝酸溶液以 10:1:1 比例配比而成，并且加热腐蚀。Ni-Cr-Mox 样品显微组织（放大 500 倍），如图 4-11 所示。

在元素周期表中，镍、铬、钼、钴、铁等元素都处于第四周期的中间位置，原子半径相差不大，易形成置换固溶体，其中，镍铬、镍铁之间都能够无限固溶。固溶时，镍铬仅具有一种晶体结构，面心立方结构；铁属于多晶型金属，其中，包括面心立方结构，这不仅有利于高温固溶，并且对热处理也很有利。Ni-Cr-Mox 合金各组成元素的熔点见表 4-12。

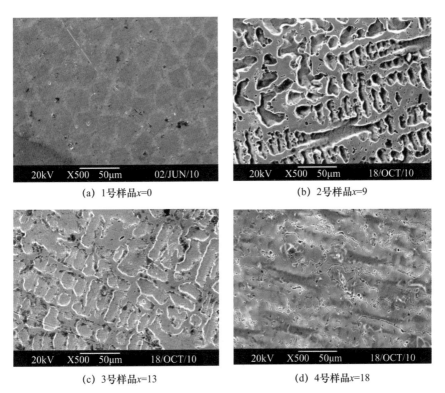

(a) 1号样品x=0

(b) 2号样品x=9

(c) 3号样品x=13

(d) 4号样品x=18

图 4-11   Ni-Cr-Mox样品显微组织（放大 500 倍）

表 4-12   Ni-Cr-Mox合金各组成元素的熔点

Ni	Cr	Mo	Co	Fe	W	Mn
1455℃	1855℃	2622℃	1495℃	1539℃	3410℃	1245℃

配合能谱扫描分析组织比较均匀的 3 号样品。组织形成的应该是 Ni 基固溶体加少量金属间化合物，较均匀的灰色条状组织处与基体各元素含量有所不同，图 4-11（c）不同组织处主要元素质量百分比见表 4-13。

表 4-13   图 4-11（c）不同组织处主要元素质量百分比

元素	Ni	Cr	Mo	Co
灰色条状组织	54.85	19.14	16.95	1.93
基体	62.83	18.94	9.82	2.38

图 4-11（c）中可看出，先析出 Ni-Cr-Co-Mo 固溶体（白色区域），然后在先共晶的 Ni-Cr-Co-Mo 固溶体上再析出具有白色轮廓线的非平衡凝固产生的富 Mo 新相（灰色条状区域）离异共晶体，显微组织观察表明灰色条状相呈不连续网状或长条状分布。由图 4-11 可看出，添加 Mo 元素使合金组织出现了以树枝晶形式析出的后结晶第二相，

呈现不连续的长条状分布在基体上；当 Mo 的含量为 0 时，只有共晶析出的奥氏体 Ni－Cr 固溶体。当 Mo 加至 9%时，开始出现后结晶的第二相。Ni－Cr－Co－Mo 合金是典型的树枝晶状组织，随着 Mo 的加入出现了长条状类似于树枝的第二相结晶，这必然对合金的耐蚀性能有一定的影响。

图 4－11（c）中条状枝晶的形成，主要是由于它处于过冷液体包围中，结晶潜热无法传出。因此，枝晶长大时放出的潜热提高了枝晶臂连接处的温度，促使局部地区熔化，使枝晶臂被低熔点的元素隔绝不再连贯，从而得到了现在的形态[50]。

图 4－11（c）与图 4－11（d）比较可发现，18Mo 样品的晶粒边界出现了析出相。18Mo 样品点扫描分析，如图 4－12 所示。由图 4－12 可知，随着 Mo 含量的增加，晶粒边界出现了富含 Mo 高达 33.5%的新相，说明 Mo 从固溶体中发生了析出。已有研究表明，这种析出的 σ 相与奥氏体的界面是点蚀产生的重要位置，会造成合金耐点蚀的能力下降，因此，Mo 添加量不宜过高。

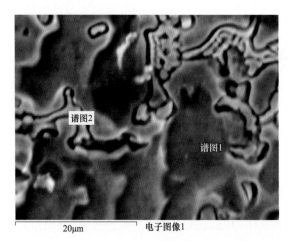

元素	谱图1	谱图2
Cr	19.20	21.12
Mn	0.97	—
Fe	3.35	3.14
Co	2.02	1.73
Ni	56.54	35.79
Mo	14.16	33.50
W	3.77	4.72

图 4－12　18Mo 样品点扫描面分析（放大 2500 倍）

4.3.3　Ni－Cr－Mox 系高温耐蚀合金浸泡腐蚀性能

本实验主要研究的是 Ni－Cr－Mo 合金在模拟酸性盐溶液环境中的恒温腐蚀性能。国标规定的常用腐蚀试验方法有模拟浸泡试验、动态浸泡试验、控制温度的腐蚀试验、氧化试验、电化学试验五种。模拟浸泡试验是一种广泛应用的水溶液挂片试验，分为全浸、半浸和间浸三种类型，全浸试验的标准方法见《金属材料实验室均匀腐蚀全浸试验方法》（JB/T 7901—1999）。相应的评价方法有：① 对材料的表面腐蚀形貌进行定性分析，主要利用放大镜或实体显微镜进行宏观分析，利用金相显微镜、X 射线衍射仪、红外光谱仪等进行显微分析；② 采用质量法进行定量分析，通常用试样在单位时间内、单位面积上的质量变化来表征平均腐蚀速率，可分为增重法和失重法两种；当形成的腐蚀产物牢固附着在试样表面，不挥发或几乎不溶于溶液介质，这时用质量增加法；质量减少法要求在腐蚀试验后彻底清除掉样品表面腐蚀产物后再称量试样的质量，清除方法有机械法、化学法和电解法三类；③ 采用深度法进行定量评定，通常以单位时间内的厚度变化来表征平均腐蚀速率；④ 采用电阻法进行定量评定，通过测量腐蚀过程中金属电阻的变化求出金属的腐蚀速率；⑤ 通过测定力学性能的变化进行定量评定，通常用腐蚀前后材料力学性能变化的相对百分率表示[51]。

1. 实验过程

由于实验材料是专门针对耐腐蚀环境设计的，不适于短期观察其腐蚀行为。因此，采用浓度较高的盐酸溶液浸泡法来进行加速腐蚀实验。本实验对 Ni－Cr－Mo 合金试样进行了全浸泡恒温腐蚀，实验根据腐蚀标准稍微进行了改动，分别取 4 个不同 Mo 含量的 Ni－Cr－Mo 合金样品，在 80℃进行 168h 的全浸泡腐蚀实验，每隔 12h 将样品取出，待干燥后测量样品失重。

由于该 Ni－Cr－Mo 合金材料具有很强的耐腐蚀能力，若要观察到材料的组织变化就需要观察表面的腐蚀情况。在腐蚀实验之前，需要将 4 个不同成分的样品金相制样。

（1）配置浓度为 10%稀盐酸溶液。

（2）将试样分别放入四个烧杯中，标记好组别，倒入 10%的盐酸溶液，溶液量为试样高度的 2 倍，保证挥发后试样仍然可以全部浸泡在溶液中。

（3）将烧杯放在恒温水浴锅中进行 80℃的恒温腐蚀实验。

（4）每隔 12h 将试样取出，用清水洗净表面、干燥后称重，做好记录。

（5）168h 后第一轮腐蚀实验结束，将样品取出，用清水洗净表面再做烘干处理。重复（1）～（4）进行 20%的稀盐酸溶液全浸泡腐蚀实验。

腐蚀后的处理如下。

（1）实验结束后，用 SEM 显微镜对样品表面进行观察，拍摄显微组织照片。

（2）对照片中的不同区域做能谱分析，定性腐蚀产物。

（3）将样品进行金相制样、抛光等处理，观察断面腐蚀组织。

通过实验点绘制成腐蚀失重的腐蚀动力学曲线。通过分析样品的失重及对腐蚀前后合金样品电镜的观察进行盐酸腐蚀实验对 Ni－Cr－Mo 合金影响的分析，从而得出不同 Mo 含量 Ni－Cr－Mo 合金耐腐蚀性能的对比研究结论，并且观察腐蚀前后的扫描电子显微镜照片，通过能谱分析仪分析腐蚀产物的成分。

2. Ni－Cr－Mox 合金在 20%HCl 溶液中的腐蚀

168h 的腐蚀失重记录（80℃、20%HCl 溶液）见表 4－14，采用的失重率计算公式为

$$\gamma_{\text{corr}} = \frac{\Delta m}{A}$$

$$\Delta m = m_2 - m_1$$

式中　Δm ——两个时间点的质量减少值，g；

　　　A ——样品表面积，m^2。

表 4-14　　　　　　168h 的腐蚀失重记录（80℃、20%HCl 溶液）

试样编号		1-0Mo	2-9Mo	3-13Mo	4-18Mo
尺寸（cm）	长	0.538	0.529	0.552	0.548
	宽	0.47	0.482	0.55	0.504
	高	0.404	0.369	0.517	0.551
表面积 A（cm²）		1.320184	1.256074	1.746668	1.711688
原始质量（g）		0.988	0.9288	1.4282	1.4147
12h		0.9773	0.9169	1.4253	1.4062
24h		0.9696	0.9052	1.423	1.4001
36h		0.9636	0.8988	1.4186	1.3933
48h		0.9543	0.8888	1.4168	1.3844
60h		0.9491	0.8796	1.4102	1.3759
72h		0.9427	0.8653	1.4046	1.3663
84h		0.9388	0.8601	1.3997	1.3605
96h		0.9345	0.8547	1.3957	1.3551
108h		0.9318	0.8539	1.3937	1.3507
120h		0.926	0.849	1.3912	1.3436
132h		0.9216	0.8456	1.3878	1.3381
144h		0.9168	0.841	1.3844	1.3312
156h		0.912	0.8358	1.3806	1.3254
168h		0.9089	0.8342	1.379	1.3204

对样品进行观察，发现 Ni-Cr-Mox 合金放入腐蚀溶液中 24h 后，腐蚀剂颜色开始变为浅绿色，随着时间延长溶液颜色略有加深。合金试样表面变得粗糙，出现了明暗不一的很多区域。

4 个试样在 80℃、20%HCl 溶液中的恒温腐蚀动力学曲线，如图 4-13 所示。腐蚀动力学曲线没有遵循抛物线规律，这是由于随着时间的延长，HCl 溶液挥发严重，试样表面也会形成保护性氧化膜，阻止腐蚀的进行。最初 24 个小时的失重率要比以后各个时间段大一些，因为实验开始阶段试样在 20%的 HCl 中腐蚀较严重，后来随着盐酸的挥发，盐酸溶液浓度降低，失重逐渐减少。图 4-13 中对比这四个样品的腐蚀曲线可知，腐蚀率最高的是 0Mo，最低的是 13Mo。添加 Mo 元素的合金样品 2、3、4 耐腐蚀性都优于不含 Mo 的 1 号样品。

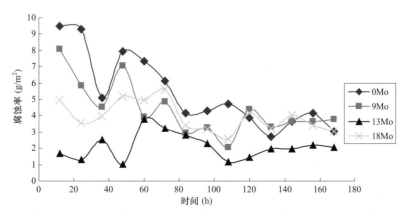

图 4-13 4 个试样在 80℃、20%HCl 溶液中的恒温腐蚀动力学曲线

采用腐蚀等级评价的计算公式计算 4 个样品 168h 的平均腐蚀率：

$$\gamma_{corr} = \frac{\Delta m}{A \cdot t}$$

式中 t——腐蚀实验进行的总时间，h。

4 个样品在 80℃、20%HCl 溶液中 168h 的平均腐蚀失重率对比，如图 4-14 所示。由图 4-14 可知，Mo 含量为 13 的合金失重率最小，其次是 18Mo。Ni-Cr-Mo 合金是根据质量百分因子 $[APF = 4Cr/(2Mo + W)]$ 设计的，APF 在 2.5～3.3 则在氧化性和还原性两种介质中都具有良好的耐蚀性。这与文献中的研究结果相符：比较了合金在硫酸、盐酸、混合酸及三氯化铁溶液中的腐蚀速率，认为通用耐蚀性能最好的 Ni-Cr-Mo 合金的成分为 $APF = 2.875$。其在 90℃ 的 80%硫酸、30%盐酸、混合酸和 6%三氯化铁中的平均腐蚀速度分别为 0.4401、1.4206、0.04327、0.01583mm/a。

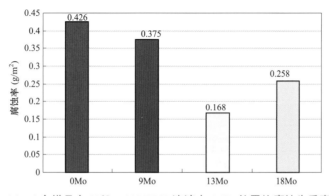

图 4-14 4 个样品在 80℃、20%HCl 溶液中 168h 的平均腐蚀失重率对比

3. Ni－Cr－Mox 合金 10%HCl 溶液中的腐蚀

腐蚀实验记录（80℃、10%HCl 溶液）见表 4－15。样品在 80℃、10%HCl 溶液中的腐蚀动力学曲线，如图 4－15 所示。由图 4－15 可知，10%HCl 溶液中合金的腐蚀动力学曲线也没有呈现抛物线规律，曲线中后期的平稳性变化表明在腐蚀时间内，腐蚀产物对合金基体起到了一定的保护作用。0Mo 样品的腐蚀率从最初的 4.5g/m² 降低到约 0.5g/m²，表明随着时间的延长 HCl 溶液挥发严重，到 100h 以后几乎起不到强酸腐蚀剂的作用了。而 9Mo、13Mo、18Mo 的腐蚀率差不多，在 10%HCl 中比较不出具体多少 Mo 含量的合金耐腐蚀性能最好。因此，计算平均腐蚀率，4 个样品在 80℃、10%HCl 溶液中腐蚀 168h 平均失重率对比，如图 4－16 所示，13Mo 的平均腐蚀率最低。

表 4－15　　　　　　腐蚀实验记录（80℃、10%HCl 溶液）

试样编号		1－0Mo	2－9Mo	3－13Mo	4－18Mo
尺寸（cm）	长	0.564	0.544	0.558	0.548
	宽	0.492	0.5	0.512	0.504
	高	0.432	0.44	0.384	0.486
表面积 A（cm²）		1.46736	1.46272	1.393152	1.574928
原始质量（g）		1.0289	0.9799	1.0317	1.0163
12h		1.0224	0.9771	1.0293	1.0129
24h		1.0167	0.9733	1.0153	1.0084
36h		1.01	0.9709	1.0136	1.0051
48h		1.0037	0.9688	1.0118	1.0029
60h		0.9989	0.9651	1.0089	1.0003
72h		0.996	0.9636	1.0072	0.9982
84h		0.9931	0.9626	1.0051	0.9961
96h		0.9892	0.9611	1.0036	0.9937
108h		0.9876	0.96	1.0016	0.9915
120h		0.9853	0.9584	0.9997	0.9894
132h		0.9827	0.9562	0.9983	0.9878
144h		0.9802	0.9539	0.9971	0.9861
156h		0.9789	0.9524	0.9963	0.9844
168h		0.9777	0.9518	0.9955	0.9833

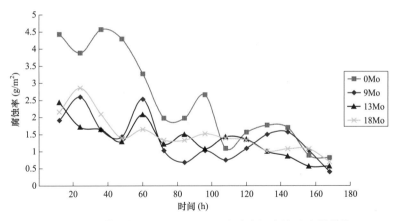

图 4-15 样品在 80℃、10%HCl 溶液中的腐蚀动力学曲线

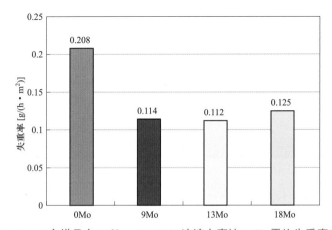

图 4-16 4 个样品在 80℃、10%HCl 溶液中腐蚀 168h 平均失重率对比

不同盐酸浓度对 Ni-Cr-Mox 合金腐蚀率的影响，如图 4-17 所示。从图 4-17 可看出，合金在盐酸中腐蚀失重率随着 HCl 浓度的增加而增大。基本规律是 HCl 浓度从 10%增加到 20%，平均腐蚀失重率也增加了一倍。该合金材料的平均腐蚀率均在 0.1～

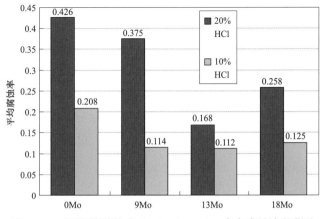

图 4-17 不同盐酸浓度对 Ni-Cr-Mox 合金腐蚀率的影响

0.5g/（m² · h)，耐腐蚀等级为二级，而国际上类似成分的合金为目前最耐腐蚀的材料，耐腐蚀等级为一级。因此，该合金制备过程中有一定的误差和组织缺陷。

4. 腐蚀表面形貌分析

用丙酮清洗试样表面后，肉眼观察可看到反应之后试片表面的产物都呈黑色，黑色氧化皮很薄很脆，容易从表面除掉，但没有形成整体大面积剥落。4个样品在80℃、20%HCl溶液中腐蚀168h后的表面形貌，如图4-18所示。由图4-18可知，样品表面均产生了一定的腐蚀沟，但全部没有出现严重的腐蚀剥落现象，也没有明显的裂纹，说明该Ni-Cr-Mox合金的腐蚀性能普遍较好。

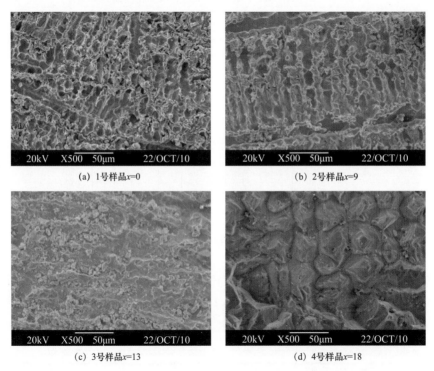

(a) 1号样品x=0

(b) 2号样品x=9

(c) 3号样品x=13

(d) 4号样品x=18

图4-18　4个样品在80℃、20%HCl溶液中腐蚀168h后的表面形貌

5. 腐蚀产物分析

根据EDS能谱扫描结果，0Mo的样品腐蚀产物主要是Ni、Cr、O，多点处都检测到了Cl元素。添加Mo元素后，9Mo样品的腐蚀产物主要是Ni、Cr、Mo、O等。9Mo合金能谱点扫描分析，如图4-19所示。由图4-19可知，Mo含量高达22.39%和30.44%，说明Mo元素在表面起到了很大的作用。合金材料表面形成的氧化层疏松，局部区域出现了裂纹，为Cl元素的进入提供可能。

元素	谱图1	谱图2
O	19.94	34.36
Cl	2.05	1.96
Cr	9.42	2.37
Fe	1.66	0.78
Co	0.91	—
Ni	27.00	9.31
Mo	22.39	30.44
W	16.64	20.26

30μm

电子图像1

(a) 合金点扫描　　　　　　　　　　　　(b) 元素质量百分比

图 4-19　9Mo 合金能谱点扫描分析

9Mo 合金能谱面扫描分析，如图 4-20 所示。白亮处主要含有 Mo、Cl、O 元素，检测到的 O、Cl、Ni、Cr、Mo、W 含量分别为 22.97%、3.68%、24.45%、6.87%、19.86%、18.56%。表明 Cl 元素和 O 元素存在的地方主要是 Mo 元素和 W 元素起作用。

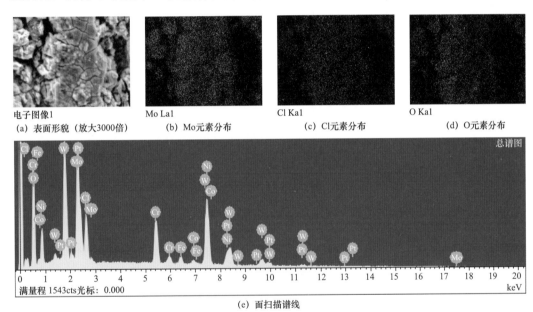

电子图像1
(a) 表面形貌（放大3000倍）　　(b) Mo元素分布　　　(c) Cl元素分布　　　(d) O元素分布

(e) 面扫描谱线

图 4-20　9Mo 合金能谱面扫描分析

13Mo 合金能谱面扫描分析，如图 4-21 所示。Ni、Cr、Mo、Cl、O 元素主要延腐蚀痕迹呈长条状分布，Mo、O、Cl 含量分别为 20.77%、12.19%和 0.97%。腐蚀产物可能是 Ni-Cr-Mo 的氧化物及氯化物。对比熔炼合金的原始组织发现，第二相表面几乎没有腐蚀痕迹，但是熔炼析出的第一相发生了一定程度的腐蚀，形成了裂纹和孔洞，说明 Cl 对基体相产生了腐蚀，富 Mo 新相（灰色条状区域）离异共晶体比 Ni-Cr-Co-Mo 先析出相更耐腐蚀，这也解释了为何添加 Mo 的 2、3、4 号样品盐酸溶液浸泡的耐腐蚀性能比不含 Mo 的 1 号样品好很多，但不能说明为何 Mo 含量不是越多越好。

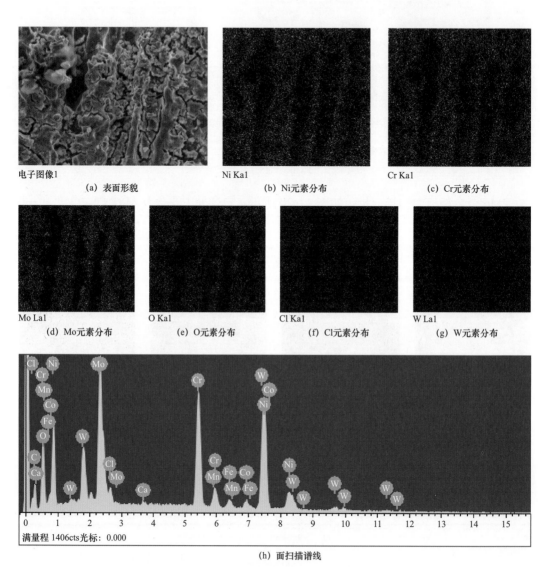

电子图像1

（a）表面形貌　　　　　　　　（b）Ni元素分布　　　　　　　　（c）Cr元素分布

（d）Mo元素分布　　　（e）O元素分布　　　（f）Cl元素分布　　　（g）W元素分布

满量程 1406cts光标：0.000

（h）面扫描谱线

图 4－21　13Mo 合金能谱面扫描分析

13Mo 合金能谱点扫描分析，如图 4－22 所示。点扫描 13Mo 合金样品的黑色区域，如图 4－22（a）谱图 1 所示，由图 4－22（b）可知，该处只含有 Ni、Cr、W、O 四种元素，应该是 Ni 和 Cr 的氧化物为主，说明合金材料基体表面形成了保护膜。图 4－22（a）谱图 2 处为腐蚀表面一层，有明显的裂纹产生，但不脆，没有严重剥落，该处检测到了 0.83% 的 Cl 元素，主要含有 Ni、Cr、Mo、W。

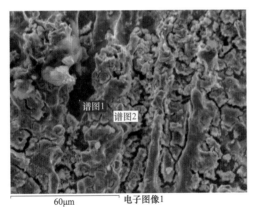

元素	谱图1	谱图2
O	3.43	8.61
Cl	—	0.83
Cr	17.68	17.56
Fe	—	1.62
Co	—	1.59
Ni	74.40	45.44
Mo		16.99
W	4.49	7.36

(a) 合金点扫描　　　　　　　　(b) 元素质量百分比

图 4-22　13Mo 合金能谱点扫描分析

18Mo 合金能谱点扫描分析，如图 4-23 所示。点扫描 18Mo 合金样品腐蚀表面的不同颜色区域，如图 4-23（a）所示，由图 4-23（b）可知，合金基体是 Ni-Cr 和 Ni-Cr-Mo 的固溶体，腐蚀实验后，样品表面发生氧化氯化反应，W、Mo 元素扩散到表面，主要与 O 反应形成氧化物保护膜，阻止了 Cl 的进入。因此，谱图 2、3 处都没有检测到 Cl，只在最表面处检测到了 Cl。

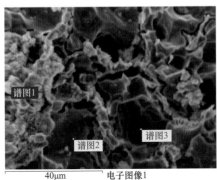

元素	谱图1	谱图2	谱图3
O	31.79	—	
Cl	1.00	—	
Cr	2.15	16.14	15.08
Ni	4.56	83.86	76.68
Mo	13.37	—	8.24
W	46.69		

(a) 合金点扫描　　　　　　　　(b) 元素质量百分比

图 4-23　18Mo 合金能谱点扫描分析

本节对 4 种不同 Mo 含量的合金样品分别进行 10%、20%的盐酸溶液全浸泡实验，通过失重法测得材料的平均腐蚀失重率，并做出了 168h 的腐蚀动力学曲线，对比不同 Mo 含量对合金 Ni-Cr-Mox 腐蚀性能的影响。利用扫描电子显微镜、能谱仪、X 射线衍射仪对合金样品腐蚀后的显微形貌、元素分布、产物组成进行分析。其结果归纳如下。

（1）10%HCl 和 20%HCl 的腐蚀实验结果均表明，添加 Mo 元素的合金样品 2、3、4 耐腐蚀性都优于不含 Mo 的 1 号样品，Mo 含量为 13 的 3 号样品具有最低的平均腐蚀率。

（2）腐蚀动力学曲线没有符合抛物线规律，基本呈现线性下降趋势。这是由于随着时间的延长，HCl 溶液挥发严重，同时，试样表面形成了保护性氧化膜，阻止腐蚀的进行。

（3）合金在盐酸中的腐蚀失重率随着 HCl 浓度的增加而增大。基本规律是 HCl 浓度从 10%增加到 20%，平均腐蚀失重率也增加了一倍。

（4）合金试样腐蚀实验之后表面变为黑色，黑色氧化皮很薄很脆，容易从表面除掉，但没有形成整体大面积剥落，表面组织比较致密。

（5）0Mo 的样品腐蚀产物主要是 Ni、Cr 的氧化物，多点处都检测到了 Cl 元素。合金腐蚀的最表面总是可以检测到大量的 Mo、W、O、Cl 元素，因此，腐蚀产物可能是 Ni－Cr－Mo 的氧化物及氯化物。

参 考 文 献

[1] 朱时清. 发展生态经济的关键问题——生物质转化的绿色化学 [J]. 安徽科技，2000：1.

[2] 吴创之，马隆龙. 生物质能现代化利用技术 [M]. 北京：化学工业出版社，2003：5－8.

[3] 王贤清. 关于发展生物质能源应注意的几个问题 [J]. 石油科技论坛，2008（1）.

[4] 牛焱，侯嫣. HCl 对沸腾流化床燃烧器换热管腐蚀和磨损影响的研究 [J]. 腐蚀科学与防护技术，1999（6）：321－329.

[5] PanW-P, Keene J, LIH, et al. The fate of chlorine in coal combustion [J]. Proeeedings, Eighth Conference onCoal Scienee, 1995：815－818.

[6] M. Kemdehoundj, J. F. Dinhut, J. L. Grosseau-Poussard. High temperature oxidation of Ni70Cr30 alloy: Determination of oxidation kinetics and stress evolution in chromia layers by Raman spectroscopy [J]. Materials Science and Engineering, 2006, 666～671.

[7] 赵青玲. 秸秆成型燃料燃烧过程中沉积腐蚀问题的试验研究 [D]. 南京：河海大学，2007：4－5，6－9，35－39.

[8] Haosheng Zhou, Peter Arendt Jensen, Flemming Jappe Frandsen. Dynamic mechanistic model of superheater deposit growth and shedding in a biomass fired grate boiler [J]. Fuel, 2007（86）：1519－1530.

[9] Danish Government. Energy 21 [M]. Copenhagen, 1996.

[10] 李远士，牛焱，吴维支. 几种工程材料及纯金属在 $ZnCl_2$/KCl 中的腐蚀 [J]. 腐蚀科学与防护技术，2001，13 增刊：428－430.

[11] Hanne Philbert Michelsen，Flemming Frandsen. Deposition and high temperature corrosion in a 10MW straw fired boiler [J]. Fuel Processing Technology, 1998(54): 99－105.

［12］ H. Othman, J. Purbolaksono, B. Ahmad. Failure investigation on deformed superheater tubes ［J］. Engineering Failure Analysis, 2009(16): 336 – 337.

［13］ Kristoffer Persson, Markus Broström, Jörgen Carlsson. High temperature corrosion in a 65 MW waste to energy plant ［J］. Fuel Processing Technology, 2007(88): 1178 – 1182.

［14］ M.A. Uusitalo, P.M.J. Vuoristo, T.A. Mantyla. High temperature corrosion of coatings and boiler steels below chlorine-containing salt deposits ［J］. Corrosion Science, 2004(46): 1321 – 1331.

［15］ Baxter LL, Miles TR, Miles TR Jr, et al. The behavior of inorganic material in biomass-fired power boilers—field and laboratory experiences: vol. II of Alkali deposits found in biomass power plants ［J］. National Renewable Energy Laboratory, 1996.

［16］ Sander B. Biomass and Bioenergy ［M］. 1997, 122：177 – 178.

［17］ Chou M.I.M., Lytle JM, Kung, et al. Corrosivities in a pilot-scale combustor of a British and two Illinois coals with varying chlorine contents［J］. Fuel Proeessing Technology, 2000, 3(1 – 3): 167 – 176.

［18］ Shigeo Uchide. The Source of HCl Emission from MunieiPal Refuse Incinerators ［J］. Ind. Eng. Chem. Res. 1998, 127：11.

［19］ Blander M, Pelton A D. The inorganic chemistry of the combustion of wheat straw ［J］. Biomass Bioenergy, 1997, 12(4): 295 – 298.

［20］ B.M. Jenkins, L.L. Baxter, T.R. Miles et al. Combustion properties of biomass ［J］. Fuel processing Technology, 1998(54): 17 – 46.

［21］ 段著春，肖军，王杰林，等. 生物质与煤共燃的研究 ［J］. 电站系统工程，2004，20（1）：1 – 40.

［22］ 宋鸿伟，郭民臣，王欣. 生物质燃烧过程中的积灰结渣特性 ［J］. 节能与环保，2003，9：29 – 31.

［23］ Tillman DA，Hughes E, Plasynski S. Commercializing biomass-coal cofiring: the process, status and prospect ［J］. Proceedings of the Pittsburgh Coal Conference, Pittsburgh, PA, 1999, 19(24): 11 – 13.

［24］ H.P. Nielsen, F.J. Frandsen, K. Dam-Johansen. The implications of chlorine-associated corrosion on the operation of biomass-fired boilers ［J］. Progress in Energy and Combustion Science, 2000(26): 283 – 298.

［25］ S. C. Cha. High temperature corrosion of superheater materials below deposited biomass ashes in biomass combusting atmospheres ［J］. Corrosion Engineering, Science and Technology, 2007, 42(1): 50 – 59.

［26］ Flemming Jappe Frandsen. Utilizing biomass and waste for power production-a decade of contributing to the understanding, interpretation and analysis of deposits and corrosion products. Fuel, 2005 (84): 1277 – 1294.

［27］ M.A. Uusitalo, T.A. Mantyla. Chlorine corrosion of thermally sprayed coatings at elevated temperatures ［J］. International Thermal Spray Conference, 2002：429 – 434.

［28］ K. Hidaka, K. Tanaka, S. Nishimura. Hot corrosion resistance of chromium-based alloy coating ［J］. High Temperature Society of Japan, 1995：609 – 614.

［29］ 宫恩祥，周生贵，徐绍生. 哈氏合金 HastelloyC276 在醋酸高速泵中的应用 ［J］.水泵技术，2009，1：36.

［30］ H. Katagiri, S. Meguro, M. Yamasaki, et al. An attempt at preparation of corrosion-resistant bulk amorphous Ni – Cr – Ta – Mo – P – B alloys ［J］. Corrosion Science, 2001(43): 183 – 191.

［31］ 黄建中，左禹. 材料的耐蚀性和腐蚀数据 ［M］. 北京：化学工业出版社，2003：204 – 235.

［32］ 杨瑞成，聂福荣，郑丽平. 镍基耐蚀合金特性、进展及其应用 ［J］. 甘肃工业大学学报，2002，28（4）：29 – 33.

［33］ 化学工业部化工机械研究院. 腐蚀与防护手册耐蚀金属材料及防蚀技术 ［M］. 北京：化学工业出版社，1990：440 – 448.

［34］ 陆世英. 镍基及铁镍基耐蚀合金 ［M］. 北京：化工工业出版社，1989：2.

［35］ 中国腐蚀与防护学会. 金属腐蚀手册 ［M］. 上海：上海科学技术出版社，1987：317 – 321.

［36］ Rebak. R. b. Nickel Alloy for Corrosive Environments ［J］. Advanced Materials and Processes，2000，157（2）：37 – 42.

［37］ 于海鹏，李荣德，赵博彦，等. 铸造镍铬钼铜新型耐磨蚀合金的局部腐蚀 ［J］. 沈阳工业大学学报，1994，16（3）：62 – 67.

［38］ 黄嘉琥. 镍钼合金的晶间腐蚀 ［J］. 化工腐蚀与防护，1995（3）：51 – 56.

［39］ 张翼. 真空熔结稀土镍基金属陶瓷高温及耐蚀性能的研究 ［D］. 合肥：合肥工业大学，2007：59.

［40］ 于润康. 全自动称重真空自耗电弧炉研制 ［J］. 真空，2004，41（4）：117 – 119.

［41］ 李久青，杜翠薇. 腐蚀试验方法及监测技术 ［M］. 北京：中国石化出版社，2007，5（11）：72 – 117.

5

垃圾焚烧锅炉防腐涂层的高温腐蚀特性

5.1 Ni-Cr-Mo 系合金涂层的高温氯腐蚀特性

5.1.1 Ni-Cr-Mo 系合金涂层高温腐蚀试验设计

Ni-Cr-Mo 系合金 C22 因为在极端环境里表现出了优异的耐蚀性而得到广泛关注，尤其是它的耐应力腐蚀性能和耐局部腐蚀性能，例如，点腐蚀、晶间腐蚀和裂纹腐蚀。Cr 是保证哈氏合金具有优异耐蚀性的主要合金元素之一。另外，高含量的 Cr 和 Mo 可形成 Cr 主导的钝化膜，其中，Mo 通过维持一个低的钝化电流从而促进钝化。再者，Mo 可通过形成不溶性 Mo 的化合物而促进快速的再钝化而抑制局部腐蚀。Co 可提高 C22 合金的高温氧化抗力。TP347H 不锈钢中 Ni 和 Cr 的含量很高，在腐蚀环境里可生成保护性的氧化皮，因此提了 TP347H 不锈钢的耐蚀性。另外，TP347H 不锈钢中 Ni 和 Cr 的含量配比正好构成了 $n/8$ 定律，因此显著提高了 TP347H 不锈钢的钝化性能。Ni 也可有效改善 Cl 引起的应力腐蚀，而 Cr 则可防止晶间腐蚀。元素 Nb 也可抑制晶间腐蚀和应力腐蚀。另外，Ni 可促进奥氏体的形成，显著改善不锈钢的力学性能，例如，弹性和韧性。

本节对比研究了 C22 合金涂层、C22 合金和 TP347H 不锈钢在熔融氯盐腐蚀环境中的腐蚀状况。为了能够系统地研究三种材料从较低腐蚀温度到较高腐蚀温度下的腐蚀机理，分别进行了 450、500、550、600、650、700℃和 750℃ 7 个温度点的等温腐蚀实验。另外，本次实验还利用不同配比的 KCl 和 NaCl 固体混合物来模拟碱金属氯化物的熔融氯盐腐蚀环境。在不同腐蚀温度下得到腐蚀失质量曲线图来表征三种材料的腐蚀性，同时，利用不同的分析检测手段对腐蚀行为和腐蚀机理进行了详尽的分析。

5.1.2 高温碱金属氯化物熔盐腐蚀实验

5.1.2.1 实验样品

涂层基体为 TP347H 不锈钢管。在进行涂层制备之前，要用角磨机对钢管表面进行除锈处理，之后用丙酮清洗以除掉管道表面的油渍。样品 A1（TP347H 不锈钢，$20mm \times 10mm \times 5mm$）是从 TP347H 不锈钢管上直接线切割得到的；样品 A2（C22 合金）是从纯 C22 合金锻压件上线切割得到的，尺寸为 $20mm \times 10mm \times 3mm$。300 目的 C22 粉末直接熔覆在 TP347H 不锈钢管道表面，经过多道熔覆制备的 C22 合金涂层约有 3.5mm厚，然后用线切割技术将 C22 合金涂层切成样品 A3（C22 合金涂层），尺寸为 $20mm \times 10mm \times 2mm$。

整个实验过程中每个样品都有 14 个，因为每个腐蚀试剂在每个温度点下的腐蚀实验由一个样品独立完成。在不同试剂及不同温度下腐蚀的样品的原始质量见表 5-1，实验合金的化学成分见表 5-2。在进行腐蚀实验前，所有样品都要在超声波丙酮浴中进行清洗，然后用去离子水清洗，最后放在干燥器中烘干并保存。

表 5-1 　　　　　　　　　在不同试剂及不同温度下腐蚀的样品的原始质量 　　　　　　　　　（g）

样品编号	温度（℃）						
	450	500	550	600	650	700	750
A1（R1）	7.8192	8.7172	8.6414	7.3473	8.8574	8.4458	8.8593
A1（R2）	7.9346	8.7679	8.5698	7.3754	8.0499	8.8870	8.8599
A2（R1）	5.1173	5.1033	5.0764	5.0999	4.8118	5.0214	5.0688
A2（R2）	5.1178	5.0754	5.0632	5.0329	5.0804	5.0580	5.0479
A3（R1）	3.4199	2.7731	3.4116	3.5138	3.4597	3.4918	3.2434
A3（R2）	3.5576	3.0008	3.8324	3.0481	3.4363	3.3167	3.3344

表 5-2 　　　　　　　　　　　　　　　实验合金的化学成分

测试样品	元素比例 [%（质量百分比）]										
	Ni	C	Cr	Mo	Mn	Fe	Si	Co	V	W	Nb
C22 涂层	Bal.	0.08	21.30	13.20	—	<3.00	—	2.00	—	3.00	—
C22 合金	Bal.	≤0.001	20.00~22.50	12.50~14.50	≤0.50	2.00~6.00	≤0.08	≤2.50	≤0.35	2.50~3.50	—
TP347H	9.00~13.00	≤0.10	17.00~20.00	—	≤2.00	Bal.	≤1.00	—	—	—	1.4

5.1.2.2 高温氯腐蚀实验过程

根据《生物质中灰分的标准测试方法》（ASTME 1755—01）和 ASTME 0870—82R98E01 计算得到两种不同配比的 KC1 和 NaCl 混合物分别用来模拟熔盐腐蚀环境，用配比为 98.6%（质量百分比）KC1 和 1.4%（质量百分比）NaCl 固体混合物（R1）、95.5%（质量百分比）KC1 和 4.5%（质量百分比）NaCl 固体混合物（R2）两种混合物用来模拟熔盐腐蚀环境[19,42]。

在进行腐蚀实验之前,把 R1 和 R2 分别放在两个刚玉坩埚舟(80mm×20mm×15mm)中，然后把试样 A1、A2 和 A3 彼此相隔约 5mm 埋在盐中。由于考虑到熔盐处于不断流动和挥发的状态中，而且电阻炉中的等温区域在一个很小的区域内，所以要把三个样品在每个腐蚀周期中都放在坩埚内的同一位置，然后也把坩埚放在电阻炉中的等温区域内以保持实验的可持续性和一致性。

等温腐蚀实验在管式电阻炉中进行，温度分别为 450、500、550、600、650、700℃和 750℃，腐蚀周期为 12h，一共进行 9 个周期，共计 108h。电阻炉用电热合金 0Cr27A17Mo2 进行加热，电阻炉的温度通过温度控制仪输入，温度控制仪与放在电阻炉等温区域内的热电偶相连。热电偶测量等温区域内的温度，然后把温度信号传送给温度控制仪，温度控制仪根据接收到的温度信号来控制电阻炉电压的开关从而实现电阻炉的温控在±1℃。

在电阻炉的温度完全稳定后，把刚玉坩埚用一个焊接的铁棒送进电阻炉的等温区域进行腐蚀实验。在一个腐蚀周期结束后，把坩埚迅速从电阻炉中取出，并放于室温中冷却。两个腐蚀试剂的熔点是不同的，R1 和 R2 在每个温度下的熔化情况见表 5-3。由于腐蚀试剂在高温下会熔化，所以腐蚀试剂在每个腐蚀周期中都要更换。

表 5-3   R1 和 R2 在每个温度下的熔化情况

腐蚀试剂	温度（℃）						
	450	500	550	600	650	700	750
R1	未熔	未熔	未熔	未熔	微熔	部分熔化	完全熔化
R2	未熔	未熔	未熔	微熔	部分熔化	完全熔化	完全熔化

由于腐蚀产物很容易剥落，而且一些残留的腐蚀试剂会粘在腐蚀产物上，所以难以得到准确的腐蚀增质量实验数据。基于此，本实验选择测量腐蚀失质量来表征三种样品的耐蚀性。计算公式为

$$\gamma_{corr} = \frac{\Delta m}{A} \tag{5-1}$$

式中　　Δm ——随时间增长的累积失质量，g；

　　　　A ——三个样品原始的表面积，m^2（A1，$0.0007m^2$；A2，$0.00058m^2$；A3，$0.00052m^2$）。

样品的质量用精确度为 $\pm 0.01mg$ 的电子天平进行测量。由于 A1 在 450℃下腐蚀及 A2 和 A3 在 450℃和 500℃下腐蚀没有观察到腐蚀产物剥落现象，所以没有进行相应的腐蚀实验。

在完全冷却后，把样品从腐蚀试剂中取出，用洗耳球轻轻地吹一吹，然后用镊子在样品表面轻轻地敲击以加速腐蚀产物的剥落，剥落下来的腐蚀产物用烧杯收集起来。之后把样品浸泡在密度为 25%（质量百分比），温度为 80℃的盐酸浴中以进一步去除腐蚀产物[44]。由于腐蚀试剂是氯盐，选取盐酸作为酸洗试剂可有效避免引入杂质粒子。

在腐蚀之后，A1 的腐蚀产物中主要是 Fe_xO_y 氧化物，而 A2 和 A3 的腐蚀产物中主要是 NiO。Fe_xO_y 比 NiO 易被盐酸溶解，所以 A1 的酸洗时间相对短于 A2 和 A3。样品在越高的温度下腐蚀生成的腐蚀产物通常需要越长的酸洗时间来除掉。实验发现，A1 的酸洗时间大约在 4～8min，A2 和 A3 在 10～25min，腐蚀温度越高，酸洗时间越长。在这个酸洗时间内，通常腐蚀产物可被除掉，也不会发生过腐蚀。酸洗后的样品随即放入超声波去离子水中清洗，然后干燥称重，再进行下一个腐蚀周期。

在最后一个腐蚀周期进行完后，样品不进行酸洗，也不收集腐蚀产物以便进行腐蚀产物腐蚀形貌观察。观察腐蚀产物形貌用扫描电子显微镜（SEM，S-4800HITACHI）的二次电子模式。腐蚀产物中的成分及含量用 X 射线能量色散谱（EDS，Bruker）来测量，所使用的 EDS 的电子束分辨率是 123eV，加速电压是 20kV，电子束斑的尺寸大约为 1μm。该 EDS 所能检测到的极限元素含量是 0.1%，这意味着腐蚀产物中含量高于 0.1%（质量百分比）的元素可以被检测到。通常情况下，原子序数大于 10 的元素可用 EDS 相对准备地检测出来，而原子序数小于 10 的轻元素通常检测的结果不准。至于 EDS 点扫描，它检测的是以这个点为中心，检测半径大约为 1μm 的圆形区域内的所有元素含量。由于 EDS 点扫描可给出一个选定的点的半定量元素分析数据，所以 EDS 点扫描结果仍然有研究和参考的价值。

样品的断面用 400～1200 号的连续 SiC 砂纸打磨，并抛光和干燥，然后用光学显微镜（4XBC）进行观察。由于收集的腐蚀产物中残留了一些腐蚀盐，所以在用 X 射线衍射仪（XRD）进行相分析之前要用去离子水清洗收集的腐蚀产物，并在干燥后研磨成粉末。XRD 使用 Cu 靶，扫描速度是 8°/min，20min 温度从 10°升高到 90°，加速电压为 40kV，电流为 100mA。

本节介绍了高温碱金属氯化物熔盐腐蚀实验的实验材料和实验方法。其中，实验材料包括 TP347H 不锈钢、C22 块体合金及 C22 合金涂层。在本次实验中，每种样品都使用了 14 个。腐蚀试剂是不同质量配比的 KCl 和 NaCl 固体试剂，其中，用配比为 98.6%

（质量百分比）KCl 和 1.4%（质量百分比）NaCl 固体混合物用来模拟熔盐腐蚀环境，而配比为 95.5%（质量百分比）KCl 和 4.5%（质量百分比）NaCl 固体混合物则用来模拟农业生物质的熔盐腐蚀环境。

高温腐蚀实验在管式电阻炉中进行，腐蚀温度为 450、500、550、600、650、700℃和 750℃，腐蚀周期为 12h，一共进行 9 个周期，共计 108h。三种样品的耐蚀性通过腐蚀失质量进行表征，三种样品的腐蚀机理则通过各种分析测试仪器进行检测和分析，其中，样品的表面腐蚀产物形貌利用扫描电子显微镜（SEM）进行观察，腐蚀产物的成分组成利用能量色散谱（EDS）进行检测，腐蚀产物的相组成利用 X 射线衍射（XRD）仪分析，最后用光学显微镜对三种样品在腐蚀 108h 后的断面进行观察。

5.1.3　TP347H 不锈钢的高温氯腐蚀

TP347H 不锈钢（A1）的失质量曲线，如图 5-1 所示。A1 是在 500～750℃下，于两种试剂在空气气氛下腐蚀 96h 之后经过浓度为 25%（质量百分比）、温度为 80℃的盐酸水浴酸洗 4～8min 后的失质量。A1 在 500～650℃下于两种试剂中腐蚀之后的失质量曲线几乎都呈直线形式，而且失质量随着腐蚀时间的增加而增加。由于曲线的斜率随着温度的升高而增大，说明温度越高失质量越大，即腐蚀速率越高。为避免过酸洗，样品表面还残留有一小部分腐蚀产物没有被去掉，这减小了腐蚀失质量。另外，在 650～750℃下腐蚀样品表面产生了结渣现象，它也影响了实际失质量的测量结果。因此，A1 在 700℃下于腐蚀试剂 R2 中腐蚀 72h 后的失质量比在 650℃下小，在 750℃下于腐蚀试剂 R1 和R2 中腐蚀开始时的失质量比 650～700℃时小。再者，TP347H 不锈钢发生了晶间腐蚀，在晶界处产生的腐蚀产物无法通过酸洗去除，而且 A1 在经过 96h 的腐蚀后，表面积减小得也很严重，尤其是在 700～750℃腐蚀后，表面积几乎是原始表面积的一半左右，而失质量始终是按照原始表面积进行计算，所以 A1 的实际失质量大约是图 5-1 中呈现的两倍，而且腐蚀温度越高，倍数越大。从图 5-1 中可看到，在不同腐蚀温度下，两种腐蚀试剂对 A1 的失质量影响很小，所以可以得出结论，两种氯盐混合物对 TP347H 不锈钢的腐蚀性是相似的。

TP347H 不锈钢（A1）在不同温度下于 R1 中在空气环境下腐蚀 12h 后表面腐蚀形貌 SEM 照片及 EDS 点扫描结果，如图 5-2 所示。A1 在 R2 中腐蚀行为及腐蚀产物的成分与在 R1 中相似，所以图 5-2 中只呈现了 A1 在 R1 中的腐蚀形貌。在较低温度下[图 5-2（a）]，可以看到样品表面生成了一层较平整的腐蚀产物，而且还有一些显微裂纹。然后在 550℃时生成了颗粒状的相[图 5-2（b）]。随着腐蚀温度的升高，颗粒相逐渐长大，生成了多层的腐蚀产物[图 5-2（c）]。根据 EDS 结果，富含 Fe、Ni 的氧化物是腐蚀产物中的主要相。外层腐蚀产物中 Cr 的含量（点 A）比内层腐蚀产物（点 B）低。

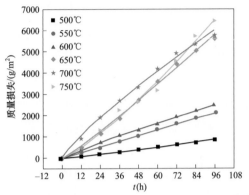

(a) 98.6%（质量百分比）KCl和1.4%（质量百分比）NaCl的试剂

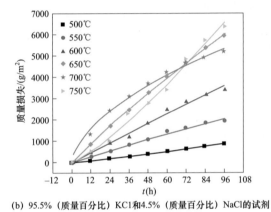

(b) 95.5%（质量百分比）KCl和4.5%（质量百分比）NaCl的试剂

图 5-1 TP347H 不锈钢（A1）的失质量曲线

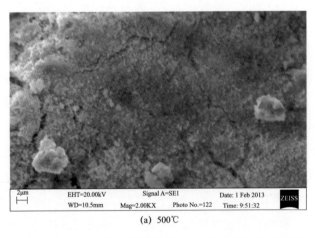

(a) 500℃

图 5-2 TP347H 不锈钢（A1）在不同温度下于 R1 中在空气环境下腐蚀 12h 后表面
腐蚀形貌 SEM 照片及 EDS 点扫描结果（一）

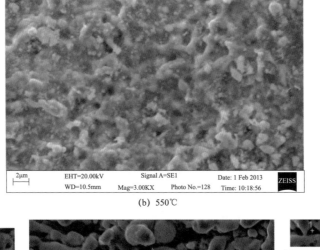

(b) 550℃

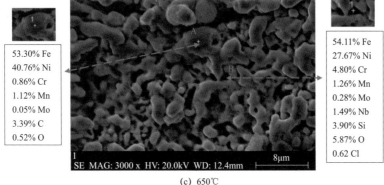

53.30% Fe
40.76% Ni
0.86% Cr
1.12% Mn
0.05% Mo
3.39% C
0.52% O

54.11% Fe
27.67% Ni
4.80% Cr
1.26% Mn
0.28% Mo
1.49% Nb
3.90% Si
5.87% O
0.62 Cl

(c) 650℃

图 5-2　TP347H 不锈钢（A1）在不同温度下于 R1 中在空气环境下腐蚀 12h 后表面
腐蚀形貌 SEM 照片及 EDS 点扫描结果（二）

这表明样品表面生成的 Cr_2O_3 膜可能被破坏了，而且腐蚀介质向内扩散继续腐蚀基体。一些 Cl 也在内层腐蚀产物中被检测到了，但是在外层腐蚀产物中没有检测到。这个发现表明腐蚀产物中生成了一些氯化物，而且这些氯化物可能易挥发或是转化成氧化物前的中间化合物。由于 TP347H 不锈钢的组成中没有 Mo，所以在腐蚀产物中检测到的 Mo 可能来自 C22 合金或 C22 涂层，因为这三个样品被放在一个坩埚内且彼此离得比较近，而 C22 合金的腐蚀产物中检测到的 Nb 可能来自 TP347H 不锈钢。

　　当腐蚀温度升高到 700℃（对于腐蚀试剂 R2 是 650℃），在 A1 表面出现了结渣现象。TP347H 不锈钢在 700℃下于 98.6%（质量百分比）KCl 和 1.4%（质量百分比）NaCl 中空气气氛里腐蚀 12h 的表面腐蚀产物的结渣形貌，如图 5-3 所示。结渣一般是由于熔融和半熔融灰粒沉积在受热面表面形成的。在这项实验研究中，通过 EDS 检测到了熔融的 KCl 颗粒。相似的结渣形貌和成分组成在 R2 中也检测到了。当结渣产生，晶间腐蚀就会加重，而且在基体合金表层晶界处生成的腐蚀产物就会与熔渣相混合。如果酸洗将熔渣完全除掉，那么表层的基体合金也被破坏掉了。为避免过度酸洗，还残留有一部分腐蚀产物。R1 和 R2 的熔点大约分别是 700℃和 650℃，所以结渣现象的产生可能与两种试剂的液态转变相一致。

4.82% Fe
1.10% Cr
0.09% Mn
0.66% Mo
0.37% Nb
45.21% K
40.98% Cl
6.63% C
0.13% Si

10.94% Fe
0.01% Cr
0.90% Ni
0.76% Mn
0.86% Mo
0.03% Nb
28.91% K
29.52% Cl
0.01% Si
28.06% O

图 5-3　TP347H 不锈钢在 700℃下于 98.6%（质量百分比）KC1 和 1.4%（质量百分比）
NaCl 中空气气氛里腐蚀 12h 的表面腐蚀产物的结渣形貌

　　TP347H 不锈钢（A1）在 700～750℃下于两种腐蚀试剂中空气气氛里腐蚀 108h 的断面光学显微照片，如图 5-4 所示。通过晶界的腐蚀可以很清晰地看到晶间腐蚀，它从合金的表面向内扩散。这意味着 TP347H 不锈钢在熔融氯盐中的腐蚀失效主要是由于晶界腐蚀。通过分别比较图 5-4（a）和图 5-4（c），以及图 5-4（b）和图 5-4（d）可看

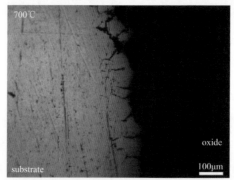

(a) 98.6%（质量百分比）KC1 和1.4%（质量百分比）NaCl的腐蚀试剂

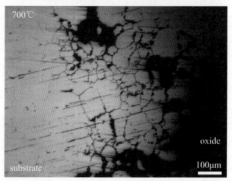

(b) 95.5%（质量百分比）KC1和4.5%（质量百分比）NaCl的腐蚀试剂

图 5-4　两种腐蚀试剂对 TP347H 不锈钢（A1）腐蚀 108h 的断面光学显微照片（一）

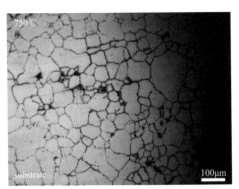

(c)　98.6%（质量百分比）KCl 和1.4%（质量百分比）NaCl的腐蚀试剂

(d)　95.5%（质量百分比）KCl和4.5%（质量百分比）NaCl的腐蚀试剂

图 5-4　两种腐蚀试剂对 TP347H 不锈钢（A1）腐蚀 108h 的断面光学显微照片（二）

出，晶间腐蚀随着温度的升高呈现出一个明显的增长趋势，而且 750℃下，TP347H 不锈钢的晶间腐蚀在两种试剂中扩散得都很深。所以 TP347H 不锈钢的腐蚀失质量要显示得多，尤其在较高的腐蚀温度下。

　　TP347H 不锈钢（A1）在 700～750℃下于 R1 中空气气氛里腐蚀 108h 断面的 EDS 结果，如图 5-5 所示。A1 在 R2 中的腐蚀的 EDS 检测结果与在 R1 中相似，因此，图 5-5 中只列出了后者的结果。通过 EDS 点扫描的结果可看出，晶界处的腐蚀产物主要是由富含 Fe 的氧化物和一些含 Cr 和 Ni 的氧化物组成。不能判断生成了金属氯化物，因为没有检测到元素 Cl。相似的实验结果在 EDS 线扫描中也观察到了。晶界处的 O 含量比晶粒内高 [图 5-5（b）]，所以可判断发生了 Fe、Cr 和 Ni 的氧化。Cr_2O_3 和 NiO 的生成消耗了 Cr 和 Ni，所以产生了贫 Cr、Ni、Fe 的晶界。Cr 和 Ni 由晶粒内部向晶界扩散 [图 5-5（b）]。晶界处较低的 Fe 含量可能是由于 Fe 的严重氧化，因为在点 0 处检测到了 52.55%（质量百分比）的 Fe，除了氧化物，还生成了一些碳化物。

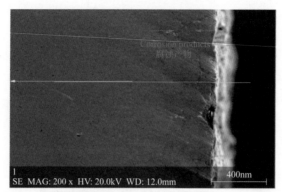

(a) 700℃，98.6%（质量百分比）KCl和1.4%（质量百分比）NaCl的腐蚀介质

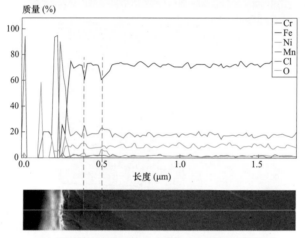

(b) EDS线扫描能谱及0点处（晶界）点扫描显示的成分组成

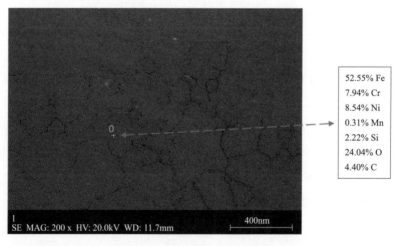

(c) 750℃，98.6%（质量百分比）KCl和1.4%（质量百分比）NaCl的腐蚀介质

图 5-5   TP347H 不锈钢（A1）在 700～750℃下于 R1 中空气气氛里
腐蚀 108h 断面的 EDS 结果

TP347H 不锈钢在 500～750℃下于两种腐蚀试剂中空气气氛里腐蚀 96h 后表面形成腐蚀产物的 XRD 图谱，如图 5-6 所示。可看到，在 A1 的表面主要形成了一层富含 Fe 的氧化皮。在 700℃以下，富含 Fe 的相的峰对应的化合物是 Fe_2O_3、Fe_3O_4、$NiFe_2O_4$ 或 $Ni_{1.43}Fe_{1.7}O_4$。然后在 700～750℃腐蚀时，Fe_3O_4 成了唯一的铁的氧化物，这表明 Fe_2O_3 可能被熔盐溶解了。在 700℃下，两种试剂中都检测到了少量的 Cr_2O_3 衍射峰，但是 Cr_2O_3 在 700℃时消失了，因此降低了 A1 的耐蚀性。在较高的 700℃和 750℃，也检测到了含 Mn 的化合物。KC1 衍射峰的存在是由于残留的腐蚀试剂混入了腐蚀产物中。由于腐蚀产物在进行 XRD 分析之前用去离子水洗过，所以金属氯化物在这个过程中可能被溶解了，因此没有检测出金属氯化物。

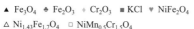

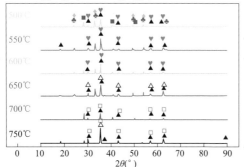

t(℃)	成份识别
500	$Fe_3O_4+Fe_2O_3+Cr_2O_3+NiFe_2O_4+KCl$
550	$Fe_3O_4+Fe_2O_3+Cr_2O_3+NiFe_2O_4$
600	$Fe_3O_4+Fe_2O_3+Cr_2O_3+NiFe_2O_4+KCl$
650	$Fe_3O_4+Fe_2O_3+Cr_2O_3+Ni_{1.43}Fe_{1.7}O_4$
700	$Fe_3O_4+NiMn_{0.5}Cr_{1.5}O_4+KCl$
750	$Fe_3O_4+NiMn_{0.5}Cr_{1.5}O_4+KCl$

(a) 98.6%（质量百分比）KCl和1.4%（质量百分比）NaCl的腐蚀试剂

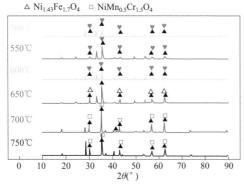

t(℃)	成份识别
500	$Fe_3O_4+Fe_2O_3+Cr_2O_3+NiFe_2O_4+KCl$
550	$Fe_3O_4+Fe_2O_3+Cr_2O_3+NiFe_2O_4$
600	$Fe_3O_4+Fe_2O_3+Cr_2O_3+NiFe_2O_4+KCl$
650	$Fe_3O_4+Fe_2O_3+Cr_2O_3+Ni_{1.43}Fe_{1.7}O_4$
700	$Fe_3O_4+NiMn_{0.5}Cr_{1.5}O_4+KCl$
750	$Fe_3O_4+NiMn_{0.5}Cr_{1.5}O_4+KCl$

(b) 95.5%（质量百分比）KCl和4.5%（质量百分比）NaCl的腐蚀试剂

图 5-6　TP347H 不锈钢在 500～750℃下于两种腐蚀试剂中空气气氛里腐蚀 96h 后表面形成腐蚀产物的 XRD 图谱

5.1.4　Ni-Cr-Mo 系镍基合金的高温氯腐蚀

C22 合金（A2）在 550～750℃下于两种腐蚀试剂中空气气氛里腐蚀 96h 后，用 25%

（质量百分比）、80℃的盐酸水浴酸洗 10～25min 去除腐蚀产物后的腐蚀失质量曲线，如图 5-7 所示。图 5-7 中，550℃下的测量结果放大了 10 倍。在 R1 中腐蚀，最大的失质量出现在 700℃，在 R2 中出现在 650℃，然后在 750℃下于 R1 中的腐蚀和在 700～750℃于 R2 中的腐蚀的失质量都很低。温度的升高并没有导致失质量增加，这说明腐蚀在更高的温度下并没有加重。这一有趣的发现可能归因于 R1 和 R2 的熔化状态，因为 R1 和 R2 分别在 750℃和 700℃完全熔化。

在腐蚀了 96h 后，A2 的表面积减小得很轻微，这意味着 A2 的耐蚀性较好。A1 在 R1 中腐蚀 96h 后的最大失质量是 6391g/m²，出现在 700℃，在 R2 中是 6397g/m²，出现在 750℃。至于 A2，在 R1 中是 3855g/m²，出现在 700℃，在 R2 中是 2958g/m²，出现在 650℃。考虑到 A1 在晶界处产生的腐蚀产物及严重缩小的表面积，可见 A2 的耐蚀性要远好于 A1。如果比较在 750℃时的数据，A1 和 A2 的耐蚀性就更加明显。

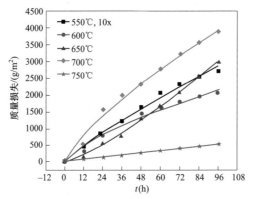

(a) 98.6%（质量百分比）KCl和1.4%（质量百分比）NaCl的腐蚀试剂

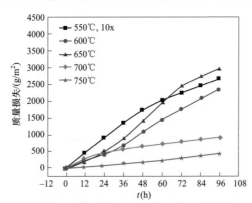

(b) 95.5%（质量百分比）KCl和4.5%（质量百分比）NaCl的腐蚀试剂

图 5-7　C22 合金（A2）在 550～750℃下于两种腐蚀试剂中空气气氛里腐蚀 96h 后，用 25%（质量百分比）、80℃的盐酸水浴酸洗 10～25min 去除腐蚀产物后的腐蚀失质量曲线

C22 合金（A2）在不同温度下于 R2 中空气气氛里腐蚀 12h 后的 SEM 表面形貌照片和 EDS 点扫描结果，如图 5-8 所示。A2 在 R1 中的腐蚀行为及腐蚀产物的组成与在 R2

中腐蚀相似，所以图 5-8 中只列出了在 R2 中腐蚀的结果。

在 450℃时，在 A2 表面观察到了明显的层状的富含 Ni、Cr、Mo 的腐蚀产物 [图 5-8（a）]。腐蚀产物非常平整，表明 A2 的腐蚀很轻，然后随着温度的升高，腐蚀开始加重。在 600℃时，针状的富 Ni 腐蚀产物覆盖在 A2 表面 [图 5-8（b）]。点 B 处检测到的 Cr 和 Mo 的含量相较于点 A 下降了很多，这表明发生了选择性腐蚀，即表层腐蚀产物中富含 Cr 和 Mo 的氧化物被溶解了，而这些被溶解的腐蚀产物的挥发性可能随着温度的升高而加强，因为当腐蚀温度升高到 650℃时，观察到了一个特别的纤维状时效

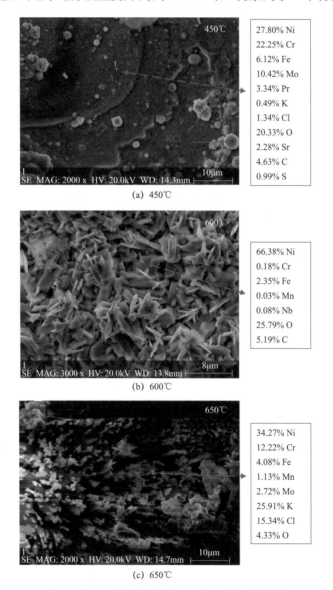

图 5-8　C22 合金（A2）在不同温度下于 R2 中空气气氛里腐蚀 12h 后的 SEM
表面形貌照片和 EDS 点扫描结果

形貌［图 5-8（c）］。因为时效现象的发生，在腐蚀产物覆盖下的新鲜基体就会不断被暴露在腐蚀介质中，进而被腐蚀，就形成了多层腐蚀形貌。比较点 B（外层腐蚀产物）和点 C（内层腐蚀产物）的 EDS 结果可发现，点 C 处 Cr 和 Mo 的含量很高，尤其是 Cr。这一发现表明外层腐蚀产物中一些富含 Cr 和 Mo 的氧化物的溶解和挥发使外层腐蚀产物无法阻挡腐蚀介质的侵入，由此，内层的新鲜基体合金就被腐蚀了。Ni 的化合物的稳定性要优于 Cr 和 Mo 的化合物，因而 A2 和 A 在高温熔盐中的耐蚀性较好。

当腐蚀温度升高到 700℃时，A2 在 R2 中腐蚀观察到了结渣现象。两种腐蚀试剂的结渣温度都是 700℃。由于 SEM 和 EDS 检测到了相似的结渣形貌和元素组成，所以图 5-9 中只列出了 C22 合金在 700℃下于 95.5%（质量百分比）KC1 和 4.5%（质量百分比）NaC1 中空气气氛里腐蚀 12h 的表面结渣形貌。当生成熔渣后，纤维状的形貌（图 5-9）就消失了，但是多层腐蚀产物还是很明显。EDS 结果也揭示了 A2 的腐蚀产物中主要含有富 Ni 相，而且内层腐蚀产物中 Cr 的含量较高（点 B）。

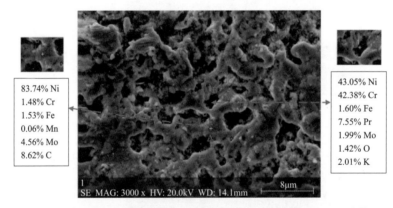

83.74% Ni
1.48% Cr
1.53% Fe
0.06% Mn
4.56% Mo
8.62% C

43.05% Ni
42.38% Cr
1.60% Fe
7.55% Pr
1.99% Mo
1.42% O
2.01% K

图 5-9　C22 合金在 700℃下于 95.5%（质量百分比）KC1 和 4.5%（质量百分比）NaC1 中空气气氛里腐蚀 12h 的表面结渣形貌

C22 合金（A2）在 750℃下于两种腐蚀试剂中空气气氛里腐蚀 108h 的断面光学显微照片，如图 5-10 所示。从图 5-10 中可看到由红色虚线突出显示的典型的奥氏体等轴晶粒。观察到的晶粒表明晶粒的晶界被腐蚀了，因此发生了晶间腐蚀。这一发现表明 C22 合金在熔盐中腐蚀的腐蚀时效原因也主要是晶间腐蚀。由于样品的断面在进行光学显微镜观察前没有用任何溶液侵蚀过，所以发生的晶间腐蚀一定是由于两种熔融氯盐腐蚀介质。但是从图 5-10 中可看到，晶界腐蚀不是非常的明显，这表明 A2 在 750℃下的晶界腐蚀是很轻的。这也说明 C22 合金的耐蚀性优于 TP347H 不锈钢，并且晶界处形成的腐蚀产物对腐蚀失质量的贡献很少。

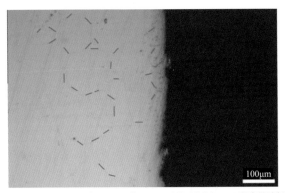

(a) 98.6%（质量百分比）KCl 和1.4%（质量百分比）NaCl的腐蚀试剂

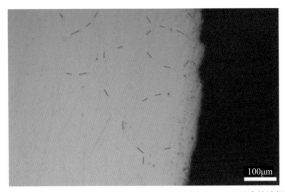

(b) 95.5%（质量百分比）KCl和4.5%（质量百分比）NaCl的腐蚀试剂

图 5－10　C22 合金（A2）在 750℃下于两种腐蚀试剂中空气气氛里
腐蚀 108h 的断面光学显微照片

C22 合金（A2）在 550～750℃下于两种腐蚀试剂中腐蚀 96h 后表面生成的腐蚀产物的 XRD 图谱，如图 5－11 所示。NiO 的衍射峰检测到了，而且 EDS 的结果表明 NiO 的含量很高。NiO 的形成可能解释了 A2 和 A3 较好的耐蚀性。在每个温度点下，两种试剂腐蚀后都检测到了 Cr_2O_3 在 700～750℃，$Cr_{1.12}Ni_{2.88}$ 也是主相，尤其是在 R2 中腐蚀之后。根据图 5－11 中的 EDS 结果可发现，存在一些含 Mo 的氧化物，尽管含量比 NiO 要少。在较低温度下，Mo 的氧化物是 MoO_2，但是匹配到了 $CrMoO_3$ 峰的存在。这一发现表明，MoO_2 在高温下溶解了。通过比较图 5－11（a）和 5－11（b）还可发现一个有趣的现象，即 R2 中检测到的相与 R1 中高 50℃时的相相似，因此可得出结论，是两种腐蚀试剂的熔化情况导致了腐蚀产物中相似的相组成。

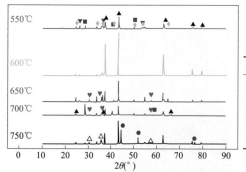

▲ NiO ◆ Cr$_2$O$_3$ ■ KCl ▼ MoO$_2$ □ CrMoO$_3$

♥ NiFe$_2$O$_4$ △ Ni$_{1.43}$Fe$_{1.7}$O$_4$ ● Ni$_{1.12}$Cr$_{2.88}$

t(℃)	成份识别
550	NiO+Cr$_2$O$_3$+MoO$_2$+KCl
600	NiO+Cr$_2$O$_3$+MoO$_2$
650	NiO+Cr$_2$O$_3$+MoO$_2$+NiFe$_2$O$_4$
700	NiO+Cr$_2$O$_3$+CrMoO$_3$+NiFe$_2$O$_4$+KCl
750	NiO+Cr$_2$O$_3$+CrMoO$_3$+Ni$_{1.43}$Fe$_{1.7}$O$_4$+Cr$_{1.12}$Ni$_{228}$+KCl

(a) 98.6%（质量百分比）KCl和1.4%（质量百分比）NaCl的腐蚀试剂

▲ NiO ◆ Cr$_2$O$_3$ ■ KCl ▼ MoO$_2$ □ CrMoO$_3$

♥ NiFe$_2$O$_4$ △ Ni$_{1.43}$Fe$_{1.7}$O$_4$ ● Ni$_{1.12}$Cr$_{2.88}$

t(℃)	成份识别
550	NiO+Cr$_2$O$_3$+MoO$_2$+KCl
600	NiO+Cr$_2$O$_3$+MoO$_2$+CrMoO$_3$+NiFe$_2$O$_4$+KCl
650	NiO+Cr$_2$O$_3$+MoO$_2$+CrMoO$_3$+NiFe$_2$O$_4$+KCl
700	NiO+Cr$_2$O$_3$+CrMoO$_3$+Ni$_{1.43}$Fe$_{1.7}$O$_4$+Cr$_{1.12}$Ni$_{228}$+KCl
750	NiO+Cr$_2$O$_3$+CrMoO$_3$+Ni$_{1.43}$Fe$_{1.7}$O$_4$+Cr$_{1.12}$Ni$_{228}$

(b) 95.5%（质量百分比）KCl和4.5%（质量百分比）NaCl的腐蚀试剂

图5-11 C22合金（A2）在550～750℃下于两种腐蚀试剂中腐蚀96h后
表面生成的腐蚀产物的XRD图谱

5.1.5 Ni-Cr-Mo系镍基合金涂层的高温氯腐蚀

图5-12是C22合金涂层（A3）在550～750℃下于两种腐蚀试剂中空气气氛里腐蚀96h之后，经过浓度为25%（质量百分比）、温度为80℃的盐酸水浴酸洗10～25min去除腐蚀产物后的失质量曲线，如图5-12所示。图5-12中，550℃下的测量结果放大了10倍。A3在两种腐蚀试剂中腐蚀96h后，最大的腐蚀失质量（在R1中是1778g/m^2，在R2中是1777g/m^2）都出现在650℃。与A1和A2相比，A3在腐蚀了96h后的腐蚀失质量最小，因此耐蚀性最好。在腐蚀小于72h时，A3在R1中腐蚀的失质量700℃下比650℃下高，但随着腐蚀时间的增长，情况正好相反［图5-12（a）］。这可能是由于700℃时，样品表面的腐蚀产物没有被完全去掉而引起了实验误差，降低了腐蚀失质量。A3在750℃下于R1中腐蚀和在700～750℃下于R2中腐蚀的失质量都很小。除腐蚀溶剂的完全液化外，细化的晶粒也可提高耐蚀性。在腐蚀了96h后，A3的表面积也几乎没有变化，这也

表明 A3 的耐蚀性要好于 A1。

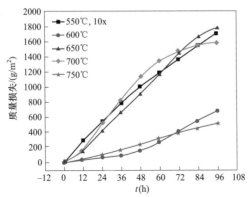

(a) 98.6%（质量百分比）KCl和1.4%（质量百分比）NaCl的腐蚀试剂

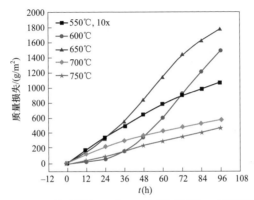

(b) 95.5%（质量百分比）KCl和4.5%（质量百分比）NaCl的腐蚀试剂

图 5-12　**C22 合金涂层（A3）在 550～750℃下于两种腐蚀试剂中空气气氛里腐蚀 96h 之后，经过浓度为 25%（质量百分比）、温度为 80℃ 的盐酸水浴酸洗 10～25min 去除腐蚀产物后的失质量曲线**

C22 合金涂层（A3）在不同温度下于 R2 中空气气氛里腐蚀 12h 后表面生成的腐蚀产物的 SEM 形貌照片及 EDS 点扫描结果，如图 5-13 所示。A3 在 R1 中的腐蚀行为及腐蚀产物的成分与在 R2 中相似，所以图 5-13 只给出 A3 在 R2 中的腐蚀结果。在 450℃下，腐蚀产物具有很好的完整性 [图 5-13（a）]。尽管可以看到一些腐蚀裂纹，但是腐蚀产物呈现出一个很平整的表面形貌，表明 A3 的腐蚀很轻。A3 的腐蚀产物主要是富 Ni、Cr 的氧化物。在腐蚀温度高于 600℃ 后，升高的腐蚀温度会加重腐蚀，而且腐蚀产物也会从样品表面剥落。在 600℃ 时，A3 表面生成的腐蚀产物的完整性被破坏了，生成了小的颗粒状的富 Ni 化合物（主要是 NiO）[图 5-13（b）]。与点 A 相比，B 点 Cr 的含量有所下降，而且没有检测出 Mo，这表明发生了选择性氧化，这与 A2 的腐蚀情况相似。当腐蚀温度达到 650℃，腐蚀产物呈现出明显的颗粒状形貌 [图 5-13（c）]。NiO 仍然是腐蚀产物中的主要相。根据 EDS 的结果，也检测到了 Co 元素的存在，这些含 Co 的化合物可能提高了 A3 的耐蚀性，使 A3 的耐蚀性优于 A2，因为在 A2 的腐蚀产物中没有检测到 Co 的化合物的存在。

图 5-13　C22 合金涂层（A3）在不同温度下于 R2 中空气气氛里腐蚀 12h 后表面生成的腐蚀产物的 SEM 形貌照片及 EDS 点扫描结果

A3 在 700℃ 下于 R2 中空气气氛里腐蚀 12h 后表面腐蚀产物的结渣形貌及 EDS 点扫描结果，如图 5-14 所示。A3 在 R1 与 R2 中的结渣温度分别在 750℃ 和 700℃。A3 的结渣温度比 A1 和 A2 都要高，这归功于 A3 更好的耐蚀性。因为在 R1 中腐蚀检测到了相似的结渣形貌和腐蚀产物组成，所以图 5-14 中只给出了 A3 在 R2 中的腐蚀结果。A3

的熔渣也是多层的,这与 A2 相似。从 EDS 的结果可看出,A3 的腐蚀产物也是主要由富 Ni 相组成,而且内层腐蚀产物中 Cr 的含量更高(点 A)。

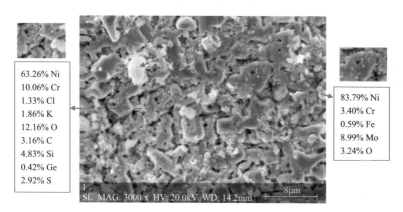

图 5-14　A3 在 700℃下于 R2 中空气气氛里腐蚀 12h 后表面腐蚀产物的结渣形貌及 EDS 点扫描结果

C22 合金涂层(A3)在 750℃下于两种腐蚀试剂中空气气氛里腐蚀 108h 的断面光学显微照片,如图 5-15 所示。与 TP347H 不锈钢和 C22 合金相比,C22 合金涂层具有更

(a) 98.6%(质量百分比)KCl 和 1.4%(质量百分比)NaCl 的腐蚀试剂

(b) 95.5%(质量百分比)KCl 和 4.5%(质量百分比)NaCl 的腐蚀试剂

图 5-15　C22 合金涂层(A3)在 750℃下于两种腐蚀试剂中空气气氛里
腐蚀 108h 的断面光学显微照片

好的耐蚀性，因为没有观察到晶间腐蚀。因为没有发生晶间腐蚀，所以只是基体表面的合金被腐蚀了。另外，A3 在腐蚀后，表面积几乎没有减少。因此，图 5-15 中显示的腐蚀失质量几乎就是实际值。

C22 合金涂层（A3）在 550~750℃下于两种腐蚀试剂中空气气氛里腐蚀 96h 表面生成的腐蚀产物的 XRD 图谱，如图 5-16 所示。主要的衍射峰对应的是 NiO，在每个温度下，于两种腐蚀试剂中腐蚀后都检测到 Cr_2O_3，还检测到了含 Co 的化合物 $Co(Cr、Fe)_2O_4$ 的衍射峰，但是没有检测到 Fe_xO_y、$NiFe_2O_4$ 和 $Ni_{1.43}Fe_{1.7}O_4$ 的衍射峰，这与 EDS 结果很吻合。另外，除 550℃外，在其他温度下于两种腐蚀试剂中都还检测到了 $Cr-O(CrO_x)$ 的衍射峰，而在 A2 的腐蚀产物中没有发现类似的衍射峰。尽管 Cr-O 和含 Cr 化合物的量很少，但是它们的生成可能极大地提高了 A3 的耐蚀性，因而使 A3 的耐蚀性好于 A2。

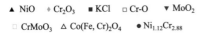

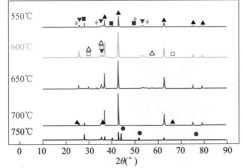

t(℃)	成份识别
550	$NiO+MoO_2+Cr_2O_3+Co(Fe, Cr)_2O_4+KCl$
600	$NiO+Cr_2O_3+MoO_2+Cr-O+Co(Fe, Cr)_2O_4+KCl$
650	$NiO+Cr_2O_3+MoO_2+Cr-O+Co(Fe, Cr)_2O_4+KCl$
700	$NiO+Cr_2O_3+MoO_2+CrMoO_3+Cr-O+Co(Fe, Cr)_2O_4+KCl$
750	$NiO+Cr_2O_3+CrMoO_3+Cr-O+Co(Fe, Cr)_2O_4+Cr_{1.12}Ni_{2.28}+KCl$

(a) 98.6%（质量百分比）KCl和1.4%（质量百分比）NaCl的腐蚀试剂

t(℃)	成份识别
550	$NiO+MoO_2+Cr_2O_3+Co(Fe, Cr)_2O_4+KCl$
600	$NiO+Cr_2O_3+MoO_2+Cr-O+Co(Fe, Cr)_2O_4+KCl$
650	$NiO+Cr_2O_3+MoO_2+Cr-O+Co(Fe, Cr)_2O_4+KCl$
700	$NiO+Cr_2O_3+MoO_2+CrMoO_3+Cr-O+Co(Fe, Cr)_2O_4+Cr_{1.12}Ni_{2.28}+KCl$
750	$NiO+Cr_2O_3+CrMoO_3+Cr-O+Co(Fe, Cr)_2O_4+Cr_{1.12}Ni_{2.28}+KCl$

(b) 95.5%（质量百分比）KCl和4.5%（质量百分比）NaCl的腐蚀试剂

图 5-16 **C22 合金涂层（A3）在 550~750℃下于两种腐蚀试剂中空气气氛里腐蚀 96h 表面生成的腐蚀产物的 XRD 图谱**

本节主要介绍了 TP347H 不锈钢、C22 合金和 C22 合金涂层在熔融氯盐中的腐蚀结果。

（1）TP347H 不锈钢的腐蚀失质量最大，其次是 C22 合金，最后是 C22 合金涂层，这说明 C22 合金涂层的耐蚀性最好。C22 合金和 C22 合金涂层在腐蚀试剂完全熔化时，失质量反而很小。另外，结渣现象的产生也与腐蚀试剂的熔化状态有关。

（2）TP347H 不锈钢表面的腐蚀产物随腐蚀温度的升高，逐渐由平整变成颗粒状形貌，最后产生结渣现象，而 C22 合金的腐蚀产物则经历了平整的多层腐蚀产物到针状的腐蚀产物再到发生时效现象，直至最后发生结渣现象。C22 合金激光涂层则始终表现出很好的耐蚀性，腐蚀产物始终较平整，没有产生非常严重的分层和溶解现象。

（3）TP347H 不锈钢发生了严重的晶间腐蚀，C22 合金也发生了晶间腐蚀，但是腐蚀较轻，只在 700～750℃ 的高温下才看到轻微的晶界腐蚀，而 C22 合金涂层即使在 750℃ 下也没有观察到晶界腐蚀。

（4）TP347H 不锈钢的腐蚀产物中主要生成的是铁的氧化物 Fe_2O_y（Fe_2O_3 和 Fe_3O_4）、$NiFe_2O_4$ 和少量的 Cr_2O_3。在高温下 Fe_2O_3 和 Cr_2O_3 都消失了，这说明可能发生了溶解。C22 合金和 C22 合金涂层的腐蚀产物中主要是 NiO 和 Cr_2O_3，而没有 Fe_xO_y。在较低温度下有 MoO_2 生成，在高温下 MoO_2 转化生成 $CrMoO_3$。另外，C22 合金在腐蚀试剂完全熔化时还生成了 $Ni_{1.12}Cr_{2.88}$，这是 TP347H 不锈钢的腐蚀产物中没有的。需要指出的是，C22 合金涂层中还生成了 $Cr-O(CrO_x)$ 和 $Co(Fe、Cr)_2O_4$，这些化合物是 TP347H 不锈钢和 C22 合金的腐蚀产物中所没有的。这些物质的存在也极大地提高了 C22 合金涂层的耐蚀性，使其优于 C22 合金。

5.1.6 Ni-Cr-Mo 系镍基合金涂层的高温腐蚀机理

熔融碱金属氯化物盐的腐蚀是一个复杂的过程，通常包括化学腐蚀、电化学腐蚀、界面腐蚀及氧化物的溶解。金属及合金高温下的耐蚀性通常取决于保护性氧化皮的形成。众所周知，Cl 和含 Cl 的腐蚀环境会加速腐蚀，从而引起加速氧化，金属内部腐蚀及形成易剥落的氧化皮，从而破坏了保护性氧化皮。

5.1.6.1 较低温度下的腐蚀

在 450～600℃ 下，两种腐蚀介质几乎都没有熔化，因此，化学腐蚀是主要的腐蚀机制。因为腐蚀都在空气中进行，所以氧气也参与了反应。氧气可自由地通过固态腐蚀介质而直接腐蚀合金，化学反应为

$$xM(s) + (y/2)O_2(g) \rightarrow M_xO_y(s) \qquad (5-2)$$

其中，M 代表 Fe、Cr 和 Ni。腐蚀盐 KCl 和 NaCl 的熔点都较低，而且很容易挥发。在该研究中，在电阻炉的炉口发现了大量白色絮状物质，而且温度越高，这些物质越多。这些物质应该是挥发出来的气态 KCl 和 NaCl 冷凝后在炉口结晶的物质，它们然后就参

与如下反应：

$$RCl(s、l、g)+H_2O(g) \rightarrow ROH(s、l、g)+HCl(g) \qquad (5-3)$$

$$4HCl(g)+O_2(g) \rightarrow 2Cl_2(g)+2H_2O(g) \qquad (5-4)$$

其中，RCl 对应着 KCl 和 NaCl。生物质衍生的烟气中 HCl 和 Cl$_2$ 的分压不大，因而不会引起严重的气体腐蚀，但是会加速过热器管的氯化。Cl$_2$ 可通过孔洞和裂纹渗透进入保护性氧化膜与金属合金反应。根据式（5-3），在 HCl-O$_2$ 气氛里腐蚀较短时间，Cl$_2$ 是主要的腐蚀介质，而不是 HCl。Cl$^-$ 和含 Cl 气体腐蚀合金的机理如下：

$$2M(s)+2HCl(g) \rightarrow 2MCl(s)+H_2(g) \qquad (5-5)$$

$$M(s)+Cl_2(g) \rightarrow MCl_2(s) \qquad (5-6)$$

$$MCl(s) \rightarrow MCl(g) \qquad (5-7)$$

其中，M 是 Fe、Ni 和 Cr。这些反应能否发生取决于不同温度下的吉布斯自由能（ΔG）。一般情况下，生成 CrCl$_2$ 的 ΔG 最小，其次是 FeCl$_2$，最后是 NiCl$_2$。

在一个特定温度下，氯气的分压也会影响氯化物的生成。事实上，这些氯化物的蒸汽压力即使在低温下也很高，因为它们的熔点较低。温度越高，挥发性越强，因此腐蚀就越厉害。在氯化物向外扩散的过程中，距离合金表面越远，氧气的浓度越高，从而这些氯化物就发生了氧化。反应过程中释放出来的 Cl$_2$ 可以重新再扩散回到合金表面，从而形成了腐蚀周期：

$$2MCl(g)+O_2(g) \rightarrow 2MO(s)+Cl_2(g) \qquad (5-8)$$

不同金属/氧化物的平衡分压不同。氯化铬转变成氧化铬所需的氧分压最小，而氯化镍转化成氧化镍的情况正好相反。因为生成氯化铬所需的 ΔG 也是最小的，所以会发生铬元素的选择性氧化，从而氯化铬在靠近金属基体/氧化皮界面处被氧化成氧化铬。

由气体粒子 Cl 和 Cl$_2$ 引起的合金的加速氧化通常被叫作活性氧化。氧浓度是引起活性氧化的关键因素。尽管会加速氧化，但是生成的含有 Cr$_2$O$_3$、NiO 和 Fe$_3$O$_4$ 的致密的氧化膜通常可通过覆盖在金属基体表面而保护基体金属发生进一步的氧化。因此，在 450～600℃下腐蚀，三个样品都表现出较好的耐蚀性，尤其是 C22 合金和 C22 合金涂层，因为它们的腐蚀产物中生成了大量的 NiO 和 Cr$_2$O$_3$。

5.1.6.2　较高温度下的腐蚀

在 650～750℃下，两种腐蚀介质都是部分或全部融化。在这种情况下，因为液体的生成提供了离子转移的电解质，所以电化学腐蚀起到了主要的作用。TP347H 不锈钢发生的严重的晶间腐蚀和 C22 合金发生的较轻微的晶间腐蚀也很好地证明了这一点。通常情况下，当加热到 425～815℃时，C 含量大于 0.03%（质量百分比）的奥氏体不锈钢易在晶界处形成碳化物（Cr、Fe）$_{23}$C$_6$，这一过程叫作敏化。这一碳化物的生成也因此造成了晶界的贫 Cr 和 Fe，然后就有更多的 C、Cr 和 Fe 从晶粒的内部向晶界扩散。由于 C 的扩散速度大于 Cr 和 Fe 的扩散速度，所以总是 C 先扩散到晶界处，从而导致仍然是晶界处的 Cr 和 Fe 首先被消耗掉。如果 Cr 的含量低于发生钝化所需要的临界值[通常是 12 %（质量百分比）]，就会形成一个腐蚀微电池，其中晶界相当于阳极，而晶粒相当于阴极，然后晶界被溶解了，而晶粒依旧保持钝化状态。

另外，当熔盐处于部分熔化状态时，如果表层的腐蚀产物被溶解掉，腐蚀可能变得更加严重。在这种情况下，因为氧气和其他腐蚀介质仍然可接触到新鲜的基体，并在基体内扩散，所以可能发生加速腐蚀。Uusitalo 等[45]模拟了过热器管沉积氯盐的高温腐蚀实验，结果发现氯化物对板条状晶界处氧化物的破坏，以及氯化物沿着晶界的扩散是引起奥氏体不锈钢腐蚀失效的主要因素。因此，腐蚀在 R2 中是 650℃时最重，而在 R1 中是 700℃时最重。反应方程式如下：

$$2RCl(s、l) + Fe_2O_3(s) + (1/2)O_2(s) \rightarrow R_2Fe_2O_4(s、l) + Cl_2(g) \tag{5-9}$$

$$2RCl(s、l) + (1/2)Cr_2O_3(s) + (5/4)O_2(s) \rightarrow R_2CrO_4(s、l) + Cl_2(g) \tag{5-10}$$

其中，RCl 在本实验中对应的是 KCl 和 NaCl，除沉积的 NaCl 外，气态 NaCl 也可破坏 Cr_2O_3。

另外，熔盐中可能生成的低熔点化合物也会破坏氧化膜。KCl 和 NaCl 的熔点分别是 770℃和 801℃，然后碱金属氯化物可和其他氯化物反应生成低熔点共晶化合物。例如，共晶化合物 $KCl-CrCl_2 = 462-475$ ℃，$KCl-FeCl_2 = 340-393$ ℃，$KCl-FeCl_3 = 202-220$℃。这些低熔点共晶化合物很容易挥发，而且会将金属元素从合金内部向外转移，从而加速腐蚀。

元素 Cr 在提高合金的高温耐蚀性中扮演着很重要的角色，但是根据反应方程式（5-10），面对熔融氯盐腐蚀，它也失去了优势。与 Cr_2O_3 相比，NiO 不易溶解，这主要与 Cr_2O_3 的优先溶解有关。Cr_2O_3 的优先溶解会消耗氧气，从而抑制 NiO 的溶解，MoO_2 也会发生优先腐蚀。因为整个剩下了 NiO，所以 C22 合金和 C22 合金涂层比 TP347H 不锈钢具有更好的耐蚀性。

再者，需要指出的是，尽管 C22 合金与 C22 合金涂层的组成和腐蚀产物成分相似，但是 C22 合金涂层的耐蚀性要好于 C22 合金，这主要因为涂层技术可以细化晶粒，生成超细纳米晶。根据：

$$N_{B(min)} > \frac{\sqrt{\pi}V_{AB}}{V_{BO}}\sqrt{\frac{k_p}{2D}} \tag{5-11}$$

式中　$N_{B(min)}$ ——生成 BO 所需要的最少的成分 B 的含量；

　　　D ——合金的相互扩散系数；

　　　k_p ——氧化物 BO 的生长率常数；

V_{AB} ——合金的摩尔体积；

V_{BO} ——氧化物的摩尔体积。

细化的晶粒会加速氧化的元素沿晶界的短路扩散，即更大的 D，从而元素 Cr 发生选择性氧化所需要的临界浓度有所下降，所以 C22 合金涂层比 C22 合金中的 Cr 更容易发生选择性氧化，从而在合金的表面生成保护性的氧化铬膜，也降低了氧化皮/合金界面处氧的活度。结果 Ni 在较低的浓度下就可以很容易生成连续的 NiO，除 Cr_2O_3 外，C22 合金涂层中也会生成 $Cr-O$。

当腐蚀介质完全熔化，式（5-2）和式（5-3）就会被抑制。这可通过 A2 和 A3 在 700～750℃下不正常的少的腐蚀失质量来解释。氧的溶解度在熔点很小，而且随着温度的升高会进一步降低。所以有足够的氧气，活性氧化和熔盐腐蚀都被抑制了。

5.1.6.3 小结

本节主要是对高温熔融氯盐腐蚀结果的分析与讨论，具体阐述了三种材料在不同温度下的腐蚀机理。

在较低腐蚀温度（450～600℃）下，腐蚀试剂几乎没有发生熔化，腐蚀机制主要是化学腐蚀。三种材料尤其是 C22 合金和 C22 合金涂层都表现出很好的耐蚀性。由于腐蚀在空气中进行，氧气在整个腐蚀过程中都参与，并起到了关键性作用，腐蚀机制是活性氧化。生成的氧化物 Fe_xO_y（Fe_2O_3、Fe_3O_4）、NiO、Cr_2O_3 和 MoO_2 都是保护性氧化膜，附着在样品表面起到了很好的保护作用。

在较高温度下，腐蚀试剂开始融化，腐蚀机制主要是电化学腐蚀。在腐蚀试剂刚开始熔化时，三种腐蚀样品都发生了最严重的腐蚀。这是因为氧气可通过腐蚀介质未熔部分继续参与腐蚀，而此时腐蚀温度又较高，所以熔融的氯化物和氧气可将保护性氧化膜 Fe_xO_y（Fe_2O_3、Fe_3O_4）、Cr_2O_3 和 MoO_2 溶解掉，从而加速腐蚀。另外，低熔点共晶化合物的生成附着在保护性氧化膜上增加了熔融相的含量，加速了腐蚀产物的挥发。

当腐蚀试剂完全熔化时，TP347H 不锈钢发生的严重的晶间腐蚀已使其失效，而 C22 合金和 C22 涂层的腐蚀失质量相对较小。这是因为氧气的溶解度在高温液体中大大降低。没有氧气的参与，C22 合金和 C22 合金涂层的氧化及腐蚀产物的溶解都无法发生。

此外，C22 合金和 C22 合金涂层中生成的 NiO、Cr_2O_3、$Ni_{1.12}Cr_{2.88}$ 等可提高耐蚀性，而 C22 合金涂层腐蚀产物中独有的 $Cr-O(CrO_x)$ 和 $Co(Fe、Cr)_2O_4$ 及其细化的晶粒，也会提高 C22 合金涂层的耐蚀性，使其耐蚀性优于 C22 合金。

5.1.7 Ni-Cr-Mo 系合金涂层的高温氯腐蚀特性总结

本节研究了 TP347H 不锈钢、C22 合金和 C22 合金涂层在 98.6%（质量百分比）KC1

和 1.4%（质量百分比）NaCl 的固体混合物和 95.5%（质量百分比）KCl 和 4.5%（质量百分比）NaCl 的固体混合物中的等温腐蚀特性，用来模拟生活垃圾发电厂燃烧产生的熔盐腐蚀环境。等温腐蚀实验分别在 450、500、550、600、650、700℃和 750℃下进行。腐蚀周期为 12h，一共进行了 9 个周期，共计 108h。实验研究得到的结论如下。

（1）两种腐蚀试剂的腐蚀性相似，只是熔点不同。

（2）C22 合金涂层的腐蚀失质量最小，说明它的耐蚀性最高，约是 C22 合金的 2 倍，是 TP347H 不锈钢的 10 倍左右。C22 合金和 C22 合金涂层在腐蚀试剂完全熔化时腐蚀失质量很小，这是由于氧气在高温液体中的溶解度大大降低，从而抑制了活性氧化，所以二者的腐蚀产物中相应的生成了 $Ni_{1.12}Cr_{2.88}$。

（3）TP347H 不锈钢的腐蚀失效主要是由晶间腐蚀造成的。C22 合金发生了轻微的晶间腐蚀，在 C22 合金涂层中观察到晶间腐蚀。

（4）C22 合金和 C22 合金涂层的耐蚀性优于 TP347 H，是因为腐蚀产物中生成 NiO、Cr_2O_3、MoO_2 和 $Ni_{1.12}Cr_{2.88}$ 等耐蚀性强于 Fe_xO_y 的化合物。TP347H 主要生成的 Fe_xO_y，C22 合金涂层中生成的 $Cr-O(CrO_x)$、$Co(Fe、Cr)_2O_4$，以及其细化的晶粒则导致其耐蚀性好于 C22 合金。说明可以制备不同 Cr、Mo 含量配比的 Ni–Cr–Mo 涂层，并测试其高温熔融氯盐腐蚀性，最后将得到最优的 Cr、Mo 配比方案以保证 Ni–Cr–Mo 合金具有最高的耐蚀性。

5.2 高 Mo/W 系 Ni–Cr–Mo 合金涂层的高温氯/硫腐蚀特性

5.2.1 高 Mo/W 系 Ni–Cr–Mo 合金涂层的制备

Ni–Cr–Mo 合金最典型的代表为哈氏合金（Hastelloy）系列，由于在镍基耐蚀合金的基础上同时加入了 Cr 和 Mo，使合金兼具两种合金材料的性能，在氧化性和还原性较强的腐蚀环境中均表现出较好的耐蚀性能。即使是在混合性酸及含氯的溶液中，Ni 基合金也表现出无可比拟的性能，甚至对于王水的侵蚀，也表现出极高的稳定性。在 Ni 基合金熔覆材料中，当难溶性金属元素加入后，Ni 含量的增加能有效降低熔体黏度，提高烧结体组织的均匀性，从而得到良好的镍基合金涂层。

因此，为应对垃圾焚烧发电复杂的硫酸盐和氯化盐等高温混合腐蚀工况，本实验制备激光合金涂层，选取实验室混合的 NiCr17Mo 和 NiCrMo10W 金属粉末为原材料，实验所用的 NiCr17Mo 和 NiCrMo10W 金属粉末为北矿新材料科技有限公司生产，颗粒度在

140～320 目，NiCr17Mo 是 Ni−Cr−Mo 的一种，为提高合金材料的耐磨性等力学性能，在 NiCr17Mo 合金粉末中添加少量的硬质合金元素 W，从而研究合金 NiCr17Mo 和 NiCrMo10W 在高温条件下的熔融盐腐蚀特性，NiCr17Mo 和 NiCrMo10W 金属粉末的化学成分见表 5−4。

表 5−4　　　　　　　　NiCr17Mo 和 NiCrMo10W 金属粉末的化学成分

元素	Ni	Cr	Mo	W
NiCr17Mo 合金粉末	59	24	17	—
NiCrMo10W 合金粉末	59	22	9	10

5.2.2　高温氯硫实验过程

实验所选材料为 TP347H 不锈钢、高 W 系 NiCrMo10W 合金涂层和高 Mo 系 NiCr17Mo 合金涂层。通过线切割的方式，将合金涂层样品和 TP347H 不锈钢管进行线切割，得到样品 A（高 Mo 系 NiCr17Mo 涂层，20mm×10mm×2.5mm）、B（高 W 系 NiCrMo10W 涂层，20mm×10mm×2.5mm）和 C（TP347H 不锈钢，20mm×10mm×2.5mm）各 65 块，以备后续的高温腐蚀实验、金相分析及显微组织分析。在将样品放入刚玉坩埚舟进行高温腐蚀前，要对样品进行处理。首先要用 400、800、1200 目和 1500 目 SiC 砂纸进行表面打磨，去除表面的线切割留下的纹路及表面的杂质。其次，再用抛光机对表面抛光，所有的样品都要在超声波酒精浴中进行清洗，然后用去离子水清洗，最后放在干燥器中烘干使用。

垃圾焚烧电厂焚烧环境极为复杂，腐蚀介质没有相对固定的标准，根据相关文献发现垃圾焚烧电厂运行中有硫酸盐和氯化盐的存在，通过对失效的管材分析，发现 NaCl、KCl 及硫化物的存在，因此，本实验采用 NaCl、KCl、Na_2SO_4 和 K_2SO_4 按照质量分数 1:1:1:1 来配制腐蚀试剂。

在高温腐蚀实验开始前，将小刚玉坩埚舟（30mm×20mm×10mm）用去离子水超声清洗干净，并用吹风机吹干，先在小刚玉坩埚舟底层放置 3mm 左右的腐蚀试剂，然后将试样放置在小刚玉坩埚舟里，把坩埚舟剩余的空间用腐蚀试剂填满，确保试样的 6 个面都被腐蚀试剂覆盖，最后将小刚玉坩埚舟放置在大刚玉坩埚舟中，方便从电阻炉中取出试样，15 个小刚玉坩埚舟刚好放置在一个大刚玉坩埚舟里。考虑到熔盐处于不断流动和挥发状态中，而且电阻炉的恒温区域在一个很小的区域，所以将两个大的刚玉坩埚舟放在同一位置，目的在于保持实验的可持续性和一致性。

等温腐蚀实验在管式电阻炉中进行，温度分别设置为 500、550、600、650℃，腐蚀周期为 12h，一共进行 15 个周期，共计 180h。电阻炉采用 0Cr27Al17Mo2 进行加热，电阻炉的温度通过温度控制器输入，温度控制器与放在电阻炉的热电偶相连。热电偶测量等温区域内的恒定温度，然后把温度信号传输到温度控制器，温度控制器根据接收到的温度信号来控制电阻炉的加热电压开关，从而实现管式电阻炉的温控在±1℃。试样采取非循环使用的方法，即一开始放到管式炉子 15 个试样，每腐蚀 12h 收取一个试样进行酸洗称重，在腐蚀 12h 和 180h 的时候取出两个试样，先不进行酸洗称重，待进行完腐蚀产物的 SEM、EDS 及 XRD 的实验检测后再进行酸洗称重。在收取试样进行酸洗时，同时进行补充混合熔融盐，确保腐蚀 180h 周期内试样一直被熔融盐覆盖。

空气气氛下腐蚀试剂［25%（质量百分比）NaCl，25%（质量百分比）KCl，25%（质量百分比）Na_2SO_4 和 25%（质量百分比）K_2SO_4］在不同温度下的熔化情况见表 5-5。表 5-5 中，固体转变成液体后成分不变。根据表 5-5 可知，由于混合熔盐腐蚀试剂在不同的试验温度下具有不同的熔融状态，即熔点不同，因此，为保证实验的一致性，每个腐蚀周期开始前，均需更换新的腐蚀剂进行高温腐蚀实验。

表 5-5　　　空气气氛下腐蚀试剂［25%（质量百分比）NaCl，25%（质量百分比）KCl，25%（质量百分比）Na_2SO_4 和 25%（质量百分比）K_2SO_4］在不同温度下的熔化情况

腐蚀试剂	温度（℃）			
	500	550	600	650
R	不熔	部分熔融	完全熔融	完全熔融

当管式炉中的温度升至指定温度且保持一段时间后，将坩埚舟放于炉中开始实验（注意：由于热电偶位于管式炉的中部，因此为准确反映炉内温度的变化，坩埚舟已经尽量接近热电偶所在区域，以保证温度的误差控制在很小的范围内），经过 12h 的单周期腐蚀后，用钩子将坩埚舟从炉中取出，并于室温下空冷。

由于腐蚀产物有些残留的腐蚀试剂会粘在腐蚀产物上，所以难以得到精确的腐蚀增质量实验数据。基于此，本实验选择采取测量腐蚀失质量来表征三种样品的耐蚀性，计算公式如下。

$$\gamma_{corr} = \frac{\Delta m}{A} \qquad (5-12)$$

式中　Δm——随时间增长的累积失质量，g；

A——样品原始的表面积，m^2。

样品的质量用精确度为±0.01mg 的电子天平进行测量。在腐蚀试验结束后，整理实验数据，对于每种样品，分别以腐蚀时间为横轴，γ_{corr} 为纵轴作失重曲线图，对每种材料

的耐高温熔融氯盐腐蚀性能进行对比。

在完全冷却后，将试样从腐蚀试剂中取出，用去离子水超声清洗表面的腐蚀产物，加速腐蚀产物及表面腐蚀试剂的剥离。之后，将其置于 80℃、25%（质量百分比）的盐酸中进行酸洗，以去除未剥离掉的部分腐蚀产物。其中，选取盐酸作为酸洗试剂是因为腐蚀盐含有碱金属氯盐，因此，用盐酸腐蚀不会引入杂质粒子的污染。

值得注意的是，对于不同类型样品，酸洗时间也不尽相同。通过后续的检测分析可知，T347H 不锈钢的腐蚀产物主要是含铁氧化物 Fe_xO_y（Fe_2O_3 及 Fe_3O_4），而 NiCr17Mo 合金涂层及 NiCrMo10W 合金涂层主要以 Ni – Cr – Mo 的氧化物为主，相对而言，含铁氧化物更易溶解于盐酸中，而 Ni 基合金的氧化产物更稳定。因此，对于 T347H 不锈钢的酸洗时间要短于 NiCr17Mo 合金涂层及 NiCrMo10W 合金涂层。另外，也为了防止过酸洗而腐蚀基体导致失质量测量值的偏差。本次实验中，T347H 不锈钢的酸洗时间控制在 2～3min，而 NiCr17Mo 合金涂层及 NiCrMo10W 合金涂层则为 25～40min，而随着实验温度的升高，腐蚀产物的附着也更牢固，酸洗时间也越长。最后将样品置于去离子水中去除酸液，干燥后进行称重。经过 180h 的腐蚀后（即最后一个腐蚀周期完成），既不剥离样品表面的腐蚀产物，也不对其进行酸洗，为后续的样品腐蚀产物表面形貌表征及 EDS 扫描做准备。样品的断面经抛光后，以备后续腐蚀深度的观察。

高温环境下熔融碱金属氯盐和硫酸盐腐蚀占据主导地位，对金属材料具有严重的破坏作用。为研究 Ni 基合金激光涂层及 TP347H 不锈钢的高温耐蚀性能，在实验室环境下分别选取 NaCl、KCl、Na_2SO_4 和 K_2SO_4 碱金属氯盐和硫酸盐，按照质量分数 1:1:1:1 来进行配比固体混合物作为腐蚀试剂，在 500～650℃下模拟发电厂腐蚀环境，分析 TP347H 不锈钢、NiCr17Mo 合金涂层及 NiCrMo10W 合金涂层的高温蚀特性。

5.2.3 TP347H 不锈钢的高温氯硫腐蚀

TP347H 不锈钢在 500～650℃于试剂 [25%（质量百分比）NaCl，25%（质量百分比）KCl，25%（质量百分比）Na_2SO_4 和 25%（质量百分比）K_2SO_4] 中空气气氛下腐蚀 180h 后经过盐酸水浴 [25%（质量百分比），80℃] 酸洗 3～7min 后的腐蚀失质量曲线，如图 5－17 所示。图 5－17 中，失质量曲线几乎呈直线形式，而且失质量随着时间的增加而增加。TP347H 不锈钢在经过 180h 高温腐蚀后，500℃时的腐蚀失质量最小，在 650℃时的腐蚀失质量达到最大值 462.2g/m²。由于曲线的腐蚀斜率随着温度的升高而增大，说明温度越高，失质量越大，即腐蚀速率也就越高。需要指出的是，生成的 Fe_xO_y 极易溶于酸中，因此要严格控制酸浴时间，避免过度酸洗腐蚀基体，由于试样的表面还残留少量的腐蚀产物没有被酸洗掉，从而减少了腐蚀失质量。另外，温度在 600℃时，腐蚀试样表面产生了结渣的现象，这也对实际失质量结果的测量产生影响。再者，TP347H 不锈钢发生了晶间腐蚀，在晶间处产生的腐蚀产物无法通过盐酸酸洗去除，这对腐蚀失质量测量也产生影响。TP347 H 不锈钢在 650℃下经过 180h 的腐蚀后，试样表面积减小较少，未出现明显的萎缩现象。

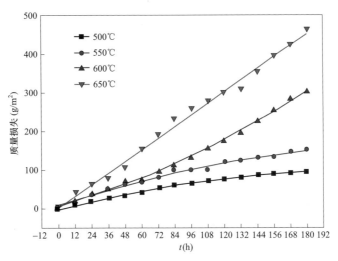

图 5-17　TP347H 不锈钢在 500~650℃于试剂［25%（质量百分比）NaCl，25%（质量百分比）KCl，25%（质量百分比）Na_2SO_4 和 25%（质量百分比）K_2SO_4］中空气气氛下腐蚀 180h 后经过盐酸水浴［25%（质量百分比），80℃］酸洗 3~7min 后的腐蚀失质量曲线

　　TP347H 不锈钢在 500~650℃于试剂［25%（质量百分比）NaCl，25%（质量百分比）KCl，25%（质量百分比）Na_2SO_4 和 25%（质量百分比）K_2SO_4］中空气气氛下腐蚀 12h 后表面腐蚀形貌 SEM 照片及 EDS 扫描结果，如图 5-18 所示。在较低温度下，试样呈现出金属光泽，可看到 TP347H 不锈钢表面未发生显著腐蚀，宏观看到试样表面有发黄现象。500℃时，低倍镜下看到 TP347H 不锈钢表面有轻微的瘤状腐蚀产物，而且还有一些显微孔洞［图 5-18（a）］。550℃时，可看到试样表面生成片状腐蚀产物［图 5-18（b）］，出现轻微腐蚀产物剥离现象。

　　随着温度升高，在 600℃时生成了一层较平整的腐蚀产物［图 5-18（c）］，并且出现了腐蚀产物分层剥离的现象，对腐蚀产物进行局部放大可看到生成了颗粒的相［图 5-18（d）］。根据 EDS 结果，外层腐蚀产物中 Cr 的含量（点 A）比内层腐蚀产物（点 B）高，并且内层腐蚀产物中检测到 Mo 的存在，这表明 TP347H 不锈钢表面生成的 Cr_2O_3 被破坏了，生成的含 Mo 的氧化物易挥发。外层腐蚀产物中未检测到 S 的存在，并且在内层腐蚀产物也检测到 Cl 的存在，表明腐蚀介质向内扩散继续基体。当温度到达 650℃时，颗粒相逐渐长大，并且出现了显微裂纹［图 5-18（e）］，发生了晶间腐蚀。

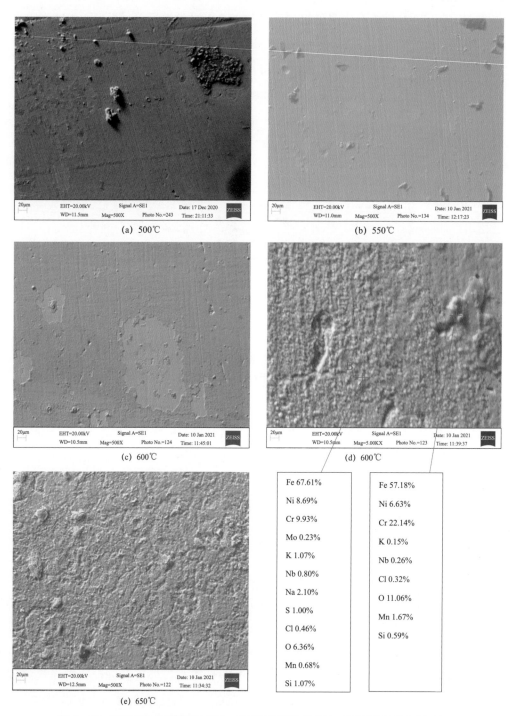

图 5-18　TP347H 不锈钢在 500~650℃于试剂［25%（质量百分比）NaCl，
25%（质量百分比）KCl，25%（质量百分比）Na₂SO₄ 和 25%（质量百分比）K₂SO₄］中
空气气氛下腐蚀 12h 后表面腐蚀形貌 SEM 照片及 EDS 扫描结果

　　TP347H 不锈钢在 650℃于试剂［25%（质量百分比）NaCl，25%（质量百分比）KCl，25%（质量百分比）Na_2SO_4 和 25%（质量百分比）K_2SO_4］中空气气氛下腐蚀 12h 后表面腐蚀形貌及 EDS 结果，如图 5-19 所示。腐蚀温度为 650℃时，混合熔融盐腐蚀试剂在石英坩埚中处于完全熔融状态。TP347H 不锈钢试样表面生成针状和瓣状腐蚀产物，而且出现分层现象，絮状产物在瓣状产物之上，部分位置可以看到凹陷现象，表面有明显裂纹，晶间腐蚀加重。根据 EDS 结果，富含 Fe 的氧化物和少量 Ni、Cr 氧化物是腐蚀产物中的主要相。白色块状腐蚀产物（A 点）与针状腐蚀产物（B 区域）为富 Cr 化合物，C 点灰色块状腐蚀产物为富 Ni 化合物。随着温度从 600℃升高到 650℃时，外层腐蚀产物中 Fe 的相对含量明显降低，这说明高温下 Fe 发生了高温氧化和产物的流失。

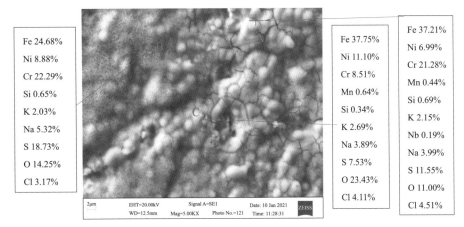

图 5-19　TP347H 不锈钢在 650℃于试剂［25%（质量百分比）NaCl，25%（质量百分比）KCl，25%（质量百分比）Na_2SO_4 和 25%（质量百分比）K_2SO_4］中空气气氛下腐蚀 12h 后表面腐蚀形貌及 EDS 结果

　　TP347H 不锈钢在 500～600℃于混合熔融盐中空气气氛下腐蚀 180h 的表面形貌照片和相应区域的 EDS 扫描结果，如图 5-20 所示。在经过 500℃腐蚀 180h 后，试样表面生成多层腐蚀产物，并且具有严重的产物剥离现象［图 5-20（a）］。550℃时，TP347H 不锈钢表面出现了明显的晶间腐蚀［图 5-20（b）］，通过 EDS 点扫描（点 A）的结果可看出，晶界处的腐蚀产物主要是由富含 Fe 的氧化物和一些含 Ni 和 Cr 的氧化物组成。由于在晶界处没有检测出 Cl 的存在，因此不能判定生成了金属氯化物，或者生成的金属氯化物作为气相存在，出现挥发的现象。晶界处 O 的含量比晶粒内要高，因此可判定 TP347H 不锈钢在晶界处发生了 Fe、Ni 和 Cr 的氧化。经分析，晶界处较低的 Fe 含量是 Fe 的严重氧化造成的。Cr_2O_3 和 NiO 的生成消耗了 Cr 和 Ni，所以产生了贫 Ni、Cr、Fe 的晶界。对于 C 点的 EDS 扫描结果，颗粒主要是 Nb 和 O，分析 Nb 在 C 点处发生了氧化行为。温度升高到 600℃时，试样可看到结渣现象，表面生成较厚的氧化层［图 5-20（c）］。结渣是高温环境下熔融与半熔融的灰粒在受热面表面形成的，试样表面检测出氯盐

（NaCl、KCl）颗粒。结渣产生，试样的晶间腐蚀就会加重，而且在基体合金表层晶界处生成的腐蚀产物就会与熔渣相混合。如此一来，如果在酸洗过程中将熔渣完全酸洗掉，就会对基体产生破坏，因而要求酸洗过程避免过酸洗。腐蚀试剂混合熔融盐的熔点在600℃左右，因此，结渣现象的产生温度与混合熔融盐试剂的液态转变相一致。

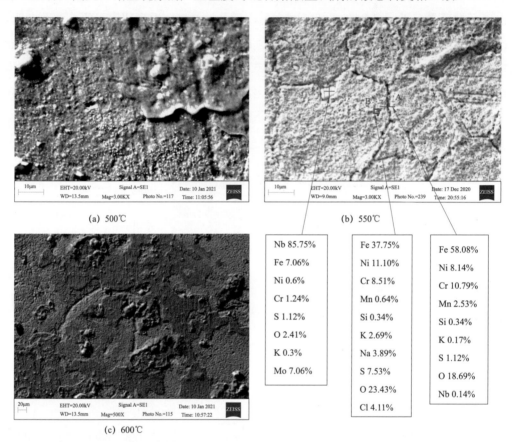

图 5-20　TP347H 不锈钢在 500~600℃于混合熔融盐中空气气氛下腐蚀 180h 的表面形貌照片和相应区域的 EDS 扫描结果

　　TP347H 不锈钢在 650℃时于腐蚀试剂空气气氛下腐蚀 180h 的断面形貌照片和截面扫描结果，如图 5-21 所示。能够清晰地看到合金的晶间腐蚀，并且从表面向合金内部扩散，这也就判定 TP347H 不锈钢在混合熔盐腐蚀试剂的失效是晶间腐蚀造成的。温度在 550℃时，通过对比图 5-20 可看出，晶间腐蚀随着温度的升高而严重，在 650℃时，TP347H 不锈钢的晶间腐蚀在腐蚀试剂中的扩散最深。通过面扫描可看出合金腐蚀层处的 S、Cl 和 O 含量较高，未腐蚀区域也检测到较少含量的 Cl 和 S，说明材料发生晶间腐蚀，Cl 和 S 穿透氧化层，继续腐蚀基体。基体部分 O 含量较少，Fe、Ni、Cr 的分布较为均匀，说明近基体 Ni、Cr 氧化薄层的存在能有效保护基体，防止进一步的氧化。TP347H 不锈钢表面腐蚀层富含 Ni、Cr 和 Nb，而 Fe 的含量又较少，可得出腐蚀层 Fe 发生了严重氧化腐蚀的结论，Ni、Cr 和 Nb 的氧化膜较 Fe 的氧化产物而言相对更稳定，残留在合金表面，因此出现富 Ni、Cr 的现象。NbO 则显示出较高的稳定性，但是 Nb 的含量较低，XRD 仅在 650℃时测出 NbO。

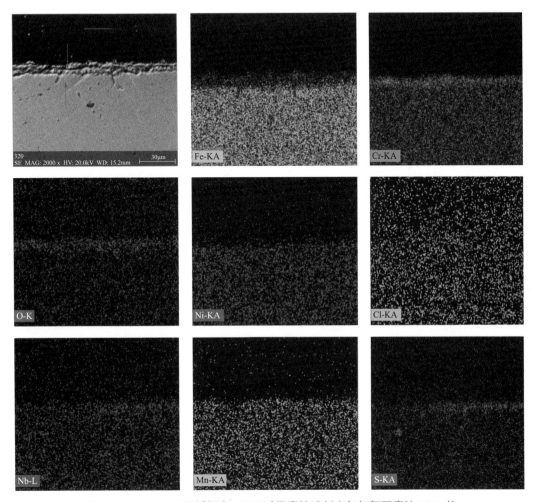

图 5-21 TP347H 不锈钢在 650℃时于腐蚀试剂空气气氛下腐蚀 180h 的断面形貌照片和截面扫描结果

　　TP347 不锈钢在 500～650℃于腐蚀试剂中空气气氛下腐蚀 180h 的表面形成的腐蚀产物 XRD 图谱，如图 5-22 所示。在 600℃以下可看出，试样的表面主要生成了一层富含 Fe 的氧化层，富含 Fe 的相对应的化合物是 Fe_3O_4、Fe_2O_3、$Ni_{1.43}Fe_{1.7}O_4$ 及 $NiFe_2O_4$。在 600～650℃时，Fe_3O_4 成了唯一的含 Fe 氧化物，说明 Fe_2O_3 发生了溶解。同时，在 650℃时检测出 NiO 和 NbO 的存在，而 Cr_2O_3 已溶解掉，进一步说明了 NiO 的稳定性。在较高温度 650℃时，TP347H 不锈钢生成了稳定性更高的 NbO，它的存在使 Cr_2O_3 和 NiO 在腐蚀循环中可以保留更长的时间。同时，也检测到 Mn 的化合物，进一步提高了耐蚀性。

需要指出的是，在试样中每个时间点都检测到了 KCl、NaCl、K_2SO_4 和 Na_2SO_4，分析原因为腐蚀试剂残留到腐蚀产物当中，图中不再标注。腐蚀生成的金属氯化物在高温下容易挥发，试样在 XRD 检测前也用去离子水对表面进行清洗，因此，腐蚀产物的检测并没有检测到金属氯化物。

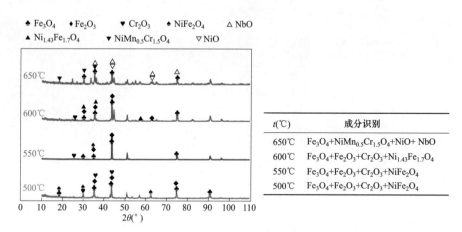

图 5-22　TP347 不锈钢在 500～650℃ 于腐蚀试剂中空气气氛下腐蚀 180h 的
表面形成的腐蚀产物 XRD 图谱

5.2.4　NiCr17Mo 合金涂层的高温氯硫腐蚀特性

NiCr17Mo 合金涂层在 500～650℃ 于试剂［25%（质量百分比）NaCl，25%（质量百分比）KCl，25%（质量百分比）Na_2SO_4 和 25%（质量百分比）K_2SO_4］中空气气氛下腐蚀 180h 后经过盐酸水浴［25%（质量百分比），80℃］酸洗 20～40min 后的腐蚀失质量曲线，如图 5-23 所示。其中，500、550℃ 及 600℃ 下的失质量放大了 10 倍。由于镍基合金良好的耐盐酸腐蚀性，对于腐蚀产物的酸洗时间较长。图 5-23 中显示，腐蚀的最大失质量为 $3502.98g/m^2$，出现在 650℃。同样温度间隔为 50℃，分别在 500、550、600、650℃ 下进行高温熔融盐腐蚀实验。腐蚀规律和 TP347H 不锈钢有相似的地方，即随着腐蚀时间的延长，NiCr17Mo 合金涂层的失质量也逐渐增大，而随着温度的升高，曲线斜率增大，材料的腐蚀速率提高。不同的是，NiCr17Mo 合金涂层的腐蚀失质量在 650℃ 时有一个激增，650℃ 时最大腐蚀失质量是 600℃ 时的 12 倍，是 500℃ 的 120 倍。通过对比图 5-17 可得出结论：在 600℃ 以下时，NiCr17Mo 合金涂层的耐腐蚀性能要好于 TP347H 不锈钢，而在 600℃ 以上时，NiCr17Mo 合金涂层在熔融盐中发生严重腐蚀，耐蚀性远不如 TP347H 不锈钢。

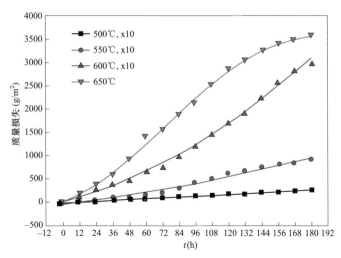

图 5-23　NiCr17Mo 合金涂层在 500～650℃于试剂［25%（质量百分比）NaCl，
25%（质量百分比）KCl，25%（质量百分比）Na₂SO₄ 和 25%（质量百分比）K₂SO₄］中
空气气氛下腐蚀 180h 后经过盐酸水浴［25%（质量百分比），80℃］
酸洗 20～40min 后的腐蚀失质量曲线

NiCr17Mo 合金涂层在 500～650℃于试剂［25%（质量百分比）NaCl，25%（质量百分比）KCl，25%（质量百分比）Na₂SO₄，25%（质量百分比）K₂SO₄］中空气气氛下腐蚀 12h 的表面形貌照片及 EDS 扫描结果，如图 5-24 所示。在较低温度 500℃时，试样于试剂中经过 12h 腐蚀后，用去离子水清洗后表面仍具有金属光泽，涂层表面未发生显著变化，有少许的孔洞［图 5-24（a）］。当温度到 550℃时，试样表面颜色呈现灰黑色，表面生成较多的富含 O 及微量 Cl 的细小空洞［图 5-24（b）］，孔洞的产生可能是生成的挥发性化合物 NiCl₂。由于这些孔洞的存在，腐蚀介质和 O 会不断向基体扩散，腐蚀新鲜基体。

在温度升高到 600℃时，试样表面出现严重的腐蚀层剥落现象［图 5-24（c）］。对腐蚀层剥落处进行放大［图 5-24（d）］，EDS 扫描结果显示，外层 A 区域是富含 Cr 的腐蚀产物，并且检测到微量的 Ni 和 Cr，内层 B 区域为富含 Ni 和 Mo 的化合物，而 B 区域又检测 O 的含量极其低，说明腐蚀开始时，合金中的 Cr 首先发生反应，从而生成富 Cr 的腐蚀产物层，富含 Cr 的氧化层能够有效保护基体，防止 Ni 和 Mo 进一步腐蚀。在 600℃时，NiCr17Mo 合金涂层中的 Cr 先发生氧化，随着腐蚀的扩散及 Cr₂O₃ 的剥落使外层腐蚀产物无法阻拦腐蚀介质的侵入，腐蚀开始向基体进行扩散，在腐蚀产物覆盖下的新鲜基体就会暴露在腐蚀介质中。Ni 的化合物的稳定性要优于 Cr 和 Mo 化合物的。对于整个表层都检测出 Mo 的存在，说明 NiCr17Mo 合金涂层生成了挥发性的 Mo 化合物。温度到 650℃时，合金涂层表面生成了平整的腐蚀产物层［图 5-24（e）］，试样发生明显的腐蚀，出现了腐蚀层剥落现象，并出现显微裂纹。

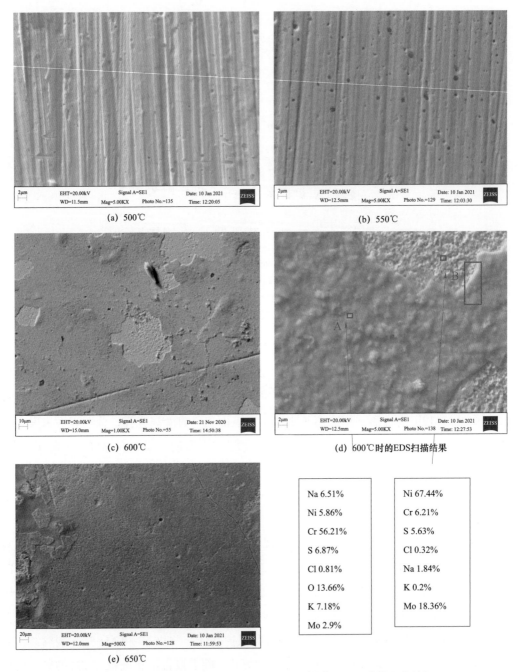

(a) 500℃

(b) 550℃

(c) 600℃

(d) 600℃时的EDS扫描结果

Na 6.51%	Ni 67.44%
Ni 5.86%	Cr 6.21%
Cr 56.21%	S 5.63%
S 6.87%	Cl 0.32%
Cl 0.81%	Na 1.84%
O 13.66%	K 0.2%
K 7.18%	Mo 18.36%
Mo 2.9%	

(e) 650℃

图 5-24　NiCr17Mo 合金涂层在 500～650℃于试剂 ［25%（质量百分比）NaCl，
25%（质量百分比）KCl，25%（质量百分比）Na₂SO₄，25%（质量百分比）K₂SO₄］中
空气气氛下腐蚀 12h 的表面形貌照片及 EDS 扫描结果

　　NiCr17Mo 合金涂层在 500～650℃于试剂 ［25%（质量百分比）NaCl，25%（质量百分比）KCl，25%（质量百分比）Na₂SO₄，25%（质量百分比）K₂SO₄］中空气气氛下腐蚀 180h 的表面形貌照片，如图 5-25 所示。在 500℃时，NiCr17Mo 合金涂层在经过 180h

腐蚀后表面仍具有金属光泽，部分区域呈现出黑灰色，试样表面在电镜下能看到薄薄的一层腐蚀产物及细小的颗粒状腐蚀产物，并且有腐蚀产物薄膜剥落现象［图 5-25（a）］。当温度到 550℃时，合金涂层表面生成的颗粒状腐蚀产物开始长大，并且能看到颗粒状产物牢牢地结合在腐蚀层表面［图 5-25（b）］。在温度升高到 600℃时，涂层表面生成的腐蚀产物层出现凹陷下去的现象，生成较多的腐蚀坑［图 5-25（c）］。温度到 650℃时，涂层表面生成的凹陷坑数量变多，但是尺寸减小，凹陷坑呈现蜂窝状，并伴随着颗粒状的腐蚀产物［图 5-25（d）］，试样严重腐蚀，出现了较厚且坚固的腐蚀层，并且试样出现表面积萎缩的现象，表面积大约是初始面积的五分之四，腐蚀厚度远高于600℃时。

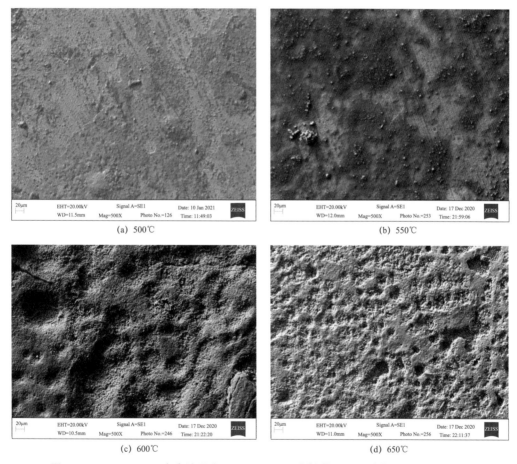

(a) 500℃ (b) 550℃

(c) 600℃ (d) 650℃

图 5-25 NiCr17Mo 合金涂层在 500～650℃于试剂［25%（质量百分比）NaCl，25%（质量百分比）KCl，25%（质量百分比）Na_2SO_4，25%（质量百分比）K_2SO_4］中空气气氛下腐蚀 180h 的表面形貌照片

NiCr17Mo 合金涂层在 650℃于腐蚀试剂［25%（质量百分比）NaCl，25%（质量百分比）KCl，25%（质量百分比）Na_2SO_4，25%（质量百分比）K_2SO_4］中空气气氛下腐

蚀180h 的表面形貌照片和 EDS 结果，如图 5-26 所示。NiCr17Mo 合金涂层在 650℃于腐蚀试剂中空气气氛腐蚀 180h 后形成了相当紧凑且较厚的混合腐蚀氧化层，放大该混合腐蚀氧化层发现，较多的絮状腐蚀产物及颗粒状的腐蚀产物，絮状的白色 A 区域和灰色 B 区域的腐蚀产物主要是富含 Cr 的腐蚀产物，而颗粒状的腐蚀产物 C 主要是 Ni 的化合物组成。根据 EDS 及 XRD 结果分析，该混合腐蚀氧化层由 Cr_2O_3 和一些 NiO 组成，此外，腐蚀层内层还发现了 Ni、Mo 的富集及 Cr 的耗尽。整个表层都能检测出 Mo 的存在，说明表层生成了挥发性的 Mo 化合物 $MoCl_4$、$MoCl_5$ 或 $MoOCl_3$。

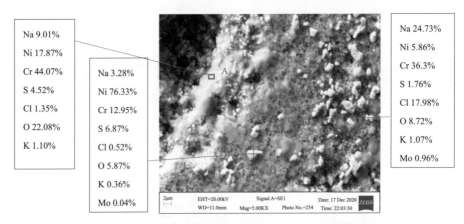

Na 9.01%	Na 3.28%	Na 24.73%
Ni 17.87%	Ni 76.33%	Ni 5.86%
Cr 44.07%	Cr 12.95%	Cr 36.3%
S 4.52%	S 6.87%	S 1.76%
Cl 1.35%	Cl 0.52%	Cl 17.98%
O 22.08%	O 5.87%	O 8.72%
K 1.10%	K 0.36%	K 1.07%
	Mo 0.04%	Mo 0.96%

图 5-26　NiCr17Mo 合金涂层在 650℃于腐蚀试剂［25%（质量百分比）NaCl，25%（质量百分比）KCl，25%（质量百分比）Na_2SO_4，25%（质量百分比）K_2SO_4］中空气气氛下腐蚀 180h 的表面形貌照片和 EDS 结果

NiCr17Mo 合金涂层在 650℃于腐蚀试剂［25%（质量百分比）NaCl，25%（质量百分比）KCl，25%（质量百分比）Na_2SO_4，25%（质量百分比）K_2SO_4］中空气气氛下腐蚀 180h 的断面形貌照片和 EDS 面扫描结果，如图 5-27 所示。在基体和腐蚀氧化层之间有一道明显的分界线，而且能够看到明显的显微裂纹，腐蚀产物出现破碎的现象。根据面扫描的结果，腐蚀层与基体的交界处出现了明显的 Cr 含量耗尽区中，腐蚀产物层 O 的含量也较高，再次验证腐蚀产物层是富含 Cr 的氧化层。氧化层中最外层表面处可看到 Cr、Mo 富集，而内侧发现了贫 Cr、Mo 区，说明 Cr、Mo 发生了选择性氧化。

氧化层中的 Ni 含量明显低于基体中的，说明基体中的 Cr 首先发生了氧化，而后 Ni 被氧化，加上 Ni 的氧化物又较为稳定，因而 Ni 分布出现明显的分层现象。在氧化层与基体的分界线处 Mo 的含量较少，挥发性的 Mo 化合物 $MoCl_4$、$MoCl_5$ 或 $MoOCl_3$ 造成 Mo 在分界线处的耗尽，结合下段 XRD 分析，说明生成的 MoS_2 使腐蚀产物层中 Mo 的分布较为均匀。Cl 在氧化层与基体分界线处含量较高，相较于 Cl 的分布，S 在分界线处含量较少，说明 S 在近氧化层的基体处生成的 MoS_2 消耗了 S。而对比 Na 和 K 在氧化层与基体分界线处的分布，发现相同位置处 Na 比 K 的含量较多，说明 Na 比 K 对 NiCr17Mo

合金涂层的影响较大。结合氧化层 Cl、S 和 O 的含量分布可得出结论：材料的失效主要是 Cl、S 的腐蚀和金属的高温氧化，Na 与 K 加速材料的失效。

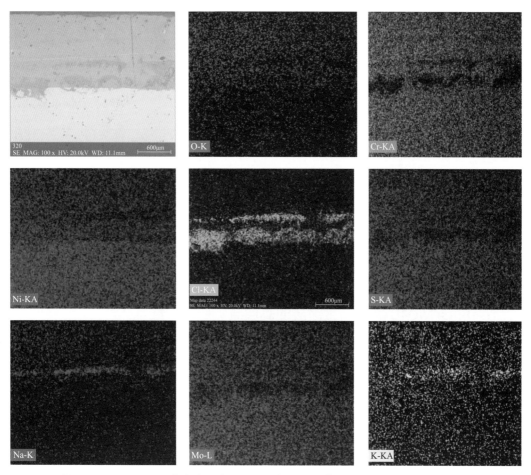

图 5-27　NiCr17Mo 合金涂层在 650℃ 于腐蚀试剂［25%（质量百分比）NaCl，25%（质量百分比）KCl，25%（质量百分比）Na₂SO₄，25%（质量百分比）K₂SO₄］中空气气氛下腐蚀 180h 的断面形貌照片和 EDS 面扫描结果

　　NiCr17Mo 合金涂层在 500～650℃ 于空气氛围下在混合熔融盐试剂中腐蚀 180h 后的腐蚀产物 XRD 图谱，如图 5-28 所示。由于小部分腐蚀试剂残留在试样表面，试样中检测到的 NaCl、KCl、Na₂SO₄ 和 K₂SO₄ 未在图中标注。在较低温度 500℃ 时，试样表面未发生明显变化，表面无产物附着现象，并带有金属性光泽。XRD 结果显示，NiCr17Mo 合金涂层的相为典型的 γ-Ni 固溶体。而当温度达到 550℃ 时，表面生成了 Ni-Cr-Mo 的氧化层，主要为 NiO、Cr₂O₃ 和 MoO₂。当温度继续升高到 600℃ 时，同样检测到了 NiO、Cr₂O₃ 和 MoO₂，但在 600℃ 时，检测到 CrMoO₃ 的存在，这与前面的 EDS 结果也是相对应的。当温度升高到 650℃ 时，Cr₂O₃ 和 MoO₂ 产生了高温熔解现

象,即 Ni 取代 Cr_2O_3 中 Cr 的现象,检测到 $NiCr_2O_4$ 的衍射峰。同时,也检测到硫化物 MoS_2 的存在, MoS_2 在一定程度上能够阻止基体进一步产生腐蚀,试样并没有检测到金属氯化物的存在。

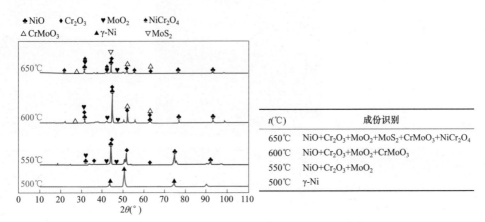

图 5-28 NiCr17Mo 合金涂层在 500～650℃于空气氛围下在混合熔融盐试剂中
腐蚀 180h 后的腐蚀产物 XRD 图谱

5.2.5 NiCrMo10W 系合金涂层的高温氯硫腐蚀特性

NiCrMo10W 合金涂层在 500～650℃于试剂 [25%(质量百分比)NaCl,25%(质量百分比)KCl,25%(质量百分比)Na_2SO_4 和 25%(质量百分比)K_2SO_4] 中空气气氛下腐蚀 180h 后,经过盐酸水浴 [25%(质量百分比),80℃] 酸洗 30～40min 后的腐蚀失质量曲线,如图 5-29 所示。试样在试剂中腐蚀 180h 后,最大的失质量出现在 650℃时,最大的失质量为 $4078g/m^2$,耐蚀性能最差。同样温度间隔为 50℃,分别在 500、550、600、650℃下进行高温熔融盐腐蚀实验。腐蚀规律和上述两种材料有相似的地方,即随着腐蚀时间的延长,NiCrMo10W 合金涂层的失质量也逐渐增大,而随着温度的升高,曲线斜率增大,材料的腐蚀速率提高。和 NiCr17Mo 合金涂层类似,失质量在 650℃时出现激增现象。

试样在 650℃时经过 180h 腐蚀生成了较厚的腐蚀层,通过与 NiCr17Mo 合金涂层和 TP347H 不锈钢的腐蚀失质量对比,可得出结论:NiCr17Mo 中加入 10%(质量百分比)W 元素并没有提高材料的耐蚀性能,相反,使材料的腐蚀性增加。在 600℃之前,于混合熔融盐腐蚀试剂中空气气氛下腐蚀 180h,NiCr17Mo 合金涂层的耐腐蚀性能最好,NiCrMo10W 合金涂层次之,TP347H 不锈钢最差。650℃时,TP347H 不锈钢的耐腐蚀性能最好,NiCr17Mo 合金涂层次之,NiCrMo10W 合金涂层最差。

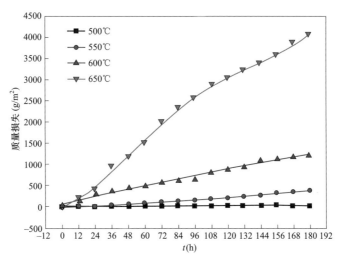

图 5－29　NiCrMo10W 合金涂层在 500～650℃于试剂［25%（质量百分比）NaCl，
25%（质量百分比）KCl，25%（质量百分比）Na₂SO₄ 和 25%（质量百分比）K₂SO₄］中
空气气氛下腐蚀 180h 后，经过盐酸水浴［25%（质量百分比），80℃］酸洗
30～40min 后的腐蚀失质量曲线

NiCrMo10W 合金涂层在 500～650℃于腐蚀试剂［25%（质量百分比）NaCl，25%（质量百分比）KCl，25%（质量百分比）Na₂SO₄ 和 25%（质量百分比）K₂SO₄］中空气气氛下腐蚀 12h 的表面形貌照片和 EDS 面扫描结果，如图 5－30 所示。NiCrMo10W 合金涂层是在 NiCr17Mo 的基础之上添加了 10%（质量百分比）的 W 成分，由于 Ni 的含量较高，能够在一定程度减小 W 对 NiCrMo10W 合金涂层烧结体组织均匀性的影响。通过对比 NiCr17Mo 合金涂层来研究 NiCrMo10W 合金涂层的高温熔融盐腐蚀特性。在较低温度500℃时，NiCrMo10W 合金涂层腐蚀 12h 后，在高倍镜下观察到表面形貌和 NiCr17Mo 合金涂层相似，都能看到激光熔覆过程焊道的纵向痕迹，表面生成较多的富含 O 及微量 Cl 的细小空洞［图 5－30（a）］。在 550℃时，试样表面的孔洞并没有随着温度的升高显示出增多的迹象［图 5－30（b）］，孔洞的产生可能是生成的挥发性化合物 NiCl₂。由于这些孔洞的存在，腐蚀介质和 O 会不断向基体扩散，腐蚀新鲜基体。

600℃时，腐蚀产物的完整性被破坏掉了，生成了较多的颗粒状和絮状的腐蚀产物［图 5－30（c）］。通过 EDS 结果显示，图中 A 点颗粒状的腐蚀产物主要是富 Ni 化合物（主要是 NiO），而图中 B 区域絮状的腐蚀产物主要是富 Cr 的氧化层（主要是 Cr₂O₃）。温度升高到 650℃时，生成的颗粒状腐蚀产物长大，絮状的腐蚀产物出现了分解现象［图 5－30（d）］。EDS 结果显示，C 区域絮状腐蚀产物 Cr 的含量明显降低，说明生成的 Cr₂O₃ 的氧化层在 650℃时遭到了破坏，D 点的颗粒状腐蚀产物点还是 Ni 的氧化物为主（NiO），但是相较于 A 点，Ni 的含量也有轻微降低，但 Ni 的含量依旧在 78% 以上，说明 NiO 的稳定性高于 Cr₂O₃，NiO 对基体具有良好的保护作用。与 C 点相比，D 点没有检测到 Mo，而且 Cr 的含量也有所下降，这表明试样表面发生了选择性氧化。A 点、B 区域、C 区域及 D 点通过 EDS 都检测到了 W 元素，而且在富 Ni 的氧化层中，W 的含量反而更少。

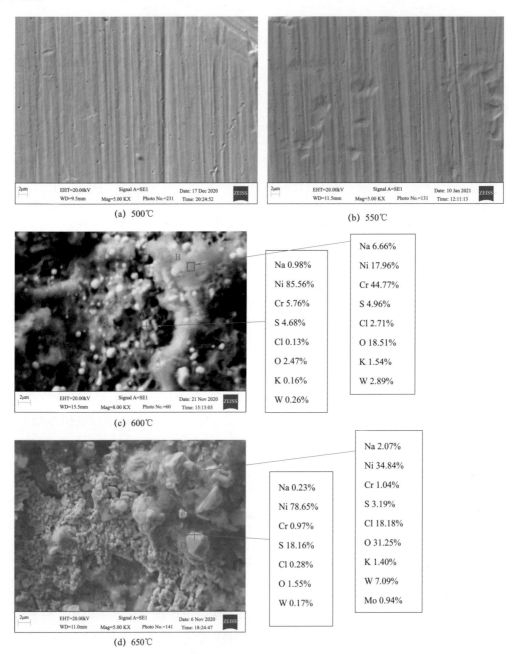

(a) 500℃

(b) 550℃

(c) 600℃

(d) 650℃

图 5−30　NiCrMo10W 合金涂层在 500～650℃于腐蚀试剂［25%（质量百分比）NaCl，25%（质量百分比）KCl，25%（质量百分比）Na₂SO₄ 和 25%（质量百分比）K₂SO₄］中空气气氛下腐蚀 12h 的表面形貌照片和 EDS 面扫描结果

NiCrMo10W 合金涂层在 500～650℃ 于腐蚀试剂 [25%（质量百分比）NaCl，25%（质量百分比）KCl，25%（质量百分比）Na$_2$SO$_4$ 和 25%（质量百分比）K$_2$SO$_4$] 中空气气氛下腐蚀 180h 的表面形貌照片，如图 5–31 所示。在较低温度时，NiCrMo10W 合金涂层在 500℃ 经过 180h 腐蚀后，经过去离子水清洗表面的腐蚀试剂后，表面仍具有金属光泽，但部分区域生成较为薄的腐蚀层，腐蚀层有剥落的痕迹 [图 5–31（a）]。在高倍镜下观察到微小的颗粒状腐蚀产物，并且腐蚀产物层不平整、不致密，可看到显微裂纹 [图 5–31（b）]，分析可能由于难溶性 W 元素的存在，对 NiCrMo10W 合金涂层耐蚀性产生影响。温度在 550℃ 时，试样表面生成一层疏松的腐蚀产物层，表面较不平整 [图 5–31（c）]，并且颗粒状的腐蚀产物开始长大，看到颗粒状和絮状腐蚀产物 [图 5–31（d）]，EDS 结果显示，颗粒状为富 Ni 产物，絮状为富 Cr 腐蚀产物。

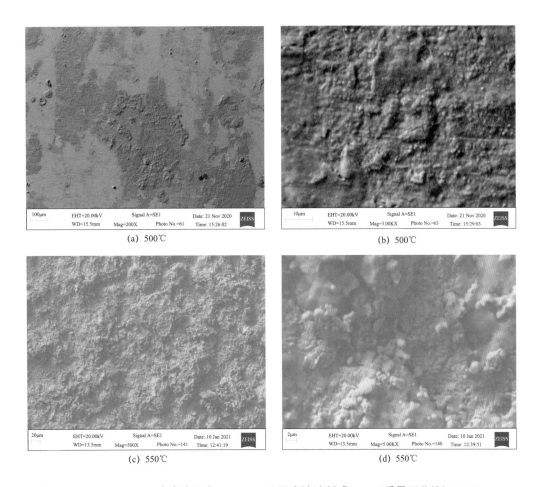

(a) 500℃   (b) 500℃

(c) 550℃   (d) 550℃

图 5–31　NiCrMo10W 合金涂层在 500～650℃ 于腐蚀试剂 [25%（质量百分比）NaCl，25%（质量百分比）KCl，25%（质量百分比）Na$_2$SO$_4$ 和 25%（质量百分比）K$_2$SO$_4$] 中空气气氛下腐蚀 180h 的表面形貌照片（一）

图 5-31　NiCrMo10W 合金涂层在 500～650℃于腐蚀试剂［25%（质量百分比）NaCl，
25%（质量百分比）KCl，25%（质量百分比）Na₂SO₄ 和 25%（质量百分比）K₂SO₄］中
空气气氛下腐蚀 180h 的表面形貌照片（二）

　　600℃时，试样表面已出现凹陷现象［图 5-31（e）］，颗粒状腐蚀产物再次长大，并且絮状腐蚀产物减少［图 5-31（f）］，说明含 Cr 的氧化层被破坏。当温度达到较高温度 650℃时，试样出现了较严重的腐蚀，腐蚀层较厚，且出现了大面积的剥落现象，可以明显地看到腐蚀层表面较为疏松［图 5-31（g）］，分析是因为加入 W 元素，生成的含 WO₃ 较为疏松的腐蚀产物，在高倍镜下观察到颗粒状和絮状腐蚀产物变成蜂窝状的腐蚀产物［图 5-31（h）］，腐蚀层蓬松且出现分层现象，NiCrMo10W 合金涂层在腐蚀介质中生成 WO₃，而生成的 WO₃ 导致氧化皮较为疏松，因而降低了材料的耐蚀性能。

　　NiCrMo10W 合金涂层 650℃下于腐蚀试剂［25%（质量百分比）NaCl，25%（质量百分比）KCl，25%（质量百分比）Na₂SO₄ 和 25%（质量百分比）K₂SO₄］中空气气氛下腐蚀 180h 后腐蚀截面形貌图片及截面扫描结果，如图 5-32 所示。根据截面背散射形貌照片可看到，NiCrMo10W 合金涂层表面生成了较厚的一层腐蚀产物，根据断面形貌可以很清晰地看到试样内部的晶间腐蚀。根据 O 的分布，腐蚀产物处的氧含量远高于合金基体处，再结合 Ni、Cr 的面扫描分布，说明腐蚀产物为富含 Ni、Cr 的氧化层。

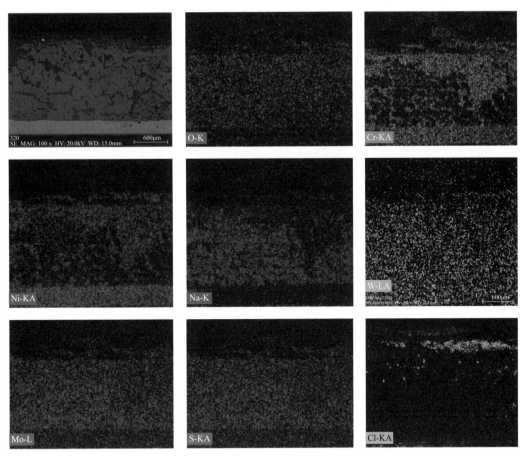

图 5-32　NiCrMo10W 合金涂层 650℃下于腐蚀试剂［25%（质量百分比）NaCl，
25%（质量百分比）KCl，25%（质量百分比）Na₂SO₄ 和 25%（质量百分比）K₂SO₄］中
空气气氛下腐蚀 180h 后腐蚀截面形貌图片及截面扫描结果

　　氧化层中最外层表面处可看到 Cr 富集，而内侧发现了贫 Cr 区，说明 Cr 发生了选择性氧化。Mo 的含量相比较少，说明 Mo 生成了挥发性的物质，造成了表层的 Mo 流失。W 元素分布相对较为均匀，说明生成的化合物能够在氧化层中稳定存在。对比 Cl 和 S 的分布，能够看到 Cl 的分布在氧化层中含量较高，基体中含量较少，说明 NiCrMo10W 合金涂层表面生成氧化皮能阻挡 Cl 的快速侵蚀。基体中发现少量的 Cl 和 S，说明 Cl 和 S 能够穿透较厚的氧化层，不断腐蚀合金新鲜的基体，S 的分布在扫描面中含量较少，并且分布较为平均。

　　NiCrMo10W 合金涂层在 500～650℃于空气氛围下在混合熔融盐试剂中腐蚀 180h 后的腐蚀产物 XRD 图谱，如图 5-33 所示。各温度下的试样经去离子水清洗后依旧能检测到残留的腐蚀试剂，因此在图中不再标注。在较低温度 500℃腐蚀 180h 后，和 NiCr17Mo 合金涂层类似，试样表面经去离子水清洗后，表面露出金属光泽，无明显的腐蚀产物，XRD 结果显示，γ-Ni 固溶体是主要的生成相，当温度到 550℃时，检测到富含 Ni、Cr

和 Mo 的腐蚀产物（主要是 NiO、Cr_2O_3 和 MoO_2），和 NiCr17Mo 合金涂层不同的是在 550℃ 检测到 Cr-O。而当温度升高到 600℃时，Cr-O 发生熔解，部分 Ni、Mo 取代了氧化层中 Cr 从而得到 $NiCr_2O_4$ 及 $CrMoO_3$，也即 Cr_2O_3 及 MoO_2 的高温熔解。650℃时，检测到 WO_3 的存在，由于表面生成 W 的氧化物（如 WO_3）使试样氧化膜质地蓬松，因而氯化物和硫化物大量侵蚀，不断腐蚀新鲜基体，造成 NiCrMo10W 合金涂层的严重腐蚀。650℃时试样也检测到硫化物 MoS_2 的存在，MoS_2 在一定程度上能够阻止基体进一步产生腐蚀，和 NiCr17Mo 合金涂层类似，试样并没有检测到金属氯化物的存在。

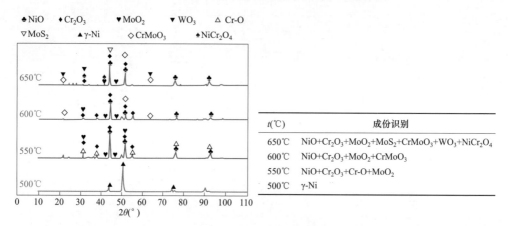

图 5-33　NiCrMo10W 合金涂层在 500～650℃于空气氛围下在混合熔融盐试剂中腐蚀 18h 后的腐蚀产物 XRD 图谱

5.2.6　高 Mo/W 系 Ni-Cr-Mo 合金涂层的高温氯硫腐蚀机理

本节主要介绍了 TP347H 不锈钢、NiCr17Mo 合金涂层及 NiCrMo10W 合金涂层在高温熔融盐中的腐蚀结果。在 600℃前，TP347H 不锈钢的腐蚀失质量最大，其次是 NiCrMo10W 合金涂层，最后是 NiCr17Mo 合金涂层，这说明在 600℃前，NiCr17Mo 合金涂层耐蚀性最好。650℃时，NiCrMo10W 合金涂层的腐蚀失质量最大，其次是 NiCr17Mo 合金涂层，最后是 TP347H 不锈钢，说明 650℃时，TP347H 不锈钢耐蚀性最好。另外，温度从 600℃升高到 650℃时，NiCr17Mo 合金涂层及 NiCrMo10W 合金涂层的腐蚀失质量都表现出骤增的现象，说明 NiCr17Mo 合金涂层和 NiCrMo10W 合金涂层的耐蚀性在 600℃～650℃间存在一个临界值，因而可在不同温度工况下，选择不同的材料。

TP347H 不锈钢表面的腐蚀产物随着腐蚀温度的升高，逐渐由少量的颗粒腐蚀产物变成片状腐蚀产物，然后生成平整的一层腐蚀产物，最后产生结渣现象。NiCr17Mo 合金涂层的腐蚀产物较为坚固且平整，NiCrMo10W 合金涂层的腐蚀产物出现蓬松且分层现象。

NiCrMo10W 发生了较严重的晶间腐蚀，TP347H 不锈钢表面也发生了明显的晶间腐蚀，但是腐蚀深度较低，NiCr17Mo 合金涂层几乎看不到晶间腐蚀。尽管 Ni 基合金在较低温度表现出较高的耐腐蚀性能，但是在 600℃以上的温度作用下，内部的一些合金元素会发生扩散现象，在晶界附近析出较多的金属化合物，出现严重的晶界偏析现象，也即在高温下这类材料的腐蚀失效以晶间腐蚀为主导。

TP347H 不锈钢的腐蚀产物主要是生成 Fe 的氧化物 Fe_xO_y（Fe_3O_4 和 Fe_2O_3），$NiFe_2O_4$ 和少量的 Cr_2O_3。在较高温度下，Fe_2O_3 和 Cr_2O_3 出现了消失的现象，这说明可能发生了溶解。NiCr17Mo 合金涂层和 NiCrMo10W 合金涂层的腐蚀产物主要是 NiO 和 Cr_2O_3，在较低温度下又生成 MoO_2，在高温下 MoO_2 转变为 $CrMoO_3$。NiCr17Mo 合金涂层中还生成了 $NiCr_2O_4$，这是 TP347H 不锈钢所不具备的。另外，腐蚀在 500℃时，XRD 检测结果显示，$\gamma-Ni$ 是 NiCr17Mo 合金涂层和 NiCrMo10W 合金涂层主要的相。这些物质的存在也极大提高了 NiCr17Mo 合金涂层和 NiCrMo10W 合金涂层在 600℃下的耐腐蚀性。

碱金属氯盐和硫酸盐构成的混合熔融盐腐蚀是一个复杂的过程，在高温环境下包括化学腐蚀、电化学腐蚀、界面腐蚀及氧化物的溶解。金属及合金涂层的耐蚀性能通常取决于基体表面保护性氧化皮的形成。众所周知，硫酸盐、硫化物、Cl^- 及氯化物的腐蚀环境会加速材料的腐蚀，从而加速金属的氧化，由于金属内部的腐蚀及形成易剥落的氧化皮，从而破坏了保护性氧化皮的完整性，加快了金属材料的失效。

5.2.6.1 较低温度下的氯硫腐蚀

在 500～550℃下，混合熔融盐腐蚀介质几乎都没有发生熔化，因此化学腐蚀是主要的腐蚀机制。由于腐蚀过程是在空气中进行的，因此氧气也参与了腐蚀过程。氧气可以自由的通过固态腐蚀介质直接与金属材料发生反应，生成金属氧化层，化学反应方程式如下。

$$xM(s)+(y/2)O_2(g)\rightarrow M_xO_y(s) \qquad (5-13)$$

另一方面，由于腐蚀介质中存在硫酸盐，合金也可与氧化剂 SO_4^{2-} 直接发生反应，化学反应方程式如下。

$$xM(s)+ySO_4^{2-}(g、l)\rightarrow M_xO_y(s)+ySO_2+yO^{2-} \qquad (5-14)$$

其中，M 为金属元素（Ni、Cr、Mo、Fe、W、Nb 等金属元素），生成的氧化物主要为（NiO、Cr_2O_3、MoO_2、Fe_3O_4、WO_3、NbO），这些氧化物可在基体形成一层致密的氧化膜，有效阻止了基体进一步的腐蚀。需要指出的是，对于合金中元素不同，其氧化的顺序也不同，合金元素氧化的顺序取决于该温度下的吉布斯自由能（ΔG），一般情况下生成 Cr_2O_3 的吉布斯自由能最小，其次是 MoO_2，再者是 Fe_3O_4，最后是 NiO。混合熔融盐的熔点较低，这是因为混合融盐和氧化产物一起，降低了碱金属盐的熔点。在该研究中，在电阻炉的炉口处发现大量的白色絮状物质，这些物质应该是挥发出来的 NaCl 和 KCl 冷凝后在炉口处结晶的物质。在一定的温度和压力中，碱金属氯盐存在一定的饱和

蒸汽压,这使在一定范围内存在挥发性的氯盐,而盐的扩散(主要是 Cl)会加剧腐蚀介质中酸性气体的生成,然后参与如下反应:

$$RCl(s) \rightarrow RCl(g) \tag{5-15}$$

$$RCl(s,g) + H_2O(g) \rightarrow ROH(s,g) + HCl(g) \tag{5-16}$$

$$4HCl(g) + O_2(g) \rightarrow 2Cl_2(g) + 2H_2O(g) \tag{5-17}$$

其中,R 为碱金属元素,如垃圾焚烧环境中的 Na、K、Ca、Mg 等。这些碱金属氯盐的挥发及分解会产生强氧化性的 HCl 和 Cl_2,加速过热器管的氯化。高温下 Cl 具有很强的渗透性,它们可穿过金属管材表面疏松的积灰层,通过表面的氧化膜与金属发生反应生成氯化物。随着温度的升高,氯化物在高温下具有较高的蒸汽压,极易挥发并分解,这部分氯化物(g)又再次与 O_2 发生反应,又得到相应的金属氧化物,同时生成大量的 Cl_2。在 $HCl-O_2$ 气氛里腐蚀较短的时间内,HCl 不是最主要的腐蚀介质,Cl_2 才是最重要的腐蚀介质。Cl^- 和含 Cl 的气体腐蚀合金的机理如下。

$$M(s) + Cl_2(g) \rightarrow MCl_2(s) \tag{5-18}$$

$$2M(s) + 2HCl(g) \rightarrow 2MCl(s) + H_2(g) \tag{5-19}$$

$$MCl(s) \rightarrow MCl(g) \tag{5-20}$$

其中,M 为材料中的合金元素。对于金属氯化而言,上述反应能否进行也取决于不同温度下的吉布斯自由能(ΔG),对于合金涂层和 TP347H 不锈钢而言,生成 $CrCl_2$ 的 ΔG 最小,其次是 $FeCl_2$,最后是 $NiCl_2$。垃圾焚烧特定的温度下,Cl_2 的分压也会影响氯化物的生成。事实上,因为熔点较低,这些氯化物的蒸汽压力即使在低温下也很高。温度越高,挥发性就越强,因此腐蚀也更加厉害。在氯化物向外扩散的过程中,距离合金表面越远,O_2 的浓度就会越高,从而这些氯化物发生选择性氧化[64]。反应生成的 Cl_2 又重新扩散回到合金表面,从而又形成腐蚀周期:

$$xMCl_2(g) + (y/2)O_2(g) \rightarrow M_xO_y(s) + xCl_2(g) \tag{5-21}$$

需要指出的是,不同金属氧化物的分压不同。Cr 的氯化物转变成氧化铬所需的氧分压最小,而氯化镍转变为氧化镍的情况刚好相反,这也解释了高温下铬和钼的选择性氧化(这在两种 Ni 基合金涂层中均被发现),而在外层氧化层及内层合金基体中间检测到大量的 Cr_2O_3 也证实了这一点。

由气体粒子 Cl^- 和 Cl_2 引起的合金加速氧化过程通常被叫作活性氧化,O 的浓度是引起活性氧化的关键因素。虽然 Cl 的存在会加速氧化腐蚀的过程,但 Cr_2O_3、NiO、WO_3 及 Fe_3O_4 表面金属氧化层的存在通常可使基体金属具有较强的耐蚀性,尤其是 NiO 的高温稳定性,它使两种 Ni 基合金涂层在较低温度下具有较高的耐蚀性能。

Na_2SO_4 和 K_2SO_4 的熔点分别是 884℃和 1067℃,它们可生成较低温度的焦硫酸盐($Na_2S_2O_7$ 和 $K_2S_2O_7$),黏附在试样上,焦硫酸盐存在的温度为 400~590℃,腐蚀试剂中焦硫酸盐与 TP347H 不锈钢表面的 Fe_2O_3 保护膜会发生化学反应，使 Fe_2O_3 发生溶解，严重破坏金属表面的氧化膜，生成附着性能更好的复合硫酸盐，化学反应如下。

$$R_2SO_4(s、l) + SO_3(g) \rightarrow R_2S_2O_7(s、l) \tag{5-22}$$

$$3R_2S_2O_7(s、l) + Fe_2O_3(s) \rightarrow 2R_3Fe(SO_4)_3(s) \tag{5-23}$$

其中，R_2SO_4 为碱金属硫酸盐，如混合熔盐腐蚀试剂中的 Na_2SO_4 和 K_2SO_4。通过上述反应可看到，硫酸盐在高温下会生成 SO_2 和 SO_3，与碱金属硫酸盐反应生成焦硫酸盐，进而破坏合金表面的氧化膜。

5.2.6.2 较高温度下的氯硫腐蚀

在 600～650℃下，两种腐蚀介质都已全部融化。在这种状态下，液体的腐蚀介质提供了离子转移的电解质，所以电化学腐蚀起到了主要的作用。TP347H 不锈钢和 NiCrMo10W 合金涂层发生的严重的晶间腐蚀也能很好地证明这一点。通常情况下，当温度加热到 425～815℃时，C 含量大于 0.03%（质量百分比）的奥氏体不锈钢容易在晶界处生成碳化物$(Cr、Fe)_{23}C_6$，这一过程叫作敏化。碳化物$(Cr、Fe)_{23}C_6$ 的生成也因此造成 TP347H 不锈钢贫 Cr 和 Fe，从而更多的 C、Cr 和 Fe 从晶粒内部向晶界扩散。由于 C 的扩散速度大于 Cr 和 Fe 的，因而总是 C 先扩散到晶界处，导致晶界处的 Cr 和 Fe 首先被消耗掉，这也解释了晶界处的贫 Cr 和 Fe 现象。需要注意的是，当 Cr 的含量低于发生钝化所需的临界值时［通常 12%（质量百分比）］，就会形成一个腐蚀微电池，其中，阳极是晶界，阴极是晶粒，然后晶界会被溶解掉，而晶粒依旧保持钝化的状态。

一方面，当混合熔盐腐蚀试剂处于部分熔化状态时，如果表层的腐蚀产物被溶解，腐蚀可能变得更加严重。在这种情况下，氧气和其他腐蚀介质依然能够接触到新鲜的基体，并且会在基体内部扩散，可能导致加速腐蚀。Uusitalo 等模拟了过热器管材沉积氯盐的高温腐蚀实验，结果发现氯化物对板条状晶界处氧化物的破坏及氯化物沿着晶界的扩散是引起奥氏体不锈钢失效的主要因素。因此，试样在 650℃时的腐蚀最严重，反应方程式如下。

$$2RCl(s、l) + Fe_2O_3(g) + (1/2)O_2(g) \rightarrow R_2Fe_2O_4(s、l) + Cl_2(g) \tag{5-24}$$

$$2RCl(s、l) + (1/2)Cr_2O_3(s) + (5/4)O_2(g) \rightarrow R_2CrO_4(s、l) + Cl_2(g) \tag{5-25}$$

其中，RCl 在本实验中对应混合熔盐腐蚀试剂中的 NaCl 和 KCl 部分，除沉积部分的 NaCl 外，气态的 NaCl 也对 Cr_2O_3 产生破坏。

另外，熔盐中可能生成低熔点化合物也会破坏氧化膜，NaCl 和 KCl 的熔点分别是 801℃和 770℃，碱金属氯化物同时可和其他氯化物反应生成低熔点的共晶化合物，例如，共晶化合物 KCl-$CrCl_2$ = 462-475℃，KCl-$FeCl_2$ = 340-393℃，KCl-$FeCl_3$ = 202-220℃。同时，Fe 和 Ni 的硫化物熔点相对较低，也会形成低熔点共晶化合物，这些低熔点的共晶化合物很容易挥发，使金属元素从合金内部向外转移，从而加速腐蚀。可见，高温过热器管材腐蚀的温度区间与碱金属氯化物的熔融区间是相吻合的，熔融态的碱金属氯化物对过热器管材的腐蚀起到决定作用。

另一方面，金属氧化物可直接与硫酸盐发生反应，破坏氧化膜的致密性，以 TP347H 不锈钢中的 Fe_2O_3 与硫酸盐为例，发生如下反应。

$$3R_2SO_4(g、l)+Fe_2O_3(s)+3SO_3(g)\rightarrow 2R_3Fe(SO_4)_3(s、l) \qquad (5-26)$$

$$6R_2SO_4(g、l)+2Fe_2O_3(g)+6SO_2(g)+3O_2(g)\rightarrow 4R_3Fe(SO_4)_3(s、l) \qquad (5-27)$$

$$10Fe(s)+2R_3Fe(SO_4)_3(s、l)\rightarrow 3Fe_3O_4(s)+3FeS(s)+3R_2SO_4(g、l) \qquad (5-28)$$

其中，R_2SO_4 为碱金属硫酸盐，如混合熔盐腐蚀试剂中的 Na_2SO_4 和 K_2SO_4，通过上述反应可看到，反应会生成新的硫酸盐，从而促使反应不断进行。按照上述反应，产物中还会生成 MoS_2、NiS、FeS 和 Cr_2S_3，其中，Fe 和 Ni 的硫化物缺陷密度高，使金属原子在这种硫化物中的扩散速度较高，加速腐蚀的进行。

对于 Ni 基合金涂层而言，虽然金属元素 Cr 在提高合金的高温耐腐蚀性能上有较大优势，但是在 650℃时，根据式（5-23），面对混合熔盐的腐蚀而言也失去了优势。相比较 Cr_2O_3，NiO 性能较为稳定，不容易溶解，这主要是与 Cr_2O_3 的优先溶解有关系。Cr_2O_3 优先溶解，从而抑制 NiO 溶解。在 650℃时，NiCr17Mo 合金涂层和 NiCrMo10W 合金涂层都含有较多的 Mo，实际上，合金涂层在高温腐蚀过程中，MoO_2 也会优先发生溶解，生成较高含量的挥发性含 Mo 化合物，这也是 650℃以上时合金涂层腐蚀严重的一种可能性。TP347H 不锈钢在 650℃腐蚀后，通过 XRD 检测到了 NbO 的衍射峰，而 NbO 同样具有较高的稳定性，不易发生高温熔解，这也解释了 TP347H 不锈钢在 650℃时具有较高的耐蚀性。

当腐蚀介质被完全熔化时，式（5-22）和式（5-23）就会被抑制，氧的溶解度很小，而且随着温度升高，氧的溶解度会进一步降低，没有足够的氧气，活性氧化和熔盐腐蚀都会被控制。这也就解释了 NiCr17Mo 合金涂层和 NiCrMo10W 合金涂层在 650℃时腐蚀失质量激增的现象（图 5-23 和图 5-29），因为在 650℃时，式（5-14）的反应强烈进行因而生成较多的 O^- 及 O_2，而这些 O^- 和 O_2 会加速活性氧化和熔盐腐蚀。

5.2.7 高 Mo/W 系 Ni-Cr-Mo 合金涂层的高温氯硫腐蚀特性总结

本节主要阐述了 TP347H 不锈钢、NiCr17Mo 合金涂层及 NiCrMo10W 合金涂层在不同温度下的腐蚀机理。

在较低温度（500～550℃）下，腐蚀试剂几乎没有发生熔化，腐蚀机制主要是化学腐蚀，三种材料尤其是合金涂层都表现出较高的耐腐蚀特性。由于腐蚀是在空气气氛下进行的，氧气在整个腐蚀过程中都参与，并且起到了至关重要的作用，腐蚀机制为活性氧化。生成的氧化物 Fe_xO_y（Fe_2O_3、Fe_3O_4）、NiO、Cr_2O_3、MoO_2、WO_3 和 NbO 都是保护性氧化膜，能够附着在表面起到很好的保护作用。

在较高温度（600～650℃）下，腐蚀试剂几乎全部发生熔化，腐蚀机制主要是电化学腐蚀，TP347H 不锈钢却表现出良好的耐蚀性，NiCr17Mo 合金涂层及 NiCrMo10W 合金涂层发生了较严重的腐蚀。较高温下碱金属硫酸盐会生成 O^- 或 O_2，O_2 可通过腐蚀介质继续发生腐蚀，可将保护性氧化膜 Fe_xO_y（Fe_2O_3、Fe_3O_4）、Cr_2O_3、MoO_2 和 WO_3 溶解掉，从而加速腐蚀。Ni 基合金涂层在较高温度下会生成较多含量的挥发性含 Mo 的化合物，这也是 650℃ 以上时合金涂层腐蚀严重的一种可能性。

另外，腐蚀过程中生成的低熔点的共晶化合物附着在保护性氧化膜上，增加了熔融相的含量，从而加速了腐蚀产物的挥发。另外，TP347H 不锈钢包含高温下 Cl_2 扩散与铁反应生成 $FeCl_2$，$FeCl_2$ 氧化生成 Cl_2 的典型过程。TP347H 不锈钢腐蚀的温度区间与碱金属氯化物的熔融区间是相吻合的，熔融态的碱金属氯化物对 TP347H 不锈钢的腐蚀起到决定作用。NiCrMo10W 合金涂层因含有 WO_3 产物，使氧化膜质地较为蓬松，因而 NiCrMo10W 合金涂层的腐蚀失质量大于 NiCrMo10W 的。TP347H 不锈钢生成致密的氧化膜，由于氧化膜含有稳定性 NiO 和 NbO 化合物，使 TP347H 不锈钢在 650℃ 时表现出较好的耐腐蚀性。

参 考 文 献

[1] 戎志梅. 从战略高度认识开发生物质能产业的重要意义 [J]. 精细化工原料及中间体，2006（07）：7-10.

[2] 王晓宁. 中国新能源发展现状与趋势 [J]. 高科技与产业化，2008（01）：60-61.

[3] Faaij. Bio-energy in Europe: Changing Technology Choices [J]. Energy Policy, 2006, 34（03）：322-342.

[4] 张世坤，许晓光. 我国当前的能源问题及未来能源发展战略 [J]. 能源研究与信息，2004（04）：211-219.

[5] 陈霞，魏世杰. 国外生物质能产业发展理论与实证研究综述 [J]. 新视角，2004（06）：87-88.

[6] 洪浩，叶文虎，宋波，等. 中国生物质成型燃料产业化问题及实证研究 [J]. 资源科学，2010（11）：2172-2178.

[7] H.P. Michelsen, F. Frandsen, K. Dam-Johansen, et al. Deposition and high temperature corrosion in a 10MW straw fired boiler [J]. Fuel Process. Technol, 1998, 54: 95-108.

[8] A.A. Khan, W. de Jong, P.J. Jansens, et al. Biomass combustion in fluidized bed boilers: Potential

problems and remedies [J]. Fuel Process. Technol, 2009, 90: 21－50.

[9] M. Montgomery, O.H. Larsen. Field test corrosion experiments in Denmark with biomass fuels Part 2: Co-firing of straw and coal [J]. Mater. Corros, 2002, 53: 185－194.

[10] H.P. Nielsen, F.J. Frandsen, K. Dam-Johansen, et al. The implication of chlorine-associated corrosion on the operation of biomass-fired boilers [J]. Prog. Energ. Combust. Sci, 2000, 26: 283－298.

[11] C. Yin, L.A. Rosendahl, S.K. Kær.Grate-firing of biomass for heat and power production [J]. Prog. Energ. Combust. Sci, 2008, 34: 725－754.

[12] R. Saidur, E.A. Abdelaziz, A. Demirbas, et al. A review on biomass as a fuel for boilers [J]. Renew. Sust. Energ. Rev, 2011, 15: 2262－2289.

[13] A. Demirbas.Potential applications of renewable energy sources, biomass combustion problems in boiler power systems and combustion related issues [J]. Prog. Energ. Combust. Sci, 2005: 31171－192.

[14] 宋鸿伟，甄邯伟. 生物质锅炉高温过热器管腐蚀机理的研究 [J].锅炉制造，2010（05）：14－18.

[15] 李远士，牛焱，吴维支. 几种工程材料及纯金属在 $ZnCl_2/KCl$ 中的腐蚀 [J].腐蚀科学与防护技术，2001（13）增刊：428－430.

[16] 李政. 生物质锅炉过热器高温腐蚀研究 [D]. 北京：华北电力大学，2009.

[17] 郭贵芬. Fe、Cr、Ni 及其氧化物在 NaCl、KCl 熔盐中的腐蚀及机理 [D]. 大连：大连理工大学，2005.

[18] P. Marshall. Austenitic Stainless Steels: Microstructure and Mechanical properties [M]. Elsevier Applied Science Publishers, 1984.

[19] J.K. Kim, Y.H. Kim, J.S. Lee, et al. Effect of chromium content on intergranular corrosion and precipitation of Ti－stabilized ferritic stainless steel [J]. Corros. Sci, 2010, 52: 1847－1852.

[20] K.T. Chiang, D.S. Dunn, G.A. Cragnolino. Effect of simulated groundwater chemistry on stress corrosion cracking of alloy 22 [J]. Corrosion, 2007, 63: 940－950.

[21] A. Pardo, M.C. Merino, A.E. Coy, et al. Pitting corrosion behaviour of austenitic stainless steels-combining effects of Mn and Mo additions [J]. Corros. Sci, 2008, 50: 1796－1806.

[22] P. Jakupi, J.J. Noël, D.W. Shoesmith. Intergranular corrosion resistance of Σ3 grain boundaries in alloy 22 [J]. Electrochem. Solid-State Lett, 2010, 13: C1－C3.

[23] X. He, D.S. Dunn. Crevice corrosion penetration rates of alloy 22 in chloride-containing waters [J].Corrosion, 2007, 63: 145－158.

[24] P. Jakupi, F. Wang, J.J. Noël, et al. Corrosion product analysis on crevice corroded Alloy-22 specimens [J]. Corros. Sci, 2011, 53: 1670－1679.

[25] A.C. Lloyd, J.J. Noël, S. McIntyre, et al. Mo and W alloying additions in Ni and their effect on passivity [J]. Electrochim. Acta, 2004, 49: 3015－3027.

［26］ X. Zhang, D. Zagidulin, D.W. Shoesmith. Characterization of film properties on the Ni – Cr – Mo alloy C – 2000 ［J］. Electrochim. Acta, 2013, 89: 814 – 822.

［27］ J.R. Hayes, J.J. Gray, A.W. Szmodis, et al. Influence of chromium and molybdenum on the corrosion of nickel-based alloys ［J］. Corrosion, 2006, 62: 491 – 500.

［28］ J.J. Gray, B.S. El Dasher, C.A. Orme.Competitive effects of metal dissolution and passivation modulated by surface structure: An AFM and EBSD study of the corrosion of alloy 22 ［J］. Surf. Sci, 2006, 600: 2488 – 2494.

［29］ A.C. Lloyd, D.W. Shoesmith, N.S. McIntyre, et al. Effects of temperature and potential on the passive corrosion properties of alloys C 22 and C 276 ［J］.J. Electrochem. Soc, 2003, 150: B120.

［30］ P. Jakupi, J.J. Noël, D.W. Shoesmith. The evolution of crevice corrosion damage on the Ni – Cr – Mo – W alloy-22 determined by confocal laser scanning microscopy［J］. Corros. Sci, 2012, 54: 260 – 269.

［31］ J. Kawakita, S. Kuroda, T. Fukushima, et al. Corrosion resistance of HVOF sprayed HastelloyC nickel base alloy in seawater ［J］. Corros. Sci, 2003, 45: 2819 – 2835.

［32］ K.S.E. Al – Malahy, T. Hodgkiess. Comparative studies of the seawater corrosion behaviour of a range of materials ［J］. Desalination, 2003, 158: 35 – 42.

［33］ H. Fujimagari, M. Hagiwara, T. Kojima. Laser-cladding technology to small diameter pipes ［J］. Nucl. Eng. Des, 2000, 195: 289 – 298.

［34］ Y. Huang. Characterization of dilution action in laser-induction hybrid cladding［J］. Opt. Laser Technol, 2011, 43: 965 – 973.

［35］ S. Barnes, N. Timms, B. Bryden, et al. High power diode laser cladding ［J］. J. Mater. Process. Tech, 2003, 138: 411 – 416.

［36］ Q. Wang, Y. Zhang, S. Bai, et al. Microstructures, mechanical properties and corrosion resistance of Hastelloy C22 coating produced by laser-cladding ［J］. J. Alloy. Compd, 2013, 553: 253 – 258.

［37］ Kristoffer Persson, Markus Broström, Jörgen Carlsson. High temperature corrosion in a 65 MW waste to energy plant ［J］. Fuel Proc. Technol, 2007, 88: 1178 – 1182.

［38］ A. Bradshaw, N.J. Simms, J.R. Nicholls. Development of hot corrosion resistant coatings for gas turbines burning biomass and waste derived fuel gases ［J］. Surf. Coat. Tech, 2013, 216: 8 – 22.

［39］ X. Li, Z. Liu, H. Li, et al. Investigations on the behavior of laser cladding Ni – Cr – Mo alloy coating on TP347H stainless steel tube in HCl rich environment ［J］. Surf. Coat. Technol, 2013, 232: 627 – 639.

［40］ ASTM. Test Method for Ash in Biomass: E1755 – 01 ［S］. Philadelphia: American Society for Testing and Materials, 2005.

［41］ ASTM. Test Methods for Analysis of Wood Fuels: E0870 – 82R98E01 ［S］. Philadelphia: American

Society for Testing and Materials, 2005.

[42] J. Qin, C. Yu, H. Nie, et al. Analysis of deviation in biomass ash composition [J]. Proc. CSEE CN, 2009, 29: 97 – 102.

[43] 王明怡. 不同 Mo 含量 NiCrMo 系耐蚀合金的制备及特性研究 [D]. 北京：华北电力大学, 2011.

[44] M.J.L. Gines, G.J. Benitez, T. Perez, et al. Study of the picklability of 1.8 mm hot-rolled steel strip in hydrochloric acid [J]. Lat. Am. Appl. Res, 2002, 32: 281 – 288.

[45] Uusitalo M A, Vuoristo P M J, Mäntylä T A. High temperature corrosion of coatings and boiler steels below chlorine-containing salt deposits [J]. Corrosion science, 2004, 46(6): 1311 – 1331.

[46] H.R. Johnson, D.J. Littler. The Mechanism of Corrosion by Fuel Impurities [M]. Butterworths, 1963.

[47] J. Lehmusto, P. Yrjas, B. – J. Skrifvars, et al. High temperature corrosion of superheater steels by KCl and K_2CO_3 under dry and wet conditions [J]. Fuel Process. Technol, 2012, 104: 253 – 264.

[48] J. – M. Abels, H. – H. Strehblow. A surface analytical approach to the high temperature chlorination behaviour of inconel 600 at 700℃ [J]. Corros. Sci, 1997, 39: 115 – 132.

[49] P. Viklund, A. Hjörnhede, P. Henderson, et al. Corrosion of superheater materials in a waste-to-energy plant [J]. Fuel Process. Technol, 2013, 105: 106 – 112.

[50] H.J. Grabke, E. Reese, M. Spiegel. The effects of chlorides, hydrogen chloride, and sulfur dioxide in the oxidation of steels below deposits [J]. Corros. Sci, 1995, 37: 1023 – 1043.

[51] B. – J. Skrifvars, M. Westén-Karlsson, M. Hupa, et al. Corrosion of super-heater steel materials under alkali salt deposits. Part 2: SEM analyses of different steel materials [J]. Corros. Sci, 2010, 52: 1011 – 1019.

[52] B. Sundman, B. Jansson, J.O. Andersson. The Thermo-Calc databank system [J]. Calphad, 1985, 9: 153 – 190.

[53] R.W. Bryers. Incinerating Municipal and Industrial Waste [M]. Hemisphere Publishing, 1991.

[54] A. Ruh, M. Spiegel. Thermodynamic and kinetic consideration on the corrosion of Fe, Ni and Cr beneath a molten $KCl – ZnCl_2$ mixture [J]. Corros. Sci, 2006, 48: 679 – 695.

[55] 李远士. 几种金属材料的高温氧化、氯化腐蚀 [D]. 大连: 大连理工大学，2001.

[56] A. Zahs, M. Spiegel, H.J. Grabke. Chloridation and oxidation of iron, chromium, nickel and their alloys in chloridizing and oxidizing atmospheres at 400 – 700℃ [J]. Corros. Sci, 2000, 42: 1093 – 1122.

[57] M.A. Uusitalo, P.M.J. Vuoristo, T.A. Mäntylä.High temperature corrosion of coatings and boiler steels below chlorine-containing salt deposits [J]. Corros. Sci, 2004, 46: 1311 – 1331.

[58] D.A. Jones. Principles and Prevention of Corrosion [M]. second ed., Prentice Hall, 1995.

[59] S. Jain, N.D. Budiansky, J.L. Hudson, et al. Surface spreading of intergranular corrosion on stainless steels [J]. Corros. Sci, 2010, 52: 873 – 885.

［60］ Y. He, H. Qi. An Overview of Materials Corrosion and Protection ［M］. China Machine Press, 2005.

［61］ T. Ishitsuka, K. Nose. Stability of protective oxide films in water incineration environment—solubility measurement of oxides in molten chlorides ［J］. Corros. Sci, 2002, 44: 247 – 263.

［62］ B.P. Mohanty, D.A. Shores. Role of chlorides in hot corrosion of a cast Fe – Cr – Ni alloy. Part Ⅰ: Experimental studies ［J］. Corros. Sci, 2004, 46: 2893 – 2907.

［63］ M.C. Mayoral, J.M. Andrés, J. Belzunce, et al. Study of sulphidation and chlorination on oxidised SS310 and plasma-sprayed Ni – Cr coatings as simulation of hot corrosion in fouling and slagging in combustion ［J］. Corros. Sci, 2006, 48: 1319 – 1336.

［64］ G.J. Janz, C.B. Allen, J.R. Downey Jr., R.P.T. Tamkins, Eutectic Data; Safety, Hazard, Corrosion, Melting Points, Compositions and Bibliography, Molten Salts Data Center ［M］. New York: Rensselaer Polytechnic Institute, Troy, 1976.

［65］ O.H. Larsen, N. Henriksen, S. Inselmann, et al. The Influence of Boiler Design and Process Conditions on Fouling and Corrosion in Straw and Coal/Straw-fired Ultra Supercritical Power Plants ［C］. The 9th European Bioenergy Conference, Copenhagen, Denmark, 1996.

6

垃圾焚烧余热锅炉受热面重熔涂层技术研究

6.1　二　次　重　熔　技　术

6.1.1　应用背景

　　金属材料的失效是目前造成工业领域经济损失的主要原因，其失效的种类主要分为断裂、磨损和腐蚀[1]。由于金属部件常处于高温、高压、高速气流、高速震动及富腐蚀介质等复杂恶劣环境下工作，磨损与腐蚀是最为常见的失效形式，而磨损与腐蚀往往从材料的表面开始。以生活垃圾发电站为例，生活垃圾焚烧炉燃料中含有大量的强腐蚀性物质，同时并存着大量流动的飞灰颗粒，因此，炉内承受高温高压的金属管壁在此恶劣环境中十分容易发生腐蚀与磨损，进而引起事故的发生。近年来，我国每年由于金属材料的表面失效造成的直接经济损失达数百亿，间接造成的经济损失更是难以估计。因此，金属材料表面的防护日渐成为人们热切关注的问题，表面工程便是专为解决这一问题而生的领域。表面工程包含表面涂覆、表面改性及多种技术复合处理三个方向，通过表面工程处理可得到比基体更优异的性能，并且更加节约材料、节约能源、效率更高[1]。

　　热喷涂技术是一种表面涂覆技术，是目前表面工程领域应用最为广泛的技术之一，目前已应用于铁路、航空、发电、石化、汽车、船舶、生物医药、原料金属生产、造纸、纺织[3]等场合。热喷涂涂层的功能十分强大，例如，减轻磨损、防止腐蚀氧化、修复零部件缺损等[4]。目前，常用的热喷涂技术可根据热源分为三种，分别为火焰喷涂、电弧喷涂和等离子喷涂[5-7]，三种技术的原理基本相同，都是通过热源（火焰、电弧、等离子弧等）将待喷涂材料迅速加热到熔融或半熔融状态，然后借助高压气流或焰流使其加速，利用快速飞行的高温喷涂粒子撞击较冷基体表面扁平化凝固来形成涂层。热喷涂技术的优点主要表现在以下几个方面：① 单独优化表面而不是材料整体的性能，使处理起来更加灵活方便；② 以较少的能源和材料获得比基体材料更高的性能，具有显著的节能节材效果；③ 相比较表面工程中的电镀镀膜技术容易产生剧毒污染性气体而言，大多数热喷涂工艺除产生极少的飞灰和气体燃烧产生的二氧化碳外，可以说是几乎没有污染，因此具有极佳的环境效益[8]。

不过，热喷涂技术也有其局限性[9]。热喷涂涂层的主要缺点为：① 具有较高的孔隙率，存在氧化物和杂质；② 疏松的层状结构，较为不稳定；③ 涂层与基体的结合强度较低，容易出现剥落；④ 存在残余应力。所幸的是，通过对涂层进行表面重熔处理，可改善涂层与基体的结合强度和涂层的内在质量，从而提高涂层的耐磨、耐蚀性能[10,11]。同时，选择合理的工艺参数对重熔效果有着至关重要的影响[12,14]。本次研究使用火焰喷涂法制备镍基合金涂层，研究其性能，并对完成后的涂层分别进行火焰重熔、激光重熔和等离子重熔处理，以期提高涂层质量、强化涂层与基体的结合程度和提高涂层的性能，并在每种重熔技术下选择不同的工艺参数进行对比，筛选出最佳的工艺参数，从而进一步增强热喷涂涂层的实用性，使其能够进行工业化应用。

6.1.2 国内外研究现状

6.1.2.1 火焰喷涂

火焰喷涂属于热喷涂技术的一个重要分支，它是采用各种热源（最常见的是氧－乙炔）来加热喷涂材料至高塑性甚至熔融状态，借助高压气体将其喷涂于机械零件表面来形成涂层的技术[15]。

火焰喷涂工艺通常分为以下几个步骤。

（1）喷涂前的表面预处理：为使涂层与基体能够尽量地结合好，需要对工件的表面进行处理，以除去工件表面的氧化皮、锈斑、油污和其他附着物等，并使基体的表面粗糙化，以提高结合强度和预留涂层的厚度，一般用喷砂的方法完成。

（2）预热：工件在喷涂前需要进行预热，目的是蒸发水分、使工件有适当的膨胀，从而降低涂层的内应力，提高涂层与基体的接触温度，使涂层与基体结合得更稳定，以免出现裂纹和剥落。预热温度不需要太高，一般在 80～120℃即可。

（3）喷涂操作：喷涂操作又分为两个部分，分别是喷涂打底层和喷涂工作层。打底层是基体与工作涂层之间的过渡层，起到提高结合强度的作用，一般用放热型镍铝复合粉打底。喷涂打底层后，开始喷涂工作层，工作层的工艺参数与打底层保持一致，反复多次喷涂直到所需厚度。

从多年的生产实践来看，火焰喷涂具有工艺和设备简单、易于操作使用、灵活方便的优点，并且具有很高的实用价值与经济效益。在火焰喷涂的基础上进行改进和增强而产生的超音速火焰喷涂技术[16]也得到了广泛的应用。相信随着科学技术的不断发展和火焰喷涂相关工艺的不断进步，这项技术将会在越来越多的领域得到应用。

6.1.2.2 二次重熔技术

所有热喷涂涂层都有一些难以避免的共同缺点,那就是高孔隙率、涂层与基体的低结合强度,一般是机械结合而不是冶金结合,而重熔处理能够显著降低孔隙率、使涂层结构更加致密,并且使基底与涂层的结合强度增加甚至达到冶金结合[17]。因此,对热喷涂涂层进行二次重熔处理是强化热喷涂涂层的重要手段。

重熔处理的原理是使用高温热源将涂层中的一部分金属加热至熔化,熔化后的液相金属比较容易渗透到其他金属颗粒中,使涂层中的成分扩散加剧,由此填充了金属颗粒之间的空隙,使孔隙率降低甚至消失。与此同时,原来热喷涂层中疏松堆叠的层状组织经过重新分布变为较均匀的致密组织,并且基底与涂层之间由于成分扩散而形成冶金结合,因而,涂层的强度、耐磨、耐腐等性能都会得到显著提升。目前,重熔处理技术主要分为激光重熔、电子束重熔、钨极氩弧重熔(TIG)、火焰重熔、感应重熔和整体加热重熔等。

(1)激光重熔。激光重熔工艺是指在热喷涂涂层表面照射高能激光束,使合金涂层迅速熔化并混合,当激光束移走后熔化区快速凝固形成新的涂层。由于激光束具有很高的能量密度和稳定的输出功率,并且熔化层凝固时的冷却速度可以达到 $10^5 \sim 10^8 \text{m/s}$,满足了形成非晶合金所需的冷却速度,因此可使原涂层性能得到提升。

Sun Z[18]等对电弧喷涂铝基涂层进行激光重熔,发现涂层的孔隙率和表面粗糙度降低、涂层与基底实现了冶金结合,腐蚀机理由单纯的点蚀变为点蚀与均匀腐蚀,并且在3.5%的 NaCl 溶液中的腐蚀抗性增强。Manjunatha S S[19]等表征了激光重熔处理等离子喷涂 Mo 涂层后的性能,发现重熔后涂层的孔隙率降低、硬度增加、耐磨性增加。

(2)电子束重熔。电子束重熔是利用高能电子束轰击涂层表面,电子到达涂层表面时部分动能转化为热能,使涂层温度瞬间达到熔点以上而熔化,从而细化组织,提高材料表面性能。由于电子束重熔是在真空条件下进行的,可有效防止重熔时涂层被氢、氧、氮等有害气体污染;电子束重熔还可扩大合金的固溶度、细化晶粒、减少偏析。

Utu I D[20]等在钛基板上进行超音速火焰喷涂 $Al_2O_3 - Ti_2O_3$ 涂层后对其进行电子束重熔,发现涂层的耐滑动磨损性能提高,硬度增加了约 50%,涂层与基底的结合加强。Gavendova P[21]等对超音速火焰喷涂的 Co-Ni-Cr-Al-Y 涂层进行了电子束重熔处理,重熔后涂层中的缺陷明显降低,并且原来涂层中细长的树枝状结构转变为均匀细小的颗粒。

(3)钨极氩弧重熔。钨极氩弧重熔利用氩气作为保护气体,钨棒作为电极对涂层进行重熔。重熔过程中,焊枪的喷嘴中喷出氩气,在电弧周围形成惰性气体保护,防止杂质和空气污染。这种重熔方法由于氩气的保护使反应环境相当纯净,因而获得的涂层纯度高、杂质少;氩弧在很小的电流下仍可稳定燃烧,实验参数由数字控制,容易调整,特别适合对薄板和热敏感材料表面的涂层进行重熔。

蹤雪梅[22]等对电弧喷涂的 Fe‒Cr‒B 涂层进行钨极氩弧重熔，重熔后涂层与基体形成冶金结合，同时，涂层的硬度、耐磨性有所提高。其团队后来又对这一工艺进行了优化[23]，开发出了钨极氩弧摆动重熔技术，有效地解决了重熔层内部残余应力大易导致裂纹产生的问题。

（4）火焰重熔。火焰重熔是利用易燃气体燃烧产生的火焰对涂层进行加热，使其熔化后再进行快速冷却凝固的方法。由于火焰作为热源时加热温度相对较低，这种方法常用于合金涂层的重熔处理。与电弧喷涂相似，火焰重熔设备简单、易于操作、成本低，便于直接在现场进行施工，但由于喷枪移动速度和喷涂距离是人为控制，此法对操作人员的熟练程度要求较高。

董晓强[24]等研究了火焰重熔对镍基碳化钨涂层的影响，发现火焰重熔后涂层的显微结构得到明显改善，晶粒得到细化，涂层的磨损性能显著提高。Zhang N N[25]等利用超音速空气等离子喷涂制得 Ni‒Cr‒B‒Si/h‒BN 复合涂层，并对其进行氧乙炔火焰重熔，发现涂层与基体的结合强度有所提升，抗磨损性能明显提升。

（5）感应重熔。感应重熔是利用感应圈中的交变磁场在工件中产生涡流，涡流的趋肤效应使热量可集中在涂层与基体的结合处，并向涂层表面扩散，从而改善涂层的结构、性能及涂层与基体的结合状况。感应重熔工艺加热速度快、效率高、加热均匀，而且这种由内向外的加热模式有利于涂层的除杂和孔隙率的降低。

万丽宁[26]等对 NiCrBSi/WC‒Ni 复合涂层进行了感应重熔，发现重熔使涂层由机械结合变为冶金结合，增强了涂层的内聚力，重熔后涂层的孔隙率降低，但同时硬度也有所降低。Liang B N[27]等用火焰喷涂制备了 Ni 基合金涂层，并分别对其进行了火焰重熔和感应重熔，比较发现感应重熔比火焰重熔的涂层硬度更高、耐磨性能更好、重熔质量更高。

（6）整体加热重熔。整体加热重熔是将工件放入中性或还原性气氛中，将涂层加热到固态与液态之间的某一温度，冶金反应使材料变为半固态、熔融状，因此，大量碳化物、硼化物、碳硼化合物沉积在涂层表面，冷却后这些硬质颗粒便成为涂层耐磨损的来源。

廖波[28]等对氧‒乙炔涂层进行了整体加热重熔，结果证明涂层与基体间的冶金结合良好，是一种简单、高效的重熔处理方法。

6.2　耐垃圾焚烧烟气重熔涂层的制备工艺

不同的重熔工艺有其各自的特点，并且对涂层不同方面性能的影响也有所区别，在不同的工艺参数下，重熔的效果有很大的不同。而从实际工业应用的角度来说，火焰重熔、激光重熔和感应重熔相对来说操作简便、成本低廉，因此，本节主要探究这三种不同的重熔工艺对火焰喷涂涂层组织与性能的影响，并试图通过对比实验寻找每种重熔方法下的最佳工艺参数。对火焰喷涂涂层及三种重熔处理后涂层的硬度、相组成、微观结构和耐高温氯腐蚀能力进行测试和分析，主要的实验内容如下。

（1）采用火焰喷涂的方法在 20 号碳钢基体上制备镍基合金涂层，并分析其物相、测试硬度、观察形貌及基体与涂层的结合情况、对其进行高温氯腐蚀实验。

（2）对涂层进行火焰重熔、激光重熔和感应重熔。火焰重熔采取不同的重熔时间，激光重熔采取不同的激光参数，感应重熔采取不同的重熔温度。分析三种重熔处理的不同工艺参数对涂层物相、显微硬度、组织形貌、元素分布规律、基体与涂层的结合情况及耐高温氯腐蚀能力的影响，并根据结果筛选出每种处理方法最佳的工艺参数。

（3）探究重熔处理对涂层产生影响的内在机理。

6.2.1 实验材料

实验采用生活垃圾焚烧发电厂常用的锅炉水冷壁钢管作为基材，钢材的种类是普通的 20 号碳钢，内径 5.25cm，外径 5.70cm，长 1m。20G 钢的化学成分见表 6−1。

表 6−1　　　　　　　　　　　　　　20G 钢的化学成分　　　　　　　　　　　[%（质量百分比）]

元素	Fe	C	Si	Mn	P	S	Ni	Cr
含量	余量	0.17～0.23	017～0.37	0.35～0.65	≤0.035	≤0.035	≤0.3	≤0.25

实验采用镍基 625 合金和自熔合金粉末作为火焰喷涂的材料，粉末的粒度为 −45～15μm，镍基自熔合金粉末的化学成分见表 6−2。

表 6−2　　　　　　　　　　　　镍基自熔合金粉末的化学成分　　　　　　　　[%（质量百分比）]

元素	Ni	C	Cr	Mo	Mn	Fe	Cu	Nb
范围	余量	0.15	10～16	2.0～3.0	0.50	≤5	≤5.0	≤1

6.2.2 热喷涂层的制备

在进行喷涂前，需要先对钢管进行喷砂处理，以除去基体表面杂物，并使基体的表面粗糙化，以提高结合强度和涂层质量。为防止工件表面氧化，在喷砂完毕后立即进行喷涂作业。火焰喷涂设备由喷枪、控制系统及各种管路组成，喷枪是整套设备的核心部件，火焰喷枪原理，如图 6−1 所示。

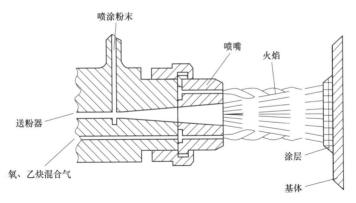

图 6−1 火焰喷枪原理

在本实验中，空气压力为 0.4～0.6MPa，氧气压力为 0.8MPa，乙炔压力为 0.1MPa，喷涂距离为 100mm，喷涂层的平均厚度约为 0.5mm。火焰喷涂示意，如图 6−2 所示。

图 6−2 火焰喷涂示意

6.2.3 涂层的二次重熔

6.2.3.1 火焰重熔

实验采用 QR−CA−100 射吸式火焰重熔枪进行火焰重熔，重熔的氧气压力为 0.45MPa，乙炔压力为 0.07MPa，重熔作业直接在火焰喷涂后的管材上进行，火焰喷嘴与工件表面的距离为 20mm，并与受热面成 75°。将 1m 长的管材均匀分为 7 段，每段长 14cm，每段的涂层表面积为 253cm²，分别对每段样品采用不同的重熔时间，并将样品分为 t1～t7 七组，火焰重熔参数见表 6−3。火焰重熔示意，如图 6−3 所示。

表 6-3 火焰重熔参数

编号	t1	t2	t3	t4	t5	t6	t7
重熔时间	1min	2min30s	3min	3min30s	4min	5min	7min

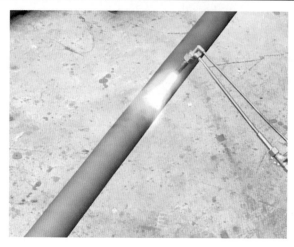

图 6-3 火焰重熔示意

6.2.3.2 激光重熔

实验采用天津康鼎激光技术科技公司生产的 YAG 脉冲激光器进行激光重熔，YAG 激光器，如图 6-4 所示。图 6-4 中，从左至右分别为冷却系统、控制系统、激光器和 X-Y 工作台。该激光器的输出功率为 600W，焦距为 400mm。重熔直接在火焰喷涂的管材上进行，在对式样进行重熔前，首先调节激光镜头与试样表面的距离，使样品表面处于激光焦点略向下的位置，以达到最佳的重熔效果[36]。激光器的主要可调节参数有脉冲电压、脉冲频率、脉冲宽度，根据不同的参数，将样品分为 V1~V4 四组，激光重熔参数见表 6-4。

图 6-4 YAG 激光器

表 6-4　　　　　　　　　　　　　　激 光 重 熔 参 数

样品编号	脉冲电压（V）	脉冲频率	脉冲宽度	扫描速度（mm/s）	搭接率
V1	250	9.0	3.0	0.625	30%
V2	300	8.8	3.6	0.5	30%
V3	350	8.0	3.0	0.5	30%
V4	400	7.5	2.5	0.25	30%

6.2.3.3　感应重熔

实验采用 WK-Ⅲ 型真空电弧炉进行感应重熔，该设备由真空电弧炉、控制系统、抽真空系统、冷却系统组成，WK-Ⅲ型真空电弧炉设备整体与局部，如图 6-5 所示。由于感应线圈大小限制，在进行感应重熔前需要将样品线切割成 10mm×10mm 的样块，装进石英管内，然后放进炉内的感应线圈中央进行感应加热。由于预先进行的实验发现样品的基体在 1100℃ 左右就发生熔化，而重熔温度太低时又没有明显的效果。因此，为保证在样品不熔化的情况下得到较好的重熔结果，将重熔温度范围设置在 750～1000℃，根据不同的重熔温度，将样品分为 T1～T6 六组，感应重熔参数见表 6-5。

图 6-5　WK-Ⅲ型真空电弧炉设备整体与局部

表 6-5　　　　　　　　　　　　　　感 应 重 熔 参 数

样品编号	T1	T2	T3	T4	T5	T6
重熔温度	750℃	800℃	850℃	900℃	950℃	1000℃

6.3 重熔涂层的实验方法

6.3.1 测试方法

为方便进行显微硬度、高温耐氯腐蚀实验和涂层微观形貌与显微组织的观察，在进行分析测试实验前，需要首先采用线切割的方法从实验管材上切取 10mm×10mm 的样块若干，并将样块放入盛有丙酮的烧杯中进行超声波清洗，以便去除样块上的油污和杂质。在进行不同的分析测试实验时，还需要对试样做进一步处理。

1. X 射线衍射实验

采用 X 射线衍射仪（XRD）对涂层进行物相分析。在测试前，依次使用 400、600、800 号砂纸对涂层表面进行打磨，使其变得光滑平整，然后用丙酮超声波清洗干净，以除去样品表面的油污和杂质，干燥处理后进行 XRD 测试。本次实验采用的设备是北达燕园微构分析测试中心提供的日本理学（Rigaku D/Max）X 射线衍射仪（12kW）。X 射线衍射的条件为 Cu 靶 Kα 射线，射线管的工作电压为 40kV，电流为 100mA，扫描速度为 8°/min，扫描范围为 10°～90°，步宽为 0.02°，所得到的衍射谱图使用 Origin 软件进行作图，使用 MDI Jade 6.0 软件进行相关数据的分析。

2. 扫描电镜与能谱实验

采用扫描电子显微镜（SEM）和能谱仪（EDS）观察样品横截面的微观组织和元素分布情况。在进行测试前，依次使用 800、1000、1200、1500 号砂纸对样品的横截面进行打磨，打磨后进行抛光除去划痕，然后用丙酮超声波清洗干净，干燥后进行测试。本次实验采用的是北京市理化分析测试中心提供的 QUANTA–FEG–650 型扫描电子显微镜。

3. 显微硬度测量

涂层的显微硬度测量在型号为 FM–300 的维氏硬度仪上进行。在进行测试前，依次使用 800、1000、1200 号砂纸对样品的横截面进行打磨，打磨后进行抛光除去划痕。本实验载荷为 50g，加载时间为 15s。为观察试样横截面的硬度变化，每个试样从涂层表面到涂层与基体的交界面之间等距离测四个点，涂层与基体的交界面处测一个点，基体部分等距离测两个点，显微硬度测量方案示意，如图 6–6 所示。每个相同的位置水平测三个点取平均值，并使用 Origin 软件绘制出硬度曲线。

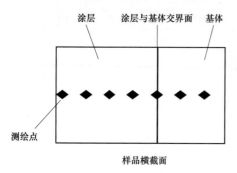

图 6–6 显微硬度测量方案示意

4. 高温碱金属氯盐腐蚀实验

由于样品基体与涂层的组成成分差异较大，耐腐蚀性能不同，为防止基体的腐蚀对涂层腐蚀程度的测量造成影响，需要预先使用线切割的方法将涂层从基体上切离，受设备精确度的限制，某些试样上会留存微量的基体部分。

实验在天津市中环实验电炉有限公司生产的型号为 SX – G30105 箱式电阻炉中进行。实验进行前，取刚玉坩埚舟（85mm×85mm×30mm）使用超声波清洗仪洗净，烘干。取烘干的坩埚，先用腐蚀试剂将坩埚底部完全覆盖，再将清洗后的试样放入坩埚舟中，然后再用腐蚀试剂将试样完全覆盖。由于腐蚀试剂加热会融化膨胀，为防止从坩埚舟中溢出，一般将腐蚀试剂的量加到坩埚舟深度的 2/3 为宜。然后将盛有样品的坩埚放入电阻炉中加热，考虑到电阻炉内各处的温度不完全相等，所以每次腐蚀过程中都要将样品放在坩埚内的同一位置，然后把坩埚也放在电阻炉内靠近传感器的同一位置，以保持实验结果的一致性。

本次实验在 600、650℃ 两个温度下进行，每次腐蚀时间为 12h，一共进行 6 个周期，共计 72h。在放入样品前，首先将电阻炉打开，并加热至 450℃，待电阻炉的温度完全稳定后，将刚玉坩埚用铁钳送进电阻炉的等温区域内进行腐蚀实验。在一个腐蚀周期结束后，迅速将坩埚从电阻炉中取出，并置于室温下冷却。待样品冷却至室温后，把样品浸泡在密度为 25%（质量百分比）、温度为 80℃ 的盐酸浴中以去除腐蚀产物，由于腐蚀试剂主要是氯盐，所以选取盐酸作为酸洗试剂可有效避免引入杂质粒子。酸洗后的样品随即进行清洗，然后干燥称重，完成后继续进行下一个腐蚀周期。在每个腐蚀周期完成后，都要更换新的腐蚀试剂。

在最后一个腐蚀周期结束后，样品先不进行任何处理，以便使用 SEM 和 EDS 对腐蚀产物进行形貌观察和元素分析。

腐蚀试剂根据标准 ASTME0870 – 82R98E01 来模拟生活垃圾的熔盐腐蚀环境，其固体混合物的配比为 95.5%（质量百分比）的 KCl 和 4.5%（质量百分比）的 NaCl。一般判断腐蚀程度的方法有厚度法和质量法，厚度法是根据试样腐蚀前后的厚度变化来评定样品的腐蚀程度，而质量法是根据试样腐蚀前后的质量变化来评定样品的腐蚀程度，质量法分为增重法和失重法。

增重法的计算公式为

$$\gamma_{corr} = \frac{m_1 - m_0}{S} \tag{6-1}$$

式中　m_0——实验试样初始质量，g；

　　　m_1——经过腐蚀后的试样质量，g；

　　　S——试样接触腐蚀环境的表面积，m^2。

失重法的计算公式为

$$\gamma_{corr} = \frac{m_0 - m_1}{S} \qquad (6-2)$$

式中　　m_0——实验试样初始质量，g；

m_1——经过腐蚀后除去腐蚀产物的试样质量，g；

S——试样接触腐蚀环境的表面积，m^2。

为防止在使用增重法测量时腐蚀试剂的黏着和腐蚀产物的剥落而造成的误差，本实验采用失重法来衡量样品的腐蚀程度。

6.3.2　物相分析

6.3.2.1　火焰喷涂

未经过重熔的火焰喷涂涂层的 XRD 图谱，如图 6-7 所示。可看出，涂层中的主要成分是 FCC 的 γ-Ni 固溶体。除去基体相外，还检测出少量 Cr 的氧化物相，这是因为高温熔滴在飞行过程中暴露于空气中，与空气中的氧气发生反应，而涂层中除基体元素 Ni 外，Cr 的含量相对较高而其他元素含量很少，所以在衍射图谱中只观察到了 Cr 的氧化物。由于火焰喷涂技术的工艺特点所限，此类缺陷难以避免。其他成分占比较少的元素 Mo、Nb、Fe 均固溶于 γ-Ni 基体中。在图谱中并未检测到明显的碳化物和金属间化合物，这可能是由于其尺寸较小、含量过低。

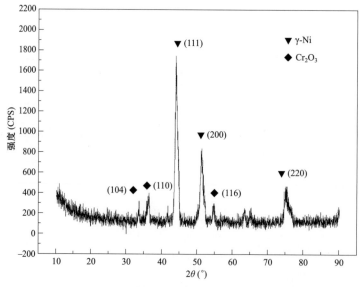

图6-7　未经过重熔的火焰喷涂涂层的 XRD 图谱

6.3.2.2 火焰重熔

不同火焰重熔时间下涂层的 XRD 图谱，如图 6-8 所示。t1～t7 分别代表重熔时间为 1min、2min30s、3min、3min30s、4min、5min、7min 的试样。通过对每个试样进行分析发现，不同重熔时间下涂层的物相组成没有明显变化，和未重熔试样相同，均为 $\gamma-Ni$ 固溶体和少量 Cr 的氧化物。然而不同的是，$\gamma-Ni$ 固溶体的衍射峰强度发生了不同程度的变化，2θ 角也略微有些不同程度的偏移。各试样（111）衍射峰的半高宽见表 6-6。从表 6-6 中可看出，重熔试样（111）衍射峰的半高宽（FWHM）较未重熔试样均减小，并且随着重熔时间的增加，半高宽逐渐减小，t6 和 t7 试样的半高宽约为未重熔试样的 1/2。

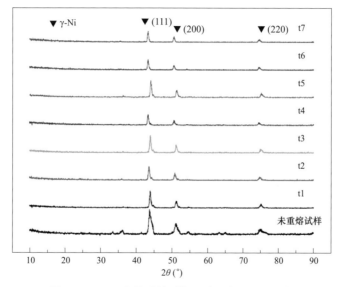

图 6-8　不同火焰重熔时间下涂层的 XRD 图谱

表 6-6　　　　　　　　　各试样（111）衍射峰的半高宽

样品编号	未重熔	t1	t2	t3	t4	t5	t6	t7
FHWM（Rad）	0.774	0.478	0.476	0.440	0.420	0.444	0.381	0.383

根据谢乐公式：

$$D_{hkl} = \frac{K\lambda}{\beta_{hkl} \cdot \cos\theta} \tag{6-3}$$

式中　D_{hkl}——晶面间距；

　　　K——谢乐常数（本实验中 $K=0.89$）；

　　　λ——X 射线波长（1.54056Å）；

    β——衍射峰的半高宽（FWHM）；

    θ——布拉格角。

可得出，衍射峰的半高宽与晶粒尺寸成反比，这说明火焰重熔会使涂层的晶粒粗化，并且加热的时间越长，晶粒粗化越明显。

6.3.2.3 激光重熔

不同激光参数下重熔涂层的 XRD 图谱，如图 6-9 所示。涂层的主要成分是 γ 相的铁镍合金，由于高能激光束会使金属的温度瞬间升高以至熔融状态，导致一部分基体也随涂层熔化而进入涂层，所以固溶体中接近基体的部分 Fe 的含量增多。而之前在未重熔试样和火焰重熔试样中检测到的 Cr 的氧化物在此图谱中几乎看不到，这可能是由于涂层被高能激光束瞬间加热至熔融状态，涂层被充分熔化，在这个过程中一部分氧化物和杂质发生烧损和分解，一部分均匀弥散地分布在基体中，由于这部分氧化物的含量过低、晶粒尺寸过于细小而未被检测到。

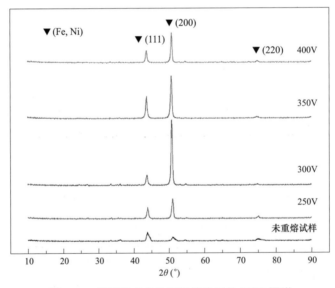

图 6-9　不同激光参数下重熔涂层的 XRD 图谱

6.3.2.4 感应重熔

不同感应重熔温度下涂层的 XRD 图谱，如图 6-10 所示。感应重熔的图谱与火焰重熔的物相组成相似，这是由于两者对涂层的加热均未达到熔化的状态，涂层中 Cr 的氧化物依然存在。此外，感应加热较火焰加热速度快得多，所以除 950℃重熔试样的晶粒发生较明显的粗化以外，其他几个温度下试样的晶粒尺寸均没有发生明显的变化。

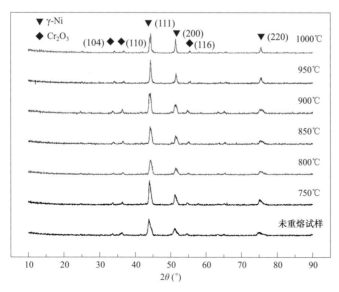

图 6-10 不同感应重熔温度下涂层的 XRD 图谱

6.3.2.5 小结

本节主要对样品进行 XRD 分析。通过 X 射线衍射实验发现，涂层的基体相为 $\gamma-Ni$ 固溶体。除 $\gamma-Ni$ 基体相外，未重熔、不同参数下的火焰重熔、不同参数下的感应重熔试样中均观察到 Cr 的氧化物相，而激光重熔试样中则只观察到了基体相，这是因为涂层被加热至熔融态后氧化物发生了分解。另外，火焰重熔时间越长，涂层中的晶粒粗化越严重，这是因为火焰重熔的加热过程是一个相对缓慢的过程，相当于对涂层进行了一定程度的回复处理而使晶粒发生粗化。

6.4 重熔涂层的显微组织与元素分布

6.4.1 火焰喷涂

未重熔的火焰喷涂涂层的显微组织，如图 6-11 所示。图 6-11（a）是涂层整体的显微组织，涂层中黑色的区域是气孔，介于浅灰色与黑色之间的深灰色部分则是部分原子序数较小的元素的富集区域。虽然涂层看上去没有明显的层状结构，但是孔隙率还是比较高，这对涂层的性能有很大的影响。而涂层与基体处的交界面清晰可见，且结合处存在大片的黑色区域，这主要是一些较大的孔洞和氧化物等缺陷，这说明涂层与基体的结合方式为典型的机械结合，结合力主要来自于涂层与粗糙的基体表面的相互咬合，这种结合方式的结合强度一般不高，容易发生剥落。

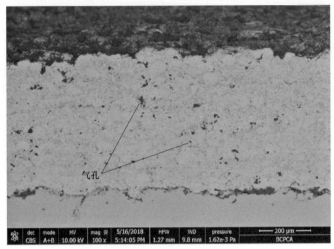

(a) 涂层截面整体照片（放大100倍）

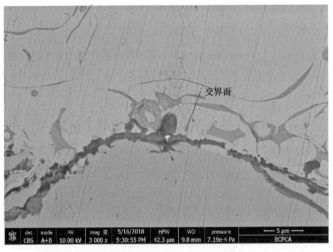

(b) 涂层与基体结合处放大（放大3000倍）

图 6-11　未重熔的火焰喷涂涂层的显微组织

涂层部分的局部放大（3000 倍），如图 6-12 所示。图 6-12 中可看出，衬度明显不同的两种区域，对 A、B 两个点进行 EDS 点扫描得到各个点元素含量百分比，A、B 两点各元素占比见表 6-7。表 6-7 中可看到，A 点的 O 原子含量非常高、Ni 原子含量极少且 Fe 原子含量为零，说明深灰色区域是氧化物的富集区，且结合图 6-10 的 XRD 实验结果，这些区域主要是 Cr 的氧化物。与 A 点相反，B 点不含氧元素而富含 Ni 元素，说明浅灰色部分是 Ni 基固溶体基体。

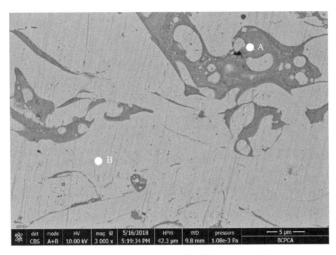

图 6 – 12　涂层部分的局部放大（3000 倍）

表 6 – 7　　　　　　　　　　　　　A、B 两点各元素占比（%）

位置 元素	A	B
O	59.45	0
Cr	28.79	22.76
Fe	0	3.48
Ni	6.75	65.68
Nb	2.89	2.53
Mo	2.11	5.54
Totals	100	100

从涂层到基体的 EDS 线扫描结果，如图 6 – 13 所示。图 6 – 13（b）中可发现 O 元素的含量呈现有规律的变化，几乎每隔相等的距离都会突然增大，而 Ni 的含量刚好与之相反，这与图 6 – 12EDS 点扫描的结果相互吻合。O 元素的变化恰好体现了火焰喷涂工艺的特点，由于火焰喷涂涂层单次喷涂的厚度较低，需要多次反复叠加喷涂以达到要求的厚度，而每一轮喷涂完成后涂层的表面与空气接触时间较长而氧化更加严重，形成了层间的氧化物薄膜，导致氧元素的增加，这也间接地体现了火焰喷涂涂层的层状结构。而图 6 – 13（c）中镍元素含量在距离涂层表面 400μm 左右处呈现断崖式降低，几乎没有过渡，这印证了涂层与基体是机械结合的观点。

6.4.2　火焰重熔

不同火焰重熔时间下涂层的截面显微组织，如图 6 – 14 所示。从图 6 – 14（a）～图 6 – 14（g）重熔时间依次增加。可以直观地看出图 6 – 14（b）、图 6 – 14（c）、图 6 – 14（e）、

(a) 线扫描的方向

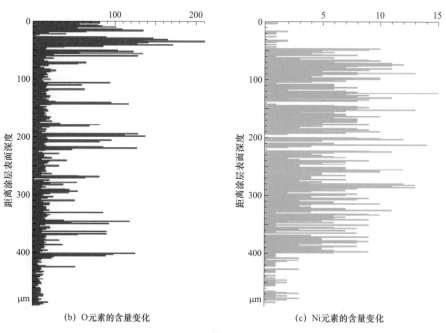

(b) O元素的含量变化　　　　　　　　(c) Ni元素的含量变化

图 6-13　从涂层到基体的 EDS 线扫描结果

图 6-14（g）中涂层内代表孔隙的黑色部分较未重熔涂层明显减少，也就是说，大部分重熔时间下涂层的孔隙率都有不同程度的降低。另外，除图 6-14（a）和图 6-14（f）外，其他几幅图中的涂层与基体结合处的黑色缺陷区域明显减少，交界面的线条变得更加细小，甚至在图 6-14（g）中箭头所指的地方几乎看不到界面，这说明经过火焰重熔，涂层与基体的结合情况有所改善。

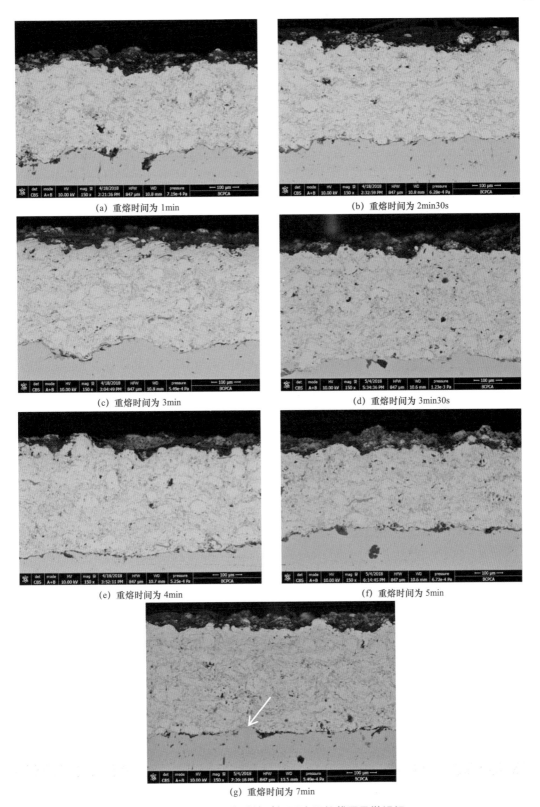

(a) 重熔时间为 1min

(b) 重熔时间为 2min30s

(c) 重熔时间为 3min

(d) 重熔时间为 3min30s

(e) 重熔时间为 4min

(f) 重熔时间为 5min

(g) 重熔时间为 7min

图 6-14 不同火焰重熔时间下涂层的截面显微组织

为进一步了解火焰重熔对涂层孔隙率的影响，采用图像分析法测量火焰喷涂及不同时间下火焰重熔涂层的孔隙率。具体操作步骤如下：① 首先选取涂层截面的照片，在涂层照片中，黑色部分代表孔隙；② 使用 Image - Pro - Plus 6.0 软件分别计算出黑色区域的总面积 S_{AOI} 和涂层的总面积 S_0；③ 计算孔隙率，孔隙率 $\gamma = S_{AOI}/S_0$。火焰重熔样品的孔隙率见表 6-8。

表 6-8   火焰重熔样品的孔隙率

样品编号	未重熔	t1	t2	t3	t4	t5	t6	t7
孔隙率	1.33%	0.86%	0.65%	1.00%	1.45%	0.93%	1.37%	0.64%

从表 6-8 中可看出，除 4 号和 6 号样品外，其他重熔样品的孔隙率相较未重熔样品均有不同程度的降低，重熔时间较低的 2 号样品和重熔时间最高的 7 号样品孔隙率最低，降低了 50% 以上，这与图 6-14 中从横截面显微组织图中看到的结果一致。而 4 号和 6 号样品的孔隙率反而略微增加，除去照片选区带来的误差外，导致这种现象的原因还可能是由于人工手持火焰枪加热时难以做到均匀加热，导致部分区域未达到理想的重熔效果。

不同重熔时间下样品的 3000 倍局部放大，如图 6-15 所示。可看出，它们与未重熔涂层的局部放大图像几乎没有区别，深灰色的氧化物依旧随机分布在浅灰色的基体中。对七个样品的深灰色和浅灰色区域做 EDS 线扫结果和未重熔样品基本一致，深灰色区域 O 原子的含量在 50%～70%，Ni 原子的含量在 10% 以内，而浅灰色区域 O 原子的含量在 5% 以内，Ni 原子的含量在 60%～80%。

不同重熔时间下的样品由涂层到基体的 EDS 线扫描结果，如图 6-16 所示。从图 6-16 中可看出，七个样品的 O 元素均依旧呈现层状分布，而在涂层与基体的交界面处 Ni 元素含量同样急剧降低，几乎没有过渡。这表明，火焰重熔对于涂层的层状结构和涂层与基体的结合能力没有明显改善，这是由于火焰重熔是从涂层的表面加热，加热的温度不是特别高，并且加热的深度不够，热量无法达到基体，重熔不完全，所以涂层与基体的结合形式没有发生实质性的改变。

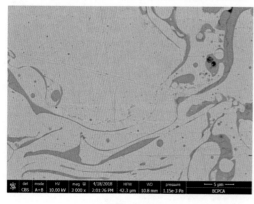
(a) 重熔时间为 1min

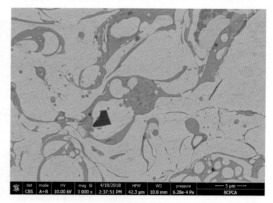
(b) 重熔时间为 2min30s

图 6-15   不同重熔时间下样品的 3000 倍局部放大（一）

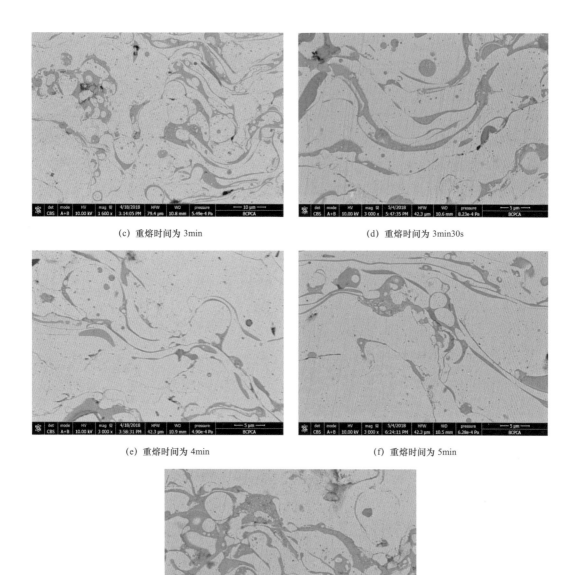

（c）重熔时间为 3min

（d）重熔时间为 3min30s

（e）重熔时间为 4min

（f）重熔时间为 5min

（g）重熔时间为 7min

图 6-15 不同重熔时间下样品的 3000 倍局部放大（二）

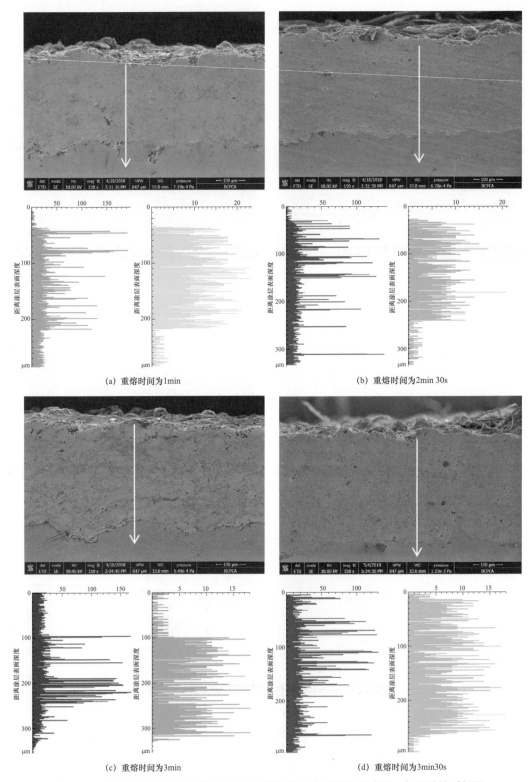

(a) 重熔时间为1min

(b) 重熔时间为2min 30s

(c) 重熔时间为3min

(d) 重熔时间为3min30s

图 6-16　不同重熔时间下的样品由涂层到基体的 EDS 线扫描结果，各段重熔时间图
从上到下分别表示线扫描方向、O 元素含量、Ni 元素含量（一）

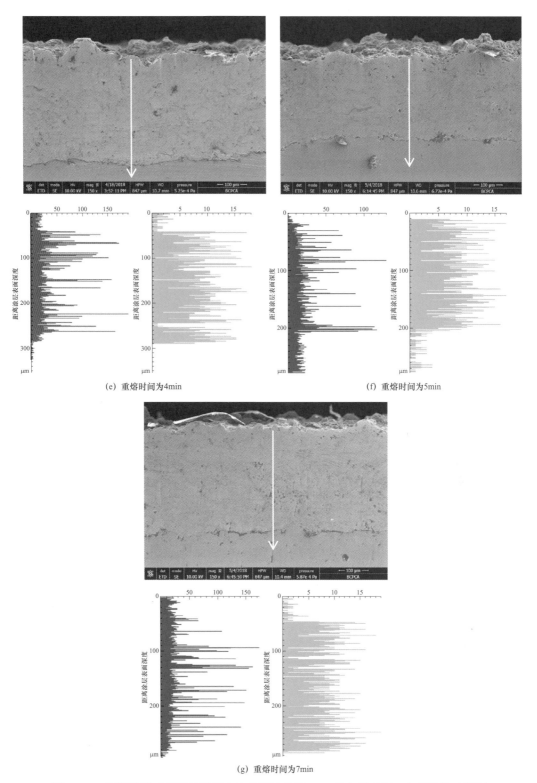

图 6-16　不同重熔时间下的样品由涂层到基体的 EDS 线扫描结果，各段重熔时间图
从上到下分别表示线扫描方向、O 元素含量、Ni 元素含量（二）

6.4.3 激光重熔

不同激光重熔参数下涂层的截面显微组织，如图 6−17 所示。图 6−17 中可看到，原先未经重熔涂层中代表孔隙的黑色点状区域已经完全看不到，涂层的颜色衬度也变得均一，原先片状分布的氧化物富集区已经消失。同时，涂层与基体的交界面变得模糊。这是由于在激光重熔过程中高能激光束将涂层迅速熔化成液相，液相在冷却过程中迅速凝固成理想的柱状晶或等轴晶结构[39]，均匀的晶粒结构使涂层组织获得极大改善，经过重熔后涂层的孔隙率降低到基本可以忽略不计，涂层的层片状结构消除，并且可初步认为涂层与基体实现了冶金结合。然而，虽然激光重熔使涂层的孔隙消失，但涂层中却出现了纵向分布的长条状裂纹，并且随着重熔电压（功率）增大，裂纹率也随之升高。这可能是由于涂层材料的耐热冲击性能较差，并且涂层的断裂韧性也很低，在急速冷却时材料内部的热应力过大而导致裂纹的产生。

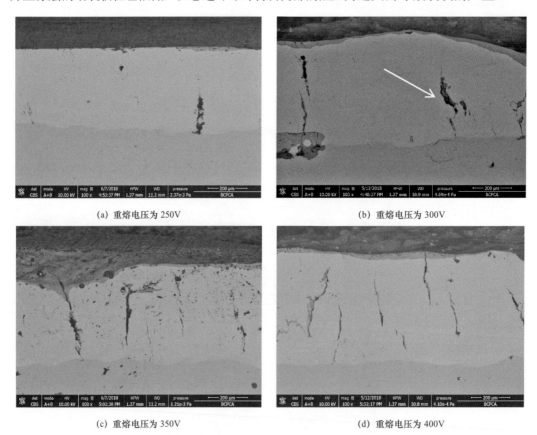

图 6−17　不同激光重熔参数下涂层的截面显微组织

不同重熔电压下样品的局部放大（3000 倍），如图 6−18 所示。从图 6−18 中可看到，涂层中有一些颜色较深的点状区域，对 250V 样品［图 6−18（a）］中的 A、B 两点进行 EDS 点扫描得到各个元素含量，A、B 两点各元素占比见表 6−9。从表 6−9 中可看出，A 点代表的深色区域是 O 元素富集的区域，而 B 点基体元素 Ni 含量高而不含 O 元素，代表的是基体。这与未重熔涂层和火焰重熔涂层中的深色区域与浅色区域的元素分布规律相同，不同的是激光重熔的 O 元素富集区以细小的点状弥散分布，氧化物含量较未重熔时明显降低。

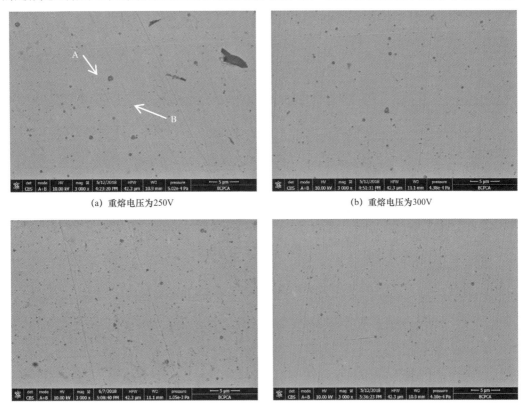

(a) 重熔电压为250V   (b) 重熔电压为300V

(c) 重熔电压为350V   (d) 重熔电压为400V

图 6-18　不同重熔电压下样品的局部放大（3000 倍）

表 6-9   **A、B 两点各元素占比**

位置 元素	A	B
O	72.88	0
Cr	14.25	13.42
Fe	0	15.8
Ni	5.59	64.58
Nb	6.68	0
Mo	0.61	6.2
总计	100	100

不同重熔电压下的样品由涂层到基体的 EDS 线扫描结果，如图 6-19 所示。从图 6-19 中可看出，O 元素从层状分布基本变为均匀分布，且含量大幅度降低，这进一步证明激光重熔使涂层更加均匀致密，而 Ni 元素含量在涂层与基体结合处呈现梯度变化，说明涂层与基体达到了冶金结合。

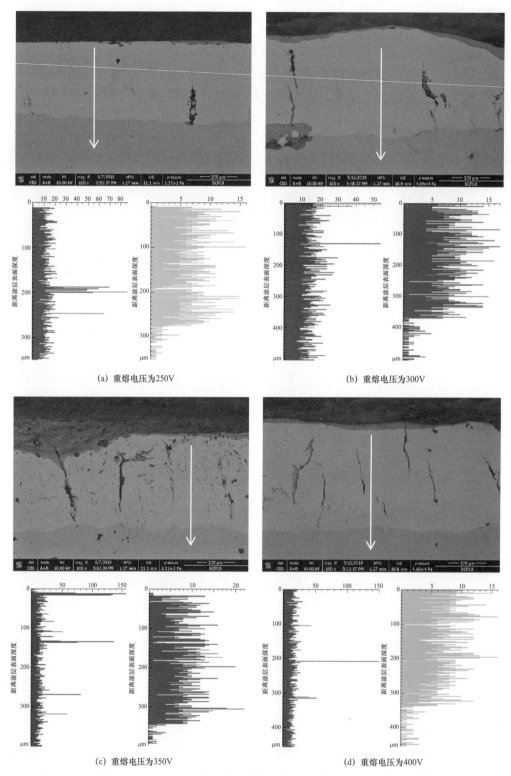

(a) 重熔电压为250V　　　　　　　　　　(b) 重熔电压为300V

(c) 重熔电压为350V　　　　　　　　　　(d) 重熔电压为400V

图 6-19　不同重熔电压下的样品由涂层到基体的 EDS 线扫描结果，各段重熔时间图
从上到下分别表示线扫描方向、O 元素含量、Ni 元素含量

6.4.4 感应重熔

不同感应重熔温度下涂层的截面显微组织，如图 6-20 所示。从图 6-20 中可直观地看出，涂层内代表孔隙的黑色部分较未重熔涂层和火焰重熔涂层均有明显的减少，并

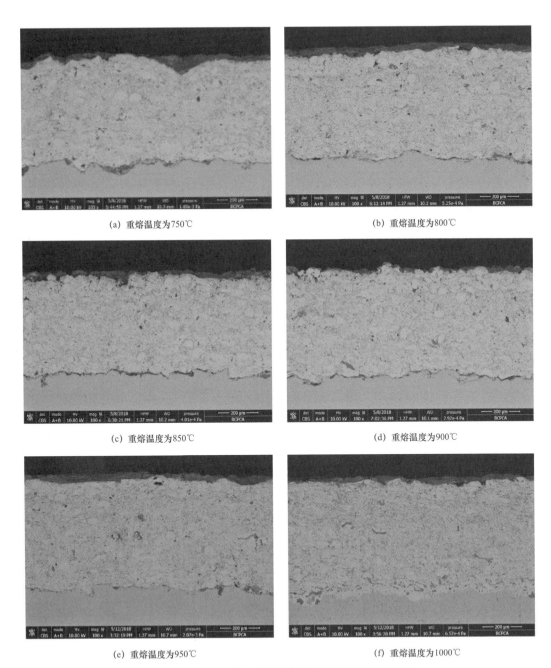

(a) 重熔温度为750℃

(b) 重熔温度为800℃

(c) 重熔温度为850℃

(d) 重熔温度为900℃

(e) 重熔温度为950℃

(f) 重熔温度为1000℃

图 6-20　不同感应重熔温度下涂层的截面显微组织

且深灰色的氧化物在基体内分布更加均匀。另外，随着感应重熔温度的增加，涂层与基体结合处的黑色缺陷区域呈现逐渐减少的趋势，交界面的线条变得逐渐模糊，在感应重熔1000℃的样品中涂层与基体之间已不再是清晰的线条，而是与激光重熔样品相似，是一种过渡式的变化。这是由于感应重熔的原理是利用感应电流使合金从内部加热，相对于火焰喷枪的点状热源来说，感应线圈是环形热源，可使样品整体加热，温差效应小，加热频率高，这有利于涂层孔隙的消除和涂层与基体结合能力的增强。

为进一步了解感应重熔对涂层孔隙率的影响，采用图像分析法测量感应重熔涂层的孔隙率。感应重熔样品的孔隙率见表6-10。

表6-10 感应重熔样品的孔隙率

样品编号	未重熔	T1	T2	T3	T4	T5	T6
孔隙率	1.33%	0.40%	0.44%	0.47%	0.46%	0.41%	0.10%

从表6-10中可看出，感应重熔后，样品的孔隙率均降为原来的1/3以下，重熔温度为1000℃的样品降低最明显，为原来的1/10以下。这与图6-20中从横截面显微组织图中看到的结果一致。这说明感应重熔相较火焰重熔而言降低涂层孔隙率的效果更好，更加稳定。

不同重熔温度下样品的3000倍局部放大，如图6-21所示。可看出，感应重熔的氧化物富集区分布规律与未重熔涂层和火焰重熔涂层的几乎没有区别，深灰色的氧化物依旧随机分布在浅灰色的基体中。对六个样品的深灰色和浅灰色区域做EDS线扫描结果和未重熔样品与火焰重熔基本一致，深灰色区域O原子的含量在60%～70%，Ni原子的含量在15%以内，而浅灰色区域O原子的含量在5%以内，Ni原子的含量在65%～75%。

不同重熔温度下的样品由涂层到基体的EDS线扫描结果，如图6-22所示。从图6-22中可看出，O元素的层状分布没有明显的改善，因为感应重熔虽然比火焰重熔加热更加均匀，温度影响更深，但是涂层依旧没有达到熔化的程度，所以涂层的成分分布并不会发生像激光重熔那样使涂层熔化而产生的剧烈变化。而从重熔温度为900℃的4号样品开始，在涂层与基体的交界面处Ni元素含量出现了一定阶梯式的过渡，而不是骤然降低，这一现象在1000℃的样品中体现得最为明显，这说明1000℃的样品的基体与涂层发生了冶金结合，这也与样品的横截面显微图片中观察到的结果一致。除这六个温度外，我们还做了1000℃以上的感应重熔实验，但是在1050℃以上时样品的基体完全熔化，涂层部分熔化。这说明重熔的温度越高，涂层与基体的结合能力越好，在接近样品基体或涂层的熔化温度时，涂层与基体达到了冶金结合。

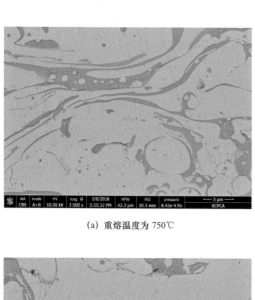

（a）重熔温度为 750℃

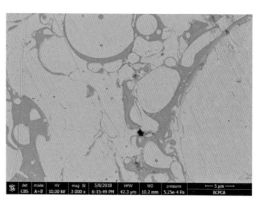

（b）重熔温度为 800℃

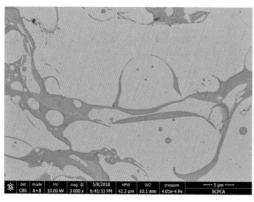

（c）重熔温度为 850℃

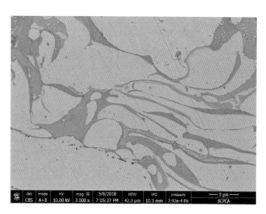

（d）重熔温度为 900℃

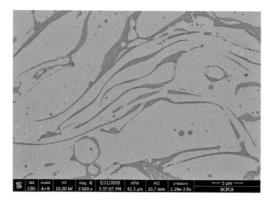

（e）重熔温度为 950℃

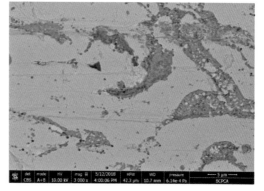

（f）重熔温度为 1000℃

图 6-21　不同重熔温度下样品的 3000 倍局部放大

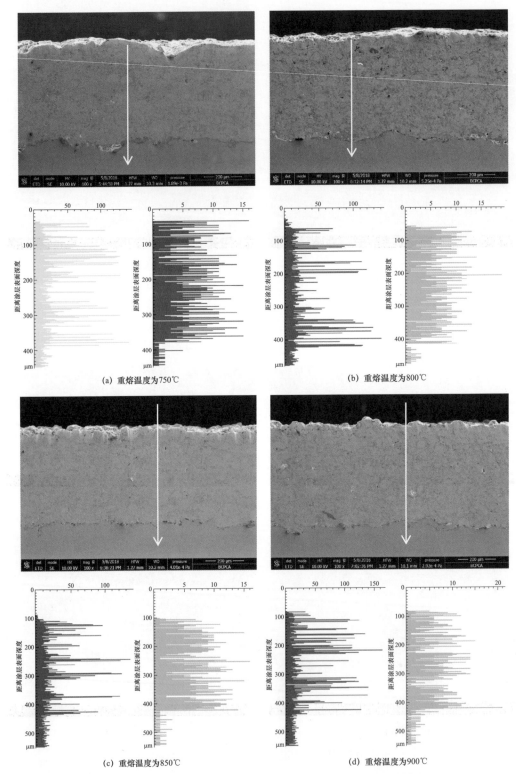

(a) 重熔温度为750℃

(b) 重熔温度为800℃

(c) 重熔温度为850℃

(d) 重熔温度为900℃

图6-22　不同重熔温度下的样品由涂层到基体的 EDS 线扫描结果，各段重熔时间图
从上到下分别表示线扫描方向、O 元素含量、Ni 元素含量（一）

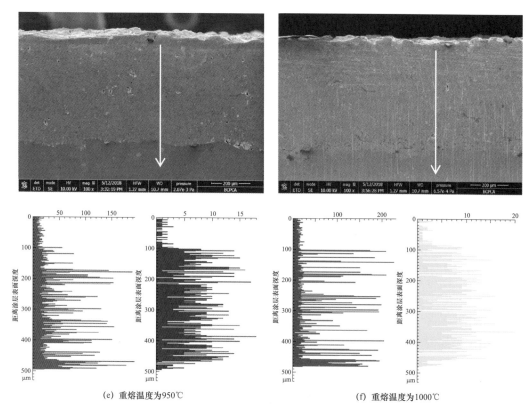

(e) 重熔温度为950℃　　　　　　　　(f) 重熔温度为1000℃

图 6-22　不同重熔温度下的样品由涂层到基体的 EDS 线扫描结果，各段重熔时间图
从上到下分别表示线扫描方向、O 元素含量、Ni 元素含量（二）

6.4.5　小结

本节主要对各个样品横截面微观组织和元素分布规律进行分析，主要有以下内容。

（1）研究了火焰喷涂镍基 625 合金涂层的微观组织和元素分布。发现涂层的孔隙率
为 1.33%，涂层为层状分布，涂层内部的氧化物富集区较多，广泛分布于基体中。涂层
与基体的结合为机械结合，且结合处缺陷较多。

（2）研究了火焰重熔层的微观组织和元素分布。发现火焰重熔可使涂层的孔隙率降
低，并且随着重熔时间的增加，孔隙率呈现先增加后降低的趋势，重熔时间最长为
$7min/253cm^2$ 的样品孔隙率降低最多，为 0.64%。火焰重熔对涂层的层状结构没有改善，
对涂层与基体的结合情况没有实质性的改变。

（3）研究了激光重熔层的微观组织和元素分布。发现激光重熔使涂层的孔隙率几乎
降低为零，并且使涂层的片层状结构变为均匀结构，氧化物含量降低且变为弥散分布于
基体中，涂层与基体基本达到了冶金结合。同时，激光重熔后涂层内部出现裂纹，且裂
纹率随着激光电压增加而增加，重熔电压为 250V 的样品裂纹率最低。

（4）研究了感应重熔层的微观组织和元素分布。发现感应重熔对涂层孔隙率的影响

大于火焰重熔，重熔温度为 750～950℃样品的孔隙率在 0.4%～0.5%，而重熔温度为 1000℃的样品孔隙率降低至 0.1%。感应重熔对于涂层氧化物的分布没有明显的影响，而重熔温度在 900℃以下时，涂层与基体的结合情况没有变化，当重熔温度高于 900℃时，涂层与基体结合情况开始有所改善，重熔温度为 1000℃时涂层与基体达到了冶金结合，说明感应重熔温度为 1000℃时，也就是样品接近熔化的温度，重熔效果最好。

6.5 重熔涂层的显微硬度

6.5.1 火焰重熔层的显微硬度

火焰重熔试样的硬度变化曲线，如图 6-23 所示。t_1～t_7 分别代表重熔时间为 1min、2min30s、3min、3min30s、4min、5min、7min 的样品。图 6-23 中，未重熔样品的涂层硬度在 290$HV_{0.3}$～420$HV_{0.3}$，平均硬度为 357.1$HV_{0.3}$，而基体的硬度在 190$HV_{0.3}$～210$HV_{0.3}$，平均硬度为 197.8$HV_{0.3}$，而涂层的厚度为 0.43mm。图 6-23 中可看出，经过重熔的样品厚度都有明显的降低，t_4 号样品的厚度最大，为 0.34mm，而 t_1、t_5、t_6、t_7 号样品的厚度最小，为 0.26mm。造成涂层厚度降低的原因是在重熔过程中涂层内的气孔、夹杂上浮到涂层表面溢出，涂层的缺陷减少、疏松结构有所改善，使涂层体积减小、厚度降低。另外，部分重熔时间下样品涂层的硬度有所降低，t_1、t_2、t_3 三个重熔时间最短的样品硬度降低最明显，硬度在 280$HV_{0.3}$～340$HV_{0.3}$，t_1～t_7 的平均硬度分别为 309、284、306、352、390、328、361$HV_{0.3}$。同时，基体的硬度也有所降低，这可能与火焰重熔使晶粒发生粗化有关。

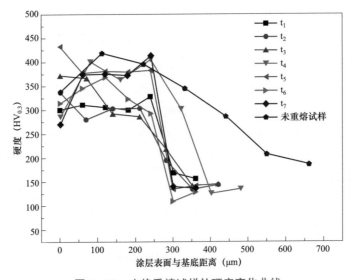

图 6-23 火焰重熔试样的硬度变化曲线

6.5.2 激光重熔层的显微硬度

激光重熔试样的硬度变化曲线，如图 6-24 所示。V_1~V_4 分别代表重熔电压为 250、300、350、400V 的样品。图 6-24 中可看出，激光重熔后涂层的硬度整体有所降低，四个参数的样品涂层硬度均在 190HV$_{0.3}$~280HV$_{0.3}$。造成激光重熔涂层硬度降低的原因可能有以下一个或几个：① 激光功率过大、扫描速度过慢，在空气中冷却速度较慢，使涂层发生明显的过烧，晶粒粗化严重，使涂层的硬度降低；② 重熔过程中，涂层内的氧元素含量降低，说明部分氧化物发生脱氧，而这些氧化物可能是为涂层硬度做出贡献的硬质相或增强相；③ 激光重熔层内的显微裂纹较多，而裂纹处的显微硬度较涂层正常位置偏低。

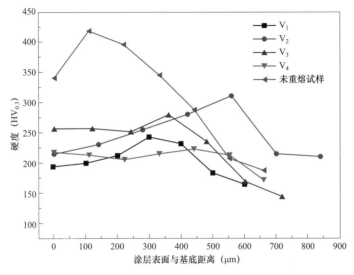

图 6-24 激光重熔试样的硬度变化曲线

6.5.3 感应重熔层的显微硬度

感应重熔试样的硬度变化曲线，如图 6-25 所示。T_1~T_7 分别代表重熔温度为 750、800、850、900、950、1000℃的样品。从图 6-25 中可看出，T_1、T_2 两个重熔温度下涂层的硬度有明显上升，T_1 样品的涂层硬度在 410HV$_{0.3}$~550HV$_{0.3}$，比未重熔涂层高出 120HV$_{0.3}$~130HV$_{0.3}$，而 T_2 样品的涂层硬度在 400HV$_{0.3}$~520HV$_{0.3}$，比未重熔涂层高出 100HV$_{0.3}$~110HV$_{0.3}$。涂层硬度的提升是由于固溶元素溶入 γ-Ni 固溶体中形成了固溶强化，并且 Cr_XC_X、$(Fe, Ni)_XC_X$ 等硬质相经过重熔后充分扩散而使涂层的硬度提升。另外，随着重熔温度的升高，涂层的硬度开始下降，重熔温度为 1000℃时低于未重熔涂层，说明感应重熔温度在样品熔化为液态的临界点时涂层的硬度会降低。

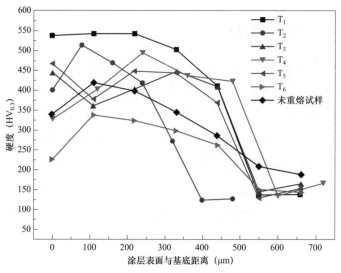

图6-25　感应重熔试样的硬度变化曲线

6.6　重熔涂层的高温腐蚀特性

各试样在600℃和650℃下的腐蚀失质量曲线，如图6-26所示。t1~t7分别代表火焰重熔时间为1min、2min30s、3min、3min30s、4min、5min、7min的样品，V1~V4分别代表激光重熔电压为250、300、350、400V的样品，T_1~T_7分别代表感应重熔温度为750、800、850、900、950、1000℃的样品。从图6-26中可看出，无论是在600℃还是650℃下，几组曲线的斜率都非常小，并且经过72h的腐蚀后，最终的腐蚀失质量都在1000g/m² 以下，样品的腐蚀程度并不严重。一方面说明镍基625合金本身在650℃以下的耐氯熔盐腐蚀性能较好，并且重熔处理对涂层在此温度下的耐腐蚀性能并没有较大的影响，重熔处理保留了镍基625合金良好的耐腐蚀性能；另一方面，由于本次实验使用的腐蚀试剂在600℃时只发生了轻微的熔融，而在650℃时也只有部分熔融，说明未充分熔融的氯盐腐蚀能力较弱。

值得注意的是，图6-26（a）中的未重熔试样和图6-26（b）中的t3号样品质量不减反增，这是由于在样品表面出现了结渣现象，结渣一般是熔融和半熔融状态的颗粒沉积在受热面而形成的，由于结渣与受热面结合较为牢固，用工具轻轻敲击和酸洗均不能使其脱落，所以导致了样品质量的增加。此外，部分样品［如图6-26（a）中的t4、t1、t6，图6-26（d）中的V1、V2、V3、V4，图6-26（f）中的T5、T3等］在腐蚀前期失质量较为明显，斜率相对较大，但是随着腐蚀时间的增加，不约而同地在腐蚀36h后失质量不再增加，趋于恒定，这是由于在将涂层从基体上切离的过程中，由于线切割控制设备不能达到百分之百精确，涂层内表面残存了一部分基体材料20号碳钢，而Fe基的

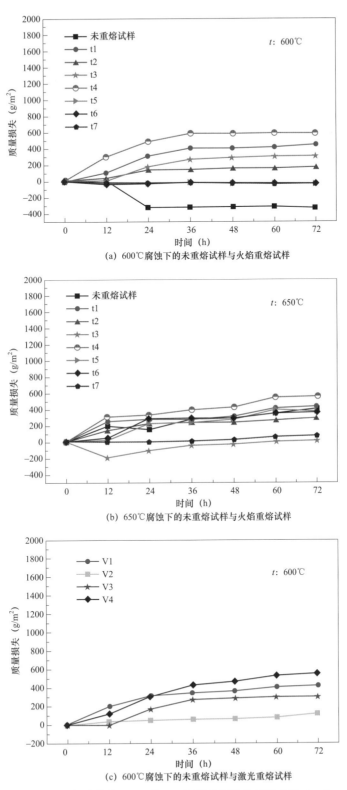

(a) 600℃腐蚀下的未重熔试样与火焰重熔试样

(b) 650℃腐蚀下的未重熔试样与火焰重熔试样

(c) 600℃腐蚀下的未重熔试样与激光重熔试样

图 6-26　各试样在 600℃和 650℃下的腐蚀失质量曲线（一）

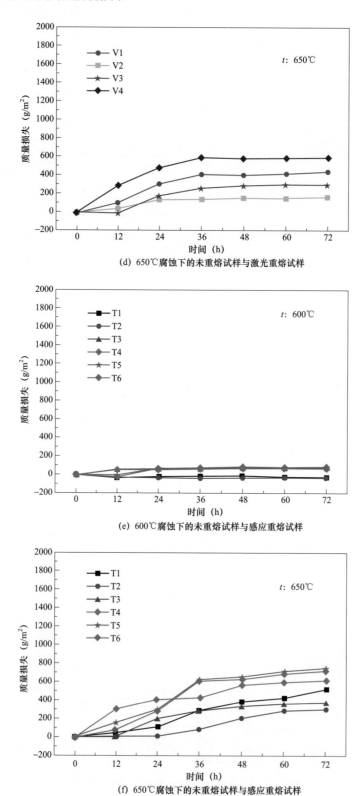

(d) 650℃腐蚀下的未重熔试样与激光重熔试样

(e) 600℃腐蚀下的未重熔试样与感应重熔试样

(f) 650℃腐蚀下的未重熔试样与感应重熔试样

图6-26 各试样在600℃和650℃下的腐蚀失质量曲线（二）

20 号碳钢在熔盐中腐蚀十分严重，残留的基体材料在腐蚀 36h 后基本完全腐蚀脱落，只留下耐腐蚀的涂层，所以失质量基本不再增加。

样品的腐蚀表面形貌及腐蚀产物元素组成，如图 6-27 所示。从腐蚀失质量结果得知，每种重熔工艺对应的不同参数下样品的腐蚀失质量相差都不大，所以只选择具有代表性的火焰重熔 t4、激光重熔 V4、感应重熔 T6 号样品进行观察。从图 6-27（a）和 6-27（b）中可看出，未重熔样品表面的腐蚀产物相对较为平整，在整个腐蚀实验过程中并未发生过明显的腐蚀产物剥落的现象，说明样品的腐蚀只发生在合金的表层，并未向合金内部延伸。此外，两个温度下腐蚀产物主要元素组成相差也不大，主要是由 Fe 和 Ni 的氧化物组成，涂层原成分中含量也较大的 Cr、Mo 元素只在其中一个样品中检测到了微量的存在，这说明对 Fe、Ni 发生了选择性氧化。未重熔样品在这个温度下表现出了良好的耐腐蚀性能，而其耐腐蚀性能较好的原因可能是 NiO 等 Ni 的氧化物的产生和一些耐腐蚀性元素的添加，这些化合物的生成在合金表面阻止了进一步深层的氧化。图 6-27（c）、图 6-27（d）、图 6-27（g）、图 6-27（h）代表的火焰重熔、感应重熔样品的腐蚀形貌和元素组成相对于未重熔样品没有本质上的变化，因此耐腐蚀机理也没有变化。而除未重熔样品外，其他重熔后的样品元素组成中都出现了一定量的 C 元素，这进一步说明重熔对于涂层元素分布有一定的影响。而从图 6-27（e）和图 6-27（f）中可看出，激光重熔样品的表面腐蚀形貌有所不同，在 600℃时出现了针状的富镍腐蚀产物，这表明相对于未重熔样品平整的表面形貌而言，腐蚀有所加重。而当温度升高至 650℃时，又观察到了近似纤维状的腐蚀形貌，纤维状腐蚀形貌是腐蚀产物覆盖下的新鲜基体被不断腐蚀而产生的多层腐蚀形貌，这表明此时腐蚀进一步加重。结合激光重熔样品的腐蚀失质量曲线，这种腐蚀现象只发生在个别腐蚀较为严重的区域，所以并没有发生明显的失质量现象，此时涂层的耐腐蚀性能依旧很好。

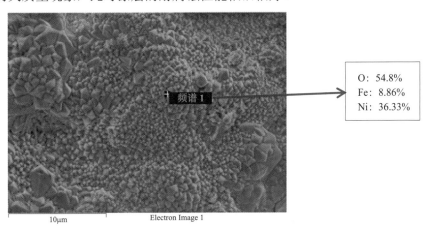

（a）600℃腐蚀下未重熔样品的表面形貌及EDS点扫描元素组成

图 6-27　样品的腐蚀表面形貌及腐蚀产物元素组成（一）

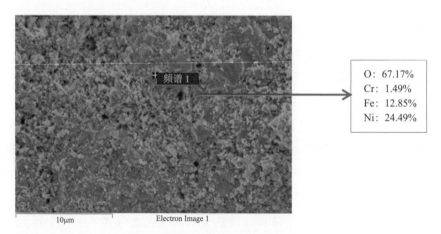

O: 67.17%
Cr: 1.49%
Fe: 12.85%
Ni: 24.49%

(b) 650℃腐蚀下未重熔样品的表面形貌及EDS点扫描元素组成

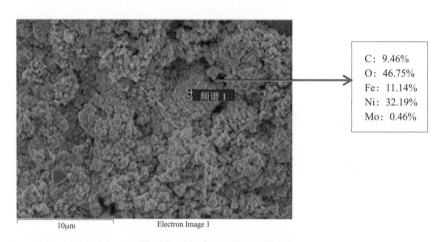

C: 9.46%
O: 46.75%
Fe: 11.14%
Ni: 32.19%
Mo: 0.46%

(c) 600℃腐蚀下火焰重熔t4号样品的表面形貌及EDS点扫描元素组成

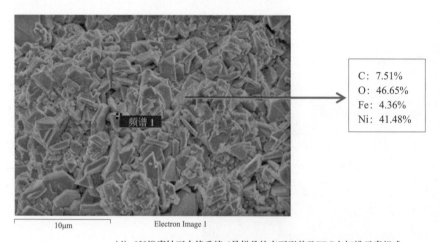

C: 7.51%
O: 46.65%
Fe: 4.36%
Ni: 41.48%

(d) 650℃腐蚀下火焰重熔t4号样品的表面形貌及EDS点扫描元素组成

图 6-27 样品的腐蚀表面形貌及腐蚀产物元素组成（二）

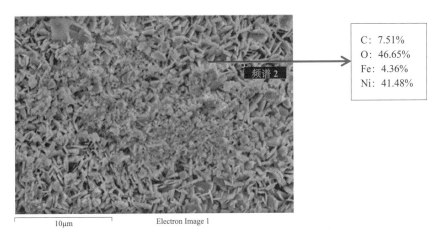

C: 7.51%
O: 46.65%
Fe: 4.36%
Ni: 41.48%

频谱 2

10μm   Electron Image 1

(e) 600℃腐蚀下激光重熔V4号样品的表面形貌及EDS点扫描元素组成

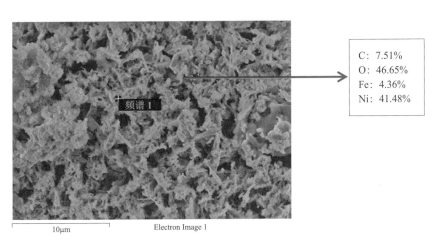

C: 7.51%
O: 46.65%
Fe: 4.36%
Ni: 41.48%

频谱 1

10μm   Electron Image 1

(f) 650℃腐蚀下激光重熔V4号样品的表面形貌及EDS点扫描元素组成

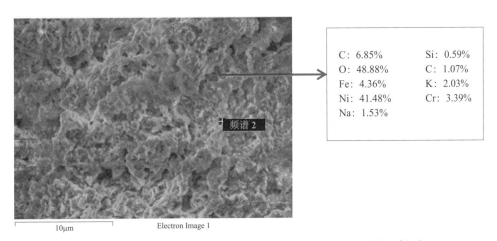

C: 6.85%	Si: 0.59%
O: 48.88%	C: 1.07%
Fe: 4.36%	K: 2.03%
Ni: 41.48%	Cr: 3.39%
Na: 1.53%	

频谱 2

10μm   Electron Image 1

(g) 600℃腐蚀下感应重熔T6号样品的表面形貌及EDS点扫描元素组成

图 6-27   样品的腐蚀表面形貌及腐蚀产物元素组成（三）

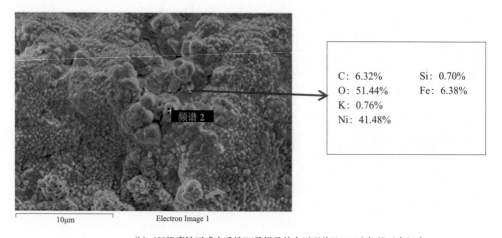

C: 6.32%   Si: 0.70%
O: 51.44%   Fe: 6.38%
K: 0.76%
Ni: 41.48%

10μm   Electron Image 1

(h) 650℃腐蚀下感应重熔T6号样品的表面形貌及EDS点扫描元素组成

图 6-27　样品的腐蚀表面形貌及腐蚀产物元素组成（四）

本节主要对各个样品进行了显微硬度和高温熔盐腐蚀实验。

（1）在硬度方面，未重熔样品的硬度在 $290HV_{0.3}$～$420HV_{0.3}$，火焰重熔样品的硬度均有轻微的降低，同时，由于重熔使涂层疏松的结构有所改善，因此，涂层的厚度降低了 1.0～1.7mm。激光重熔样品的硬度降低最为明显，硬度均在 $190HV_{0.3}$～$280HV_{0.3}$，而感应重熔样品的硬度随着重熔温度的升高先增加后降低，重熔温度为 750℃的 T1 号样品的涂层硬度在 $410HV_{0.3}$～$550HV_{0.3}$，比未重熔涂层高出 $120HV_{0.3}$～$130HV_{0.3}$，而重熔温度为 800℃的 T2 号样品的涂层硬度在 $400HV_{0.3}$～$520HV_{0.3}$，比未重熔涂层高出 $100HV_{0.3}$～$110HV_{0.3}$。

（2）在耐高温熔盐腐蚀性能方面，未重熔涂层在 600、650℃两个温度下腐蚀72h 的腐蚀失质量曲线在 36h 后近乎水平，说明涂层并未发生明显的腐蚀失质量现象，并且表面的腐蚀产物相对较为平整，腐蚀产物主要是由 Fe 和 Ni 的氧化物组成。经过重熔处理后，不同的重熔方法及其对应的重熔参数对腐蚀曲线的规律和腐蚀产物元素组成均没有太大影响，腐蚀曲线同样在 36h 后接近水平，而只有激光重熔样品表面部分区域出现了不平整的针状、纤维状腐蚀产物，但从腐蚀失质量结果来看，重熔处理并没有破坏涂层原本的耐腐蚀性能。

6.7　二次重熔工艺对比

综上所述，探究了三种不同的重熔技术对火焰喷涂涂层组织与性能的影响，通过实验了解每种重熔技术的特点，通过改变重熔技术的工艺参数寻找每种重熔方法下的最佳工艺参数。因此，本文对 20 号碳钢基体上火焰喷涂的镍基 625 合金涂层进行了三种不同的二次重熔处理，分别为火焰重熔、激光重熔和感应重熔。每种重熔方法选取不同的工艺参数进行实验，分析了不同重熔方法及其工艺参数对涂层的相组成、组织形貌、元素分布、孔隙率、与基体的结合情况及显微硬度和高温耐氯腐蚀性能的影响，并得出了以下结论。

XRD 分析表明，涂层的基体相为 $\gamma-Ni$ 固溶体。除基体相外，未重熔、不同参数下的火焰重熔、不同参数下的感应重熔试样中均观察到 Cr 的氧化物相，而激光重熔试样中则只观察到了基体相，这是因为涂层被加热至熔融态后氧化物发生了分解。另外，火焰重熔会使涂层的晶粒发生粗化，且重熔时间越长，涂层中的晶粒粗化越严重。

通过研究样品的微观组织和元素分布发现，未重熔涂层为层状分布，涂层内部的氧化物富集区较多，涂层的孔隙率为 1.33%。涂层与基体的结合为机械结合，且结合处缺陷较多。而火焰重熔可使涂层的孔隙率降低至最低 0.64%，但其对涂层的层状结构没有改善，对涂层与基体的结合情况没有实质性的改变。激光重熔对涂层的组织结构影响最大，可使涂层的片层状结构变为均匀结构，孔隙率几乎降低为零，并且氧化物含量降低且变为弥散分布于基体中，涂层与基体基本达到了冶金结合。然而，激光重熔后涂层内部会出现裂纹，且裂纹率随着激光电压的增加而增加。感应重熔对涂层氧化物的分布没有明显的影响，但是对涂层孔隙率的影响大于火焰重熔，重熔温度为 750～950℃样品的孔隙率在 0.4%～0.5%，而重熔温度为 1000℃的样品孔隙率降低至 0.1%。当重熔温度在 900℃以下时，涂层与基体的结合情况没有变化，然而，重熔温度高于 900℃时，涂层与基体结合情况开始有所改善，重熔温度为 1000℃时涂层与基体达到了冶金结合。

显微硬度测试表明，未重熔样品的硬度在 290～420$HV_{0.3}$，火焰重熔样品的硬度均有轻微的降低，同时，由于重熔使涂层疏松的结构有所改善，因此涂层的厚度降低。激光重熔样品的硬度降低最为明显，硬度均在 190～280$HV_{0.3}$，而感应重熔样品的硬度随着重熔温度的升高先增加后降低，重熔温度为 750℃的 T1 号样品的涂层硬度在 410～550$HV_{0.3}$，比未重熔涂层高出 120～130$HV_{0.3}$，而重熔温度为 800℃的 T2 号样品的涂层硬度在 400～520$HV_{0.3}$，比未重熔涂层高出 100～110$HV_{0.3}$。在耐高温熔盐腐蚀性能方面，未重熔涂层在 600、650℃两个温度下腐蚀 72h 的腐蚀失质量曲线在 36h 后近乎水平，说明涂层并未发生明显的腐蚀失质量现象，并且表面的腐蚀产物相对较为平整，腐蚀产物主要是由 Fe 和 Ni 的氧化物组成，而 Ni 的氧化物较为稳定，这表明镍基合金涂层具有优良的耐高温氯盐腐蚀性能。经过重熔处理后，不同的重熔方法及其对应的重熔参数对腐蚀曲线的规律和腐蚀产物元素组成均没有太大影响，腐蚀曲线同样在 36h 后接近水平，而只有激光重熔样品表面部分区域出现了不平整的针状、纤维状腐蚀产物。但从腐蚀失质量结果来看，三种重熔处理工艺均保留了 Ni 基合金涂层在 650℃以下优良的耐高温氯盐腐蚀性能。

在本次实验中，由于涂层厚度较薄，在高温氯盐腐蚀实验部分的线切割过程中，涂层内壁粘连了部分基体成分，而基体的腐蚀剥落导致腐蚀时间为 36h 之前的实验结果有所误差，并且高温氯盐腐蚀实验设计的温度点过少。

6.8　感应重熔涂层的工程应用

镍基合金粉末分自熔性和非自熔性两大系列，其中，非自熔性合金粉末是指不含或仅含少量 B、Si 元素的合金粉末，非自熔性 Ni 基合金粉末在等离子喷涂、火焰喷涂、激光熔覆等表面改性工程中应用广泛，目前，已发展出比较完整的合金粉末系列，按照其耐蚀和耐氧化性能可分为耐氢氟酸腐蚀的 Ni−Cu 合金、耐盐酸腐蚀的 Ni−Cr−Mo 合金、耐 Cl⁻ 腐蚀和耐高温氧化的 Ni−Cr−Fe 合金、耐含氧性强酸和低浓度非含氧酸腐蚀的 Ni−Cr 合金、耐浓硫酸腐蚀的 Ni−Mo 合金等合金体系。Ni 基自熔性合金粉末是在 Ni 合金粉末中加入适量 B、Si 等能降低合金熔点、扩大固液相温度区间的元素制备的，加入的 B、Si 等元素对金属颗粒具有很好的润湿性，特别是 B 元素能与合金粉末中的基础成分 Ni 互溶，凝固后形成硼化物等硬质相，进而提高涂层的耐磨性。

同时，B、Si 等元素对 O 的亲和力要大于 Ni 对 O 的亲和力，在熔覆过程中能优先与熔池中的 O 反应形成低密度和低黏度的氧化物，是良好的脱氧造渣剂；生成的氧化物能在熔池表面形成屏蔽层，隔绝空气中的氧气，进一步减少合金成分的氧化烧损。在 Ni−B−Si 合金中加入 C、Cr 等元素，便能获得抗高温氧化、耐腐蚀的 Ni−Cr−B−Si 系合金粉末。引入的 Cr 元素能与合金成分中的 Fe，Ni 元素形成固溶体，而 Cr 元素的化学活性较低，能对涂层起到固溶强化和钝化作用，同时，涂层中的 B 能与 Cr 和 Ni 元素形成硼化铬和硼化镍硬质相，进一步提高涂层的耐磨耐蚀性能。因此，Ni−Cr−B−Si 合金被广泛应用于存在应力磨损的场合，对于工作温度低于 700℃的铸铁、铸钢零件可获得极佳的表面补强效果，显著提高工件的耐蚀耐磨性能。

高频熔焊工艺借助高频电流的集肤效应可使高频电能量集中于焊件的表层，而利用邻近效应，又可控制高频电流流动路线的位置和范围。当要求高频电流集中于焊件的某一部位时，只要将导体与焊件构成电流回路，并使导体靠近焊件上的这一部位，使它们相互之间构成邻近导体，就能实现这个要求。高频焊就是根据焊件结构的具体形式和特殊要求，主要运用集肤效应和邻近效应，使焊件待焊处的表层金属得以快速加热而实现焊接。高频感应熔焊操作是把喷涂层加热到固、液相之间的温度范围，使原来比较疏松多孔的涂层变成连续致密的熔敷层，与基材之间达到完全的扩散结合或微冶金结合。感应重熔−超音速等离子喷涂协同制备工艺示意，如图 6−28 所示。感应重熔后管排外观示意，如图 6−29 所示。感应重熔工艺大规模制备的管排外观，如图 6−30 所示。截至2022 年，该工艺在国内的应用面积已超过 3 万 m²，部分应用业绩见表 6−11。

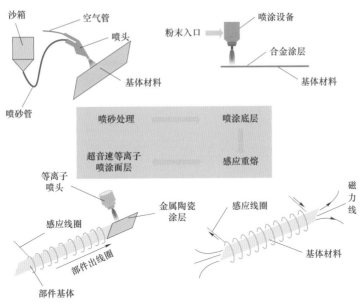

图 6-28 感应重熔-超音速等离子喷涂协同制备工艺示意

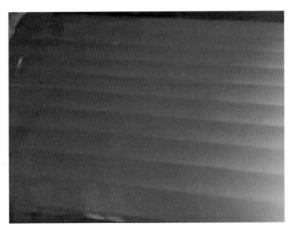

图 6-29 感应重熔后管排外观示意

图 6-30 感应重熔工艺大规模制备的管排外观

表 6-11 部 分 应 用 业 绩

序号	应用单位	任务
1	武汉深能环保新沟垃圾发电有限公司	水冷壁管防腐蚀
2	深圳能源环保股份有限公司宝安垃圾发电厂	炉水冷壁管防腐蚀、炉排片防磨蚀
3	青岛西海岸康恒环保能源有限公司	过热器管高温防腐蚀
4	珠海中信康恒生态环保产业园生活垃圾焚烧发电厂	水冷壁管、过热器高温防腐蚀
5	敖汉旗生活垃圾焚烧热电项目	过热器管高温防腐蚀
6	光大环保能源（济南）有限公司济南市第二生活垃圾综合处理厂	喷氨管、生态管、热电偶保护套管高温防磨防腐蚀
7	光大环保能源（宿迁）有限公司宿迁光大垃圾焚烧发电项目	热电偶保护套管高温防磨防腐蚀
8	邹城光大环保能源有限公司垃圾焚烧发电项目	过热器管高温防腐蚀
9	光大环保能源（江阴）有限公司江阴市生活垃圾焚烧发电厂	喷氨管、生态管、热电偶保护套管高温防磨防腐蚀
10	国能赣县生物发电有限公司	过热器管高温防腐蚀
11	泗县深能生物质发电有限公司	水冷壁管、过热器耐高温防腐蚀
12	威县深能环保有限公司威县生活垃圾焚烧发电项目	水冷壁管防腐蚀、炉排片防磨蚀
13	酒泉钢铁集团有限责任公司自备电厂	水冷壁管防腐蚀、防磨损

2020 年 12 月 22 日对已运行满两年的深圳能源环保股份有限公司宝安垃圾发电厂 4 号二烟道进行检测，检验仪器为 Elcometer 高温涂层测厚仪。有涂层和无涂层区域的对比照片，如图 6-31 所示。检测结果说明，炉内腐蚀介质较多，无涂层防护处碳钢腐蚀非常严重，而涂层防护区域外观完好无损，未出现腐蚀、减薄现象。

近年来，美国、英国、日本等国在垃圾焚烧锅炉水冷壁上，采用高频感应加热重熔的自熔合金（NiCrSiB）涂层得到了越来越多的应用。这种涂层经重熔后结构均匀，与基体实现了化学键结合，而且重熔层刚好是喷涂层，对基材没有稀释，表面光滑。日本某垃圾焚烧高频感应重熔制备的涂层使用三年后的腐蚀试验结果证明，高频感应重熔涂层提高使用寿命效果显著。日本某垃圾焚烧水冷壁使用高频感应重熔位置，如图 6-32 所示。日本某垃圾焚烧水冷壁使用高频感应重熔三年后的减薄量见表 6-12。由图 6-32 和表 6-12 中可看出，未做涂层的管屏，年均减薄量 2mm，且腐蚀严重，而感应重熔涂层基本未减薄。我国台湾地区 90% 以上的垃圾焚烧锅炉水冷壁都是使用感应重熔涂层技术进行防腐。

图 6-31 有涂层和无涂层区域的对比照片

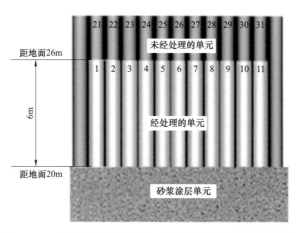

图 6-32 日本某垃圾焚烧水冷壁使用高频感应重熔位置

表 6-12 日本某垃圾焚烧水冷壁使用高频感应重熔三年后的减薄量

检验时间	单元编号			
	21~23	1~3	24~31	4~11
	未经处理的单元	经防腐处理的单元	未经处理的单元	经防腐处理的单元
2003 年 4 月	6.7~6.9	8.2~8.4	6.8~6.9	—
2003 年 10 月	5.6~5.9	8.2~8.3	5.9~6.3	—
2004 年 3 月	5.0~5.4	8.1~8.4	5.2~5.5	8.7~9.0
2004 年 10 月	3.9~4.2	8.2~8.4	4.0~4.3	8.7~9.1
2005 年 4 月	2.9~3.2	8.2~8.3	3.2~3.6	8.7~9.0
2005 年 10 月	2.1~2.3	8.1~8.4	2.2~2.5	8.7~9.0
2006 年 4 月	更换	8.1~8.4	更换	8.6~8.9
2006 年 10 月	—	8.1~8.3	—	8.7~9.1

参 考 文 献

[1] 王会亮. 金属材料失效浅析 [J]. 山西冶金, 2016, 39 (04): 114-115.

[2] 徐滨士, 谭俊, 陈建敏. 表面工程领域科学技术发展 [J]. 中国表面工程, 2011, 24 (02): 1-12.

[3] 王滨盐. 热喷涂技术概况及其发展 [J]. 国外机车车辆工艺, 2013 (5): 1-5.

[4] 李传启, 李新德. 浅谈热喷涂技术的功用及工艺特性 [J]. 装备制造技术, 2010 (08): 98-100.

[5] 路阳, 丁明辉, 王智平, 等. 超音速火焰喷涂研究与应用 [J]. 材料导报, 2011, 25 (19): 127-130.

[6] 王有喜, 张勇, 张春明, 等. 电弧喷涂技术的发展及应用 [J]. 农业装备与车辆工程, 2010 (03): 26-29.

[7] 王吉孝, 蒋士芹, 庞凤祥. 等离子喷涂技术现状及应用 [J]. 机械制造文摘 (焊接分册), 2012 (01): 18-22.

[8] 周克崧. 热喷涂技术替代电镀硬铬的研究进展 [J]. 中国有色金属学报, 2004 (S1): 182-191.

[9] 周超极, 朱胜, 王晓明, 等. 热喷涂涂层缺陷形成机理与组织结构调控研究概述 [J]. 材料导报, 2018, 32 (19): 3444-3455, 3464.

[10] 安树春, 程汉池, 栗桌新, 等. 热喷涂涂层的重熔后处理工艺研究进展 [J]. 表面技术, 2009, 38 (02): 73-77.

[11] 郝志勇, 岳立新. 氩弧重熔技术的研究进展 [J]. 热加工工艺, 2012, 41 (16): 137-141.

[12] 王东生, 田宗军, 屈光, 等. 工艺参数对激光重熔等离子喷涂 Ni 基 WC 复合涂层影响 [J]. 应用激光, 2012, 32 (05): 365-369.

[13] 吴勉, 潘邻, 童向阳, 等. 加热功率对感应重熔涂层性能的影响 [J]. 材料保护, 2018, 51 (06): 64-67.

[14] 陈清宇, 富伟, 纪岗昌. 不同参数下激光重熔 Cr_3C_2-NiCr 涂层冲蚀磨损性能研究 [J]. 热加工工艺, 2010, 39 (02): 76-78.

[15] 张绍亮. 氧乙炔火焰喷涂 (焊) 工艺及其应用 [J]. 当代农机, 2011 (07): 72-73.

[16] 路阳, 丁明辉, 王智平, 等. 超音速火焰喷涂研究与应用 [J]. 材料导报, 2011, 25 (19): 127-130.

[17] 陈松, 董天顺, 李国禄, 等. 热喷涂层的重熔技术及其发展现状 [J]. 焊接技术, 2016 (5): 76-79.

[18] Sun Z, Zhang D H, Yan B X, et al. Effects of laser remelting on microstructures and immersion corrosion performance of arc sprayed Al coating in 3.5% NaCl solution[J] Optics Laser Technol, 2018, 99: 282-290.

[19] Manjunatha S S, Manjaiah M, Basavarajappa S. Characterization of Laser Remelted Plasma-Sprayed Mo Coating on AISI 1020 Steel [J]. Silicon, 2017 (21) tionng, Sc.

[20] Utu I D, Marginean G. Effect of electron beam remelting on the characteristics of HVOF sprayed

Al₂O₃ – TiO₂ coatings deposited on titanium substrate [J]. Colloids and Surfaces A: Physicochemical and Engineering Aspects, 2017, 526: 70 – 75.

[21] Gavendova P, Cizek J, Cupera J, et al. Microstructure Modification of CGDS and HVOF Sprayed CoNiCrAlY Bond Coat Remelted by Electron Beam [J]. Procedia Materials Science, 2016, 12: 89 – 94.

[22] 蹤雪梅, 王井, 员霄, 等. 电弧喷涂 Fe-Cr-B 涂层的钨极氩弧重熔处理 [J]. 中国表面工程, 2016, 29 (05): 102 – 108.

[23] 蹤雪梅, 李稳, 王井, 等. FeCrBSiWNb 喷涂层的钨极氩弧摆动重熔处理 [J]. 表面技术, 2017, 46 (07): 195 – 200.

[24] 董晓强, 王永谦, 张楠楠, 等. 火焰重熔对镍基碳化钨涂层显微结构及性能的影响 [J]. 热加工工艺, 2013, 42 (12): 154 – 157.

[25] Zhang N N, Lin D Y, He B, et al. Effect of oxyacetylene flame remelting on wear behaviour of supersonic air-plasma sprayed NiCrBSi/h-BN composite coatings [J]. Surf Rev Lett, 2017, 24: 6.

[26] 万丽宁, 董艳春, 路项媛, 等. 感应重熔对 NiCrBSi/WC-Ni 复合涂层组织和力学性能的影响 [J]. 材料热处理学报, 2016, 37 (12): 160 – 166.

[27] Liang B N, Zhang Z Y, Guo H J. Comparison on the Microstructure and Wear Behaviour of Flame Sprayed Ni-Based Alloy Coatings Remelted by Flame and Induction [J]. Trans Indian Inst Metal, 2017, 70: 1911 – 1919.

[28] 廖波, 杨万和, 田少杰. 氧 – 乙炔焰敷粉和整体加热重熔涂层的工艺试验 [J]. 金属热处理, 1991 (11): 28 – 32.

[29] 魏伟, 张绪坤, 祝树森, 等. 生物质能开发利用的概况及展望 [J]. 农机化研究, 2013, 35 (03): 7 – 11.

[30] Faaij. Bio-energy in Europe: Changing Technology Choices [J]. Energy policy, 2006, 34(03): 322 – 342.

[31] Michelsen H P, Frandsen F, Dam-Johansen K, et al. Deposition and high temperature corrosion in a 10MW straw fired boiler [J]. Fuel Process Technol, 1998, 54: 95 – 108.

[32] 刘奎玉, 江得厚. 生物质发电当前运行状况分析 [J]. 中国电力, 2009, 42 (03): 67 – 70.

[33] Yin C, Rosendahl L A, kaer S K. Grate-firing of biomass for heat and power production [J]. Prog Energ Combust Sci, 2008, 34: 725 – 754.

[34] Skrifvars B J, Westen-Karlsson M, Hupa M, et al. Corrosion of superheater steel materials under alkali salt deposits-Part 2:SEM analyses of different steel materials [J]. Corrosion Science, 2010, 52: 1011 – 1019.

[35] 李广风, 郭士宾, 赵旭. 生物质燃烧锅炉中的高温氯腐蚀 [J]. 全面腐蚀控制, 2009, 23 (11): 35, 44 – 45.

［36］ ASTM Test Methods for Analysis of Wood Fuels: E0870 – 82R98E01 ［S］. Philadelphia: American Society for Testing and Materials, 2005.

［37］ 周洪. 钛合金表面纳米热障涂层的制备与组织性能及其表面激光重熔的研究 ［D］. 上海：上海交通大学，2008.

［38］ Langford J I, Wilson A J C. Scherrer after sixty years: A survey and some new results in the determination of crystallite size ［J］. J Appl Crystallogr, 1978, 11: 102 – 113.

［39］ 高阳，解仑，佟百运，等. 激光熔敷氧化锆热障涂层微观结构研究 ［J］. 航空材料学报，2003，23（3）：1 – 4.

［40］ 王希靖，王博士，张东. 纯镍在 900℃熔盐中的热腐蚀行为 ［J］. 兰州理工大学学报，2018，44（02）：12 – 16.

7

垃圾焚烧锅炉的防腐优化设计及应用

7.1 高参数余热锅炉防腐设计现状及趋势

7.1.1 主蒸汽参数对防腐设计的影响

"清洁低碳、安全高效"是垃圾焚烧行业高质量发展之路。在高效发电方面，余热锅炉主蒸汽参数是制约能源利用效率的关键因素之一[1]。随着垃圾焚烧行业设计、运行、维护能力整体提升，主蒸汽参数逐步从 4.0MPa、400/450℃中温中压参数发展为 6.4MPa、450/485℃次高压参数，发电效率提高到约 25%[2]。与此同时，具有高水平的研发企业开发了超高压再热参数机组（13.5MPa，450℃），发电效率达到 30%以上[3,4]。如何在优化发电蒸汽参数、提高垃圾焚烧发电效率基础上，有效控制余热锅炉受热面的高温腐蚀至关重要，因此，锅炉防腐设计逐渐成为研究的热点[5-7]。

针对高参数锅炉防腐，根据垃圾焚烧余热锅炉的腐蚀机理及行业经验，目前不同参数水平下的锅炉受热面防腐有以下措施。

1. 4.0MPa/450℃锅炉防腐措施

首先针对水冷壁防腐，在炉膛及炉室Ⅰ水冷壁敷设 SiC 耐火浇注料，水冷壁不与烟气直接接触，有效避免腐蚀。敷设 SiC 耐火浇注料可保证炉膛温度控制在 850℃以上，同时，较高的炉膛高度大大延长烟气炉内停留时间，也可有效抑制二噁英生成。

针对过热器防腐，在过热器前布置蒸发器，有效降低过热器处烟温，使高温过热器处于烟气温度 550℃以下的烟道中，同时，高温过热器管为顺流布置，以保证高温过热器出口管壁温度控制在一定的范围内，减少高温腐蚀，同样的，中温过热器管也为顺流布置。考虑材料耐腐蚀能力，高温过热器管材选用 TP347H 材料，中温过热器管材选用 12Cr1MoVG 材料。

2. 6.4MPa/450℃锅炉防腐措施

主蒸汽参数为 6.4MPa/450℃的焚烧余热锅炉常规防腐措施，如图 7-1 所示。首先针对水冷壁防腐，在炉膛及炉室Ⅰ水冷壁敷设 SiC 耐火浇注料，水冷壁不与烟气直接接触，有效避免腐蚀。敷设 SiC 耐火浇注料可保证炉膛温度控制在 850℃以上，同时，较高的炉膛高度大大延长烟气炉内停留时间，也可有效抑制二噁英生成。

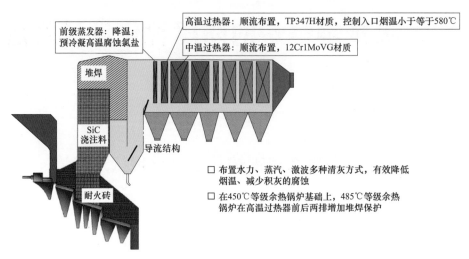

图 7-1　主蒸汽参数为 **6.4MPa/450℃** 的焚烧余热锅炉常规防腐措施

在炉室Ⅱ两侧墙高于 830℃烟温区域及后墙采用堆焊或感应重熔焊措施，在膜式水冷壁外表面堆焊或感应重熔焊耐高温腐蚀镍基合金材料，形成一定厚度的优良涂层，以避免水冷壁基材发生高温腐蚀，同时，保证炉室Ⅱ的吸热能力。在炉室Ⅱ的前墙敷设 SiC 耐火浇注料。

针对过热器防腐，在过热器前布置蒸发器，有效降低温过热器处烟温，使高温过热器处于烟气温度 580℃以下的烟道中，同时，高温过热器管为顺流布置，以保证高温过热器出口管壁温度控制在一定的范围内，减少高温腐蚀，同样的，中温过热器管也为顺流布置。考虑材料耐腐蚀能力，高温过热器管材选用 TP347H 材料，中温过热器管材选用 12Cr1MoVG 材料。

3. 6.4MPa/485℃锅炉防腐措施

针对水冷壁防腐，在炉膛及炉室Ⅰ水冷壁敷设 SiC 耐火浇注料，水冷壁不与烟气直接接触，有效避免腐蚀。敷设 SiC 耐火浇注料可保证炉膛温度控制在 850℃以上，同时，较高的炉膛高度大大延长烟气炉内停留时间，也可有效抑制二噁英生成。

在炉室Ⅱ两侧墙高于 830℃烟温区域及后墙采用堆焊或感应重熔焊措施，在膜式水冷壁外表面堆焊或感应重熔焊耐高温腐蚀镍基合金材料，形成一定厚度的优良涂层，以避免水冷壁基材发生高温腐蚀，同时，保证炉室Ⅱ的吸热能力。在炉室Ⅱ的前墙敷设 SiC 耐火浇注料。

针对过热器防腐，在过热器前布置蒸发器，有效降低过热器处烟温，使高温过热器处于烟气温度 600℃以下的烟道中，同时，高温过热器管为顺流布置，以保证高温过热器出口管壁温度控制在一定的范围内，减少高温腐蚀。考虑材料耐腐蚀能力，高温过热器管材前后两排堆焊或感应重熔焊镍基合金材料（堆焊部分过热器基材为12Cr1MoVG），堆焊层厚度为 1.5～2.5mm，其余部分选用 TP347H 材料，中温过热器管材选用 12Cr1MoVG 材料。另外，在过热器间采用三级喷水减温，保证在运行时过热器工质温度不超过设计值。

4. 掺烧工业固废余热锅炉防腐措施

相比于生活垃圾，工业固废具有热值高、成分杂、硫氯含量高（部分 S、Cl 含量高于 1%）等特点，因此，掺烧工业固废对普通生活垃圾焚烧项目的烟气净化系统带来较大压力，而且掺烧工业固废会加重炉膛结焦、各受热面的高温腐蚀。某掺烧工业固废项目掺烧后的混合垃圾 Cl、S 含量平均值分别为 1.73%、0.25%，明显大于垃圾焚烧 Cl、S 的常规设计值 0.5%、0.1%，更高的 Cl、S 含量则意味着掺烧工业固废后余热锅炉各受热面将遭受更苛刻、更严重的高温腐蚀。因此，为减轻锅炉各受热面的高温腐蚀，相比于常规生活垃圾焚烧余热锅炉，掺烧工业固废余热锅炉防腐设计有如下调整。

（1）6.4MPa/450℃、6.4MPa/485℃锅炉水冷壁堆焊：在炉室Ⅱ两侧墙高于800℃烟温区域及后墙采用堆焊或感应重熔焊措施。

（2）6.4MPa/450℃、6.4MPa/485℃锅炉高温过热器前后两排均采用堆焊或感应重熔焊防腐措施，其余部分选用 TP347H 材料。

随着蒸汽参数的提升，受热面防腐面积增加，堆焊耗材量增加，表面不平整导致镍基材料浪费严重。同时，堆焊工艺焊丝丝材要求，导致防腐涂层材料等级提升困难，无法适应高参数锅炉的发展需求[8-10]。高频感应重熔技术具有涂层表面平整、镍基材料利用率高，且材料体系改善适应高参数锅炉不同区域的防腐要求。

其中，过热器高温腐蚀问题在高参数发展过程中尤为突出，严重影响锅炉的长周期稳定运行。目前，设计角度缓解措施主要有两方面：一是过热器控温设计，包括严格控制过热器入口烟温、过热器进出口蒸汽温度和减温水量[11]。其中，控制过热器入口烟温有助于让烟气中携带的腐蚀性物质多数冷凝在飞灰表面，从而降低管壁表面腐蚀性物质浓度；二是提升管材材质，通过堆焊、感应重熔焊等涂层加工技术，让过热器寿命延长[12]。实践经验表明，在同等热负荷的前提下，随着余热锅炉运行时间增长，锅炉的高温过热器入口烟温逐步提高，据统计，半年提升了约 40℃；考虑到烟温波动，连续运行 1 年后烟温提升约 80℃。锅炉设计的一、二级减温喷水量随运行时间增加也呈现递增的趋势，与锅炉过热器入口烟温超温的现象关联性明显。下文对过热器入口烟温及影响进行了分析。

5. 不同主蒸汽参数下过热器入口理论最小烟温

由于垃圾本身高氯高碱等腐蚀性特性，导致过热器入口烟温把控相比于其他燃料锅炉更加严格[13]。但是，入口烟温设计过低会导致主蒸汽温度不能满足要求。因此，过热器入口烟温设计不仅要考虑设计值偏高带来的腐蚀风险，而且要考虑过热器吸热温压，保证主蒸汽温度满足汽轮机进汽参数要求。

$$t_{min} < 过热器入口烟温\ t < t_{max}$$

其中，t_{min} 主要从换热角度来定，达到主蒸汽参数的过热器入口理论最小烟温；t_{max} 主要从受热面防腐角度来定，常规为 600℃。

以单条线处理规模 600t/d、设计低位热值 1900kcal/kg 的生活垃圾焚烧余热锅炉为计算对象，分析主蒸汽参数和热负荷对过热器防腐控温设计的影响。MCR 工况下，不同主蒸汽参数对应的过热器入口理论最小烟温，如图 7-2 所示，可看出 MCR 工况下，过热器入口理论最小烟温随着主蒸汽参数提升而增加，4.0MPa/400℃ 参数下，其值为 465℃；对于 13MPa/430℃（炉内再热）参数下，其值为 620℃，高于同等参数下炉外再热技术 28℃，存在较高的高温腐蚀风险。因为炉内再热技术增加了炉内再热器的吸热量，大大提高了过热器入口烟温 t_{min}。其中，再热器进口蒸汽参数：2.36MPa/222℃；出口蒸汽参数：2.33MPa/395℃，再热流量为锅炉主蒸汽流量的 85%。

炉内再热技术过热器/再热器入口烟温超出常规 t_{max}，只能通过大量增加堆焊面积措施来实现防腐需求，大大增加了锅炉投资，并且高温下堆焊耐腐效果也未得到验证，因此，分析中不再考虑炉内再热技术工况。相反地，中温中压参数过热器入口理论最小烟温远低于 t_{max}，为节省过热器面积、降低锅炉投资，实际设计时可提高过热器入口烟温至 560~600℃，同时，在省煤器前增加二级蒸发器，降低排烟温度，提高锅炉效率。

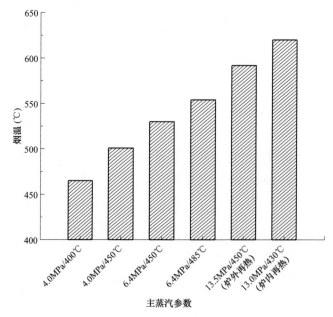

图 7-2　不同主蒸汽参数对应的过热器入口理论最小烟温

6. 提升过热器入口烟温的影响分析

锅炉运行一段时间后会有不同程度的结焦和积灰，同时，考虑到垃圾热值的提升，会造成过热器入口烟气温度持续上升，给锅炉长周期稳定运行带来了挑战[14]。过热器吸热量随入口烟气温度的升高而升高，容易出现汽温超温。为分析不同主蒸汽参数下过热器入口烟温提升对出口蒸汽温度的影响，假定没有减温水量。在过热器入口理论最小烟温的基础上不断增加烟温，提升过热器入口烟温对主蒸汽温度的变化幅度，如图7-3所示。可看出，6.4MPa/485℃参数下主蒸汽温度提升对入口烟温的敏感性最大，13.5MPa/450℃参数下主蒸汽温度变化幅度最小，因为超高压下单位温升增加的焓值大于中压、次高压。

同时，从图7-3中可看出，相同主蒸汽压力下，主蒸汽温度参数越高，对入口烟温的敏感性越大，意味着过热器入口烟温的控温设计更加严格。然而，相同主蒸汽温度下，主蒸汽压力的增加，入口烟温的敏感性降低，这是烟气比热、蒸汽比焓与烟温、蒸汽温度综合作用的结果。

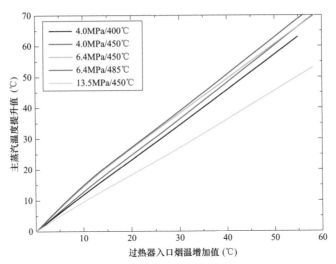

图7-3 提升过热器入口烟温对主蒸汽温度的变化幅度

为分析不同主蒸汽参数下过热器入口烟温提升对增加的减温水量影响，假定过热器出口蒸汽温度保持为主蒸汽参数。在过热器入口理论最小烟温的基础上不断增加烟温，提升过热器入口烟温对减温水量的变化幅度，如图7-4所示。可看出，13.5MPa/450℃参数下减温水量对入口烟温的敏感性最大，4.0MPa/450℃参数下减温水量增加的幅度最小。这是由于压力越高，蒸发潜热越低，超高压参数下单位质量减温水降焓效果小于中压、次高压。

同时，从图7-4中可看出，相同主蒸汽压力下，主蒸汽温度参数越高，减温水量的增加对入口烟温的敏感性越小，因为单位质量减温水吸热量增加，多了部分过热蒸汽加热段。然而，相同主蒸汽温度下，随着主蒸汽压力的增加，减温水量的增加使得入口烟温的敏感性增大，因为减温水的蒸发潜热降低。

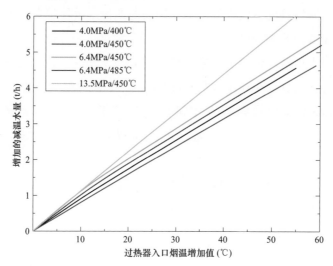

图7-4 提升过热器入口烟温对减温水量的变化幅度

7. 不同热负荷实现方式分析

常规垃圾焚烧锅炉在不添加辅助燃料情况下，设计热负荷范围为70%~110%MCR。热负荷实现方式主要涉及热值和处理量，工况 100%R + X%LHV 为通过变热值方式得到不同热负荷工况下过热器入口烟温、主蒸汽温度和减温水量的变化范围；工况 X%R + 100%LHV 为通过变处理量方式得到不同热负荷工况下过热器入口烟温、主蒸汽温度和减温水量的变化范围。

不同热负荷实现工况下工质侧关键参数变化曲线，如图7-5所示。可看出，随着热负荷增加，主蒸汽温度逐步提升，当热负荷达到80%时，主蒸汽温度能满足设计参数，当热负荷超过85%时，锅炉设计的一、二级减温喷水量随负荷的增加也呈现递增的趋势，与锅炉受热面超温现象关联性明显。同时可看出，在同等热负荷的情况下，工况 100%R + X%LHV 比工况 X%R + 100%LHV 在主蒸汽温度、蒸发量、减温水量方面要高些，因为变热值工况带入系统的能量高于变处理量工况。但是，变处理量工况下主蒸汽温度增长速率要高于变热值工况，因为炉排热负荷与和入炉垃圾处理量呈线性增长关系。

不同热负荷实现工况下烟气侧关键参数变化曲线，如图7-6所示。可看出，随着热负荷增加，一烟道出口烟温、过热器入口烟温，以及烟气流量逐步提升。在同等热负荷的情况下，工况 100%R + X%LHV 比工况 X%R + 100%LHV 在过热器入口烟温、烟气流量方面更高，但是一烟道出口烟温要低，这是由于辐射区辐射换热强度与烟温密切相关，变处理量工况辐射换热能量高，从而过热器入口烟温低。变处理量工况下，烟气流量与热负荷呈线性增长关系，增长速率明显高于变热值工况。

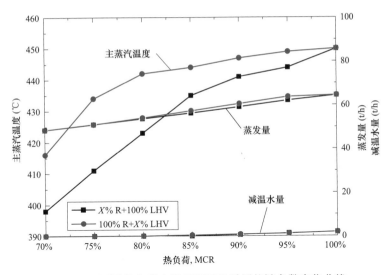

图7-5　不同热负荷实现工况下工质侧关键参数变化曲线

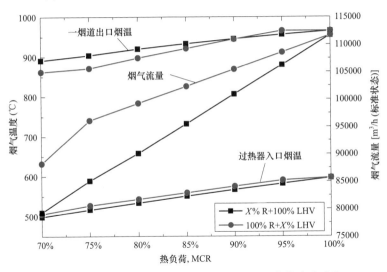

图7-6　不同热负荷实现工况下烟气侧关键参数变化曲线

不同热负荷实现工况下水平烟道烟温变化曲线，如图7-7所示。可看出，随着热负荷增加，过热器入口烟温、省煤器入口烟温，以及省煤器出口烟温逐步提升。在同等热负荷的情况下，工况 100%R+X%LHV 比工况 X%R+100%LHV 在水平烟道烟温更高，但是热负荷达到85%后，过热器入口烟温和省煤器入口烟温差值增大，这是由于减温水量增加了过热器吸热量。

另外，为减少含尘烟气对水冷壁和过热器的直接冲刷和局部高温区域的产生，需要对锅炉内部燃烧情况和流场分布进行诊断分析和优化调整。炉排的大型化提高了每条焚烧线的垃圾处理能力，大幅度降低投资、运行、维护的成本，增加经济效益。随之带来的是炉膛尺度变大，炉膛内易出现流场不均匀等现象。流场不均会导致炉膛内部各区域

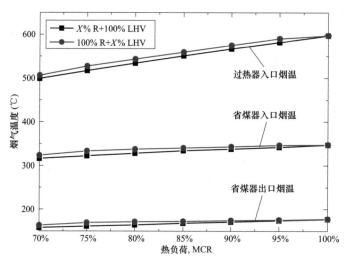

图 7-7　不同热负荷实现工况下水平烟道烟温变化曲线

温度分布不均匀、炉膛受热面换热效果变差且部分区域烟气冲刷明显，随之带来局部区域明显高温腐蚀和冲刷减薄，严重时导致受热面爆管，危及锅炉安全稳定运行。采用计算流体力学（Computational Fluid Dynamics，CFD）模拟技术[15,16]，针对烟气偏流等具体流场不均匀问题进行分析，指出其出现偏流的原因和影响，并且提出改造思路，对合理组织烟道流程，提高余热锅炉运行安全、运行效率具有重要意义。

7.1.2　综合经济效益分析

蒸汽参数与汽轮机组的发电效率成正比，蒸汽参数越高，发电效率越高。不同蒸汽参数的垃圾焚烧发电效率计算对比见表 7-1。表 7-1 中数据按照 3×750t/d 焚烧线配 2 台汽轮发电机组，入炉垃圾低位热值为 1900kcal/kg（7955kJ/kg）进行计算，假定各种参数余热锅炉效率均为 82%，汽轮机均采用高转速。由表 7-1 可见，相比于 4.0MPa/400℃ 常规参数垃圾焚烧锅炉，采用 6.4MPa/485℃、13.5MPa/450℃蒸汽参数的发电效率分别提升了 16.68%、41.7%。因收入来源以发电为主，我国大多数垃圾焚烧厂更加注重通过提高全厂热效率来提高垃圾焚烧利润。因此，在国内环保标准提高、国家补贴退坡、生活垃圾分类等背景下，提高锅炉蒸汽参数是高效运行的有效方式。

表 7-1　　　　　　　　　不同蒸汽参数的垃圾焚烧发电效率计算对比

序号	项目	单位	中温中压	中温次高压	次高温次高压	中温高压（炉外再热）	中温高压（炉内再热）	次高温高压（炉外除湿）
1	主蒸汽压力	MPa	4.0	6.4	6.4	13.5	13.5	13.5
2	主蒸汽温度	℃	400	450	485	450	450	485

序号	项目	单位	中温中压	中温次高压	次高温次高压	中温高压（炉外再热）	中温高压（炉内再热）	次高温高压（炉外除湿）
3	汽轮机热耗	kJ/kWh	13238	11504	11345	9208	9840	9477
4	发电功率	kW	41064	47254	47916	58130	55244	54600
5	全厂热效率	%	22.30	25.66	26.02	31.6	30.00	32.00
6	单机发电功率	kW	20532	223627	23958	29065	27622	27300
7	吨垃圾发电量	kWh	492.8	567.0	575.0	698.3	662.9	707.1
8	效率提升	%	—	15.07	16.68	41.70	34.53	43.5

蒸汽参数的变化对汽轮机发电功率和全厂热效率的影响主要体现在以下两个方面。

（1）在压力相同的情况下，蒸汽温度越高，发电效率越高。在进汽压力和排汽压力一定的情况下，排汽在湿蒸汽区域，蒸汽初温提高即提高其循环热效率；提高蒸汽温度，使排汽干度提高，减少了低压缸排汽湿汽损失。提高蒸汽温度，使其比体积增大，当其他条件不变时，汽轮机高压端的叶片高度加大，相对减少了高压端漏汽损失，因而可提高汽轮机的内效率。因此，提高蒸汽温度，发电效率相应提高是不可否认的。

（2）在进汽温度和排汽压力一定的情况下，单纯提高蒸汽压力，当初焓在某一压力达到最大值后，继续提高蒸汽初压，焓值开始降低并先慢后快，提高初压使蒸汽湿度增加，进入汽轮机的比体积和容积流量减小，相对加大了高压端漏汽损失，有可能发生局部进汽而导致鼓风损失、斥汽损失，使汽轮机相对内效率下降。当温度为450～485℃中一定值时，压力上升至7.0MPa左右，机组功率为最大值，大于7.0MPa功率提升的比例逐渐减小，机组排汽湿度随主蒸汽压力的升高而持续增加，因此，建议汽轮机进汽参数为450～485℃时，压力控制在7.0MPa以内，选择6.4MPa是合理的。再热技术的研发就是突破过热蒸汽温度对增压的限制，使用再热技术能够有效提高垃圾焚烧电厂主蒸汽参数，从而提高其发电效率。

各种参数相对于中温中压参数焚烧厂投资费用的增加情况对比见表7-2。从表7-2数据可看出，采用中温次高压、次高温次高压、中温高压参数分别比中温中压参数效率提高15.07%、16.68%、41.70%。对几种不同蒸汽参数的垃圾焚烧厂的主要设备投资进行测算。

由表7-2可见，在垃圾热值1900kcal/kg（7955kJ/kg）和垃圾处理量相同的情况下（以处理能力2×1000t/d、配2台余热锅炉、2台汽轮机的垃圾焚烧厂为例），中温次高压、次高温次高压、中温高压（炉外再热）、中温高压（炉内再热）、次高温高压（炉外除湿）比中温中压参数的垃圾焚烧厂投资分别增加4069万、5329万、14833万、

17024 万、15381 万元，基本上是蒸汽参数越高，投资增加越多。因此，在提高资源利用率的情况下，还要针对具体边界条件对经济性进行分析。

表 7-2　各种参数相对于中温中压参数焚烧厂投资费用的增加情况对比（万元）

序号	项目	中温中压	中温次高压	次高温次高压	中温高压（炉外再热）	中温高压（炉内再热）	次高温高压（炉外除湿）
1	增加锅炉投资（含高温防腐工艺）	—	3200	4000	10400	12530	10760
2	增加汽轮机投资	—	534	890	2843	2670	2951
3	增加其他投资	—	150	195	530	604	550
4	增加安装费	—	185	244	1060	1220	1120
5	合计增加投资	—	4069	5329	14833	17024	15381

在垃圾热值 1900kcal/kg（7955kJ/kg）和垃圾处理量相同的情况下（以处理能力 2×1000t/d、配 2 台余热锅炉、2 台汽轮机的垃圾焚烧厂为例），中温次高压、次高温次高压、中温高压（炉外再热）、中温高压（炉内再热）四种参数比中温中压参数的垃圾焚烧厂年增加收益分别为 644.5、762.5、2143.3、1247.8 万元，增量投资的回收期分别为 4.80、5.18、5.14、8.11 年。从增量投资的回收上看，次高压参数回收期短，短期效益明显。从每年增加净收益上看，超高压参数有很好的收益，长期效益更有优势。

同时，采用高频感应重熔焊涂层替代堆焊，有望进一步降低高参数的垃圾焚烧厂防腐投资。因为高频感应重熔技术处理过的水冷壁管道涂层与基体的结合强度高，表面孔隙率低，涂层性能良好，抗高温腐蚀及磨损能力强[17]。相比于堆焊技术，高频感应重熔技术能够得到性能更优良的涂层，同时，因为感应重熔加工速率高，所以价格远低于堆焊处理，经济性高。镍基自熔合金具有优异的性能，是最常用于防腐蚀表面工程技术的合金粉末。使用镍基自熔合金粉末制得的涂层具有良好的耐腐蚀、高温和磨损性能[18,19]，十分适合作为涂层材料对垃圾焚烧锅炉水冷壁、过热器管进行防腐处理。

7.2　典型垃圾焚烧锅炉防腐工程应用案例及分析

7.2.1　我国南部某垃圾焚烧发电项目

7.2.1.1　基本情况

我国南方某垃圾焚烧发电项目效果，如图 7-8 所示。我国南部某垃圾焚烧发电项目位于广东某沿海城市生态环保产业园内，园区规划目标为实现固废资源化利用、节能环保产业聚集、环保宣传教育、绿色生态公园四大功能，以"高起点、高标准、高科技、高水平、高效率"的理念建设我国最高水平的现代化、园林式生态环保产业园区。该项目自投运以来，先后通过 ISO 9001、ISO 14001、OHSAS 18001 等体系认证，并荣获"AAA级生活垃圾焚烧厂""最美生活垃圾焚烧厂""广东省环保设施向公众开放先进单位""广东省环境教育基地""广东省生活垃圾处理处置培训基地"等荣誉称号。

图 7-8　我国南方某垃圾焚烧发电项目效果

焚烧发电项目总占地 181.25 亩，总建筑面积 7.8 万 m^2。一期、二期项目总垃圾处理规模为 3000t/d，采用机械炉排炉工艺，安装 5×600t/d 垃圾焚烧炉、2×12MW 中温中压凝汽式汽轮发电机组和 2×25MW 次高温次高压抽凝式汽轮发电机组，配套建设炉渣、飞灰处理设施、生产供排水、电力接入系统等工程。烟气净化系统采用炉内喷氨水 (SNCR)＋半干法[Ca(OH)$_2$]＋干法[Ca(OH)$_2$ 消石灰]＋活性炭喷射＋袋式除尘器＋烟气回流等一系列先进工艺技术，并预留 SCR 脱硝和湿法脱酸提升空间。烟气经脱硝、脱酸、除尘、去除二噁英和重金属等有害物质后通过烟囱排入大气，烟气排放标准达到《危险废物焚烧污染控制标准》（GB 18484—2014）[20]和欧盟《欧盟工业排放指令》（2010/75/EU）[21]标准。

我国南方某垃圾焚烧发电项目工艺流程，如图 7-9 所示。项目整体工艺控制采用集散控制系统（DCS），提升全厂自动化水平。垃圾焚烧产生的炉渣经除铁后进行资源化利用。产生的飞灰经稳定化处理后运至填埋场填埋。垃圾渗沥液由厂内渗沥液处理站处理后回用。

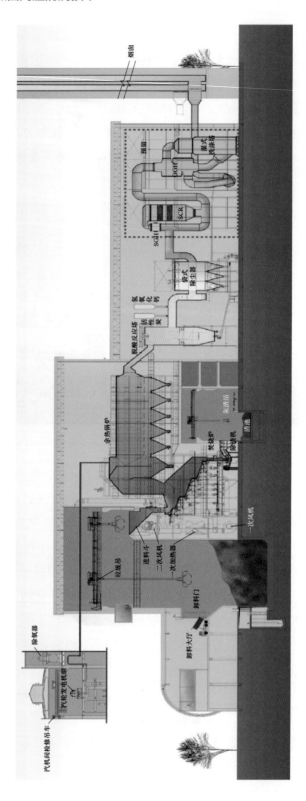

图 7-9 我国南方某垃圾焚烧发电项目工艺流程

1. 南方 A 项目一期余热锅炉情况介绍

南方 A 项目一期配备 2×600t/d 垃圾焚烧炉，于 2016 年投入使用。锅炉为卧式布置，由三个垂直膜式水冷壁通道（即炉室Ⅰ、Ⅱ、Ⅲ）和一个水平通道组成，其中，炉室Ⅰ内部区域采用浇注，炉室Ⅱ、Ⅲ内部区域均为 20G 光管布置。

（1）余热锅炉 2021 年 4 月技改前设计情况。2021 年 4 月技改前锅炉结构示意，如图 7-10 所示。原锅炉在水平烟道中依次布置了一级蒸发器、高温过热器、中温过热器、中间式过热器、低温过热器，二级蒸发器及省煤器。如前所述，由于过热器存在严重的高温腐蚀，为降低过热器前烟气温度、延长过热器使用寿命，对余热锅炉进行了如下改造。

将原高温过热器割除，更换为蒸发器；蒸发器横向节距 220mm，横向共 26 排，纵向节距 120mm，纵向共 10 排。蒸发器管材质 20G/GB 5310，总换热面积约 228m²。

原中温过热器由于腐蚀原因，整体更换处理。更换后将原横向节距适当拉大，由原横向 125mm 改 152mm，原横向共 46 排改为 38 排。中温过热器材质可根据需要选用 12Cr1MoVG 或 TP347H。

原两级低温过热器通过连接管改造，调整为一级低温过热器和一级中温过热器。原中温过热器调整为高温过热器，并顺流布置。

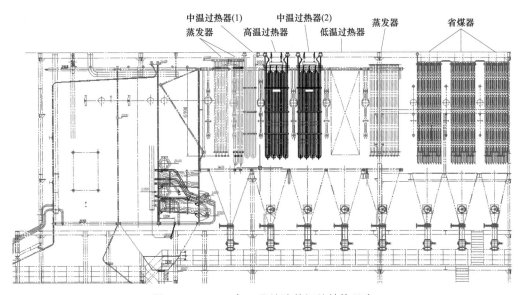

图 7-10　2021 年 4 月技改前锅炉结构示意

南方 A 项目一期 2021 年 4 月技改前余热锅炉主要技术参数见表 7-3。

（2）余热锅炉 2021 年 4 月技改后设计情况。由于余热锅炉 2020 年 4 月技改主蒸汽温度降低，因此在运行一年后再次进行改造。余热锅炉技改目标：南方 A 项目为保证锅炉长周期高效安全运行，在额定蒸发量不变情况下，通过对余热锅炉过热器技改，解决主蒸汽温度低的问题。南方 A 项目一期 2021 年 4 月技改后主要技术参数见表 7-4，结构图见图 7-11。

表 7-3   南方 A 项目一期 2021 年 4 月技改前余热锅炉主要技术参数

项目	参数
额定蒸发量	63.5t/h
额定蒸汽压力（表压）	4.0MPa
额定蒸汽温度	450℃
锅筒工作压力（设计值）	4.8MPa
给水温度	130℃
排烟温度	190～220℃
锅炉热效率	≥83%
减温方式	两级喷水减温

表 7-4   南方 A 项目一期 2021 年 4 月技改后主要技术参数

项目	单位	MCR
锅炉蒸发量	t/h	63
主蒸汽出口蒸汽压力	MPa（G）	4.0（±0.1）
主蒸汽出口蒸汽温度	℃	450（0，-20）
省煤器进口给水温度	℃	130
过热蒸汽温度调节	—	二级喷水减温

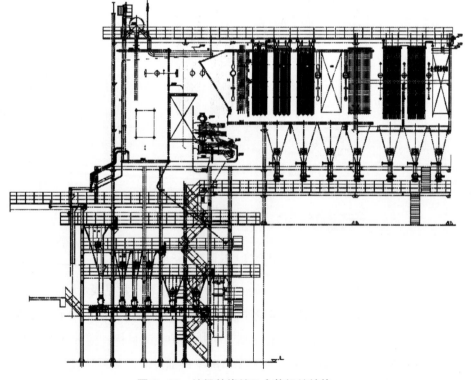

图 7-11 垃圾焚烧炉及余热锅炉结构

锅炉通过增加蒸发隔屏及过热器面积，以及改善清灰方式，以保证蒸汽参数及过热器烟温满足设计要求，具体方案如下。

1）水平烟道二级蒸发器改为中温过热器，面积约 256m²。

2）为保证过热器入口烟温，二烟道增加 4 片水冷隔屏。

3）吹灰器改造：在三烟道、水平烟道一级蒸发器与新增中级过热器位置、高温过热器与中温过热器位置分别增设蒸汽吹灰器。

为对比分析南方 A 项目一期余热锅炉 2021 年 4 月技改前后的运行情况，评估余热锅炉技改后的运行效果，以 1 号炉为分析对象，收集技改前后烟气侧和蒸汽侧运行数据，分析其技改后的锅炉过热器烟气温度变化及主蒸汽提升效果。

2. 南方 A 项目二期余热锅炉情况介绍

南方 A 项目二期配备 3×600t/d 垃圾焚烧炉，于 2020 年投入使用。锅炉为卧式布置，由三个垂直膜式水冷壁通道（即炉室Ⅰ、Ⅱ、Ⅲ）和一个水平通道组成，其中，炉室Ⅰ内部区域采用浇注及堆焊，炉室Ⅱ内部上部区域采用浇注，中部区域采用堆焊，下部区域管材采用 12Cr1MoVG。在水平通道从前至后依次布置了蒸发器、高温过热器、两组中温过热器、两组低温过热器，以及三组省煤器。在过热器之间布置了两级喷水减温器，用来调节过热器出口蒸汽温度。南方 A 项目二期余热锅炉主要技术参数见表 7-5。

表 7-5　　　　　　　　　南方 A 项目二期余热锅炉主要技术参数

锅炉型号	SLC660-6.4/485
额定蒸发量	71.5t/h
额定蒸汽压力	6.4MPa
额定蒸汽温度	485℃
允许的负荷变化范围	70%～110%
适用燃料	城市生活垃圾（Q_{dw}: 8374kJ/kg）
燃料消耗量	660t/d
设计热效率	83%
锅炉排烟温度	190℃
排污率	1%
减温方式	两级喷水减温

7.2.1.2 分析方法

1. 数据收集与筛选

本分析报告采集了南方 A 项目 1 期自 2021 年 1 月～2021 年 10 月和南方 A 项目二期 2021 年 3 月～2021 年 11 月的汽水侧和烟风侧的运行数据，还包括日入炉垃圾焚烧量、灰渣处理量等。从 DCS 中以每半小时为时间间隔导出 DCS 中的数据。汽水侧主要采集的数据内容见表 7−6。

表 7−6 汽水侧主要采集的数据内容

项目	数据内容
汽水侧	给水温度
	给水流量
	给水压力
	汽包压力
	汽包抽汽量
	省煤器进出口水温度
	低温过热器进出口蒸汽温度
	中温过热器进出口蒸汽温度
	高温过热器进出口蒸汽温度
	一二级减温喷水量
	主蒸汽压力
	主蒸汽流量
烟气侧	一次风量
	一次风温
	二次风量
	二次风温
	高温过热器入口烟温
	中温过热器入口烟温
	低温过热器入口烟温
	低温过热器出口烟温
	锅炉出口烟温
	烟气量
	锅炉出口氧含量
	烟囱出口氧含量

原始数据分析如下。

相对于汽水测采集数据的准确性，烟气测采集的温度和流量数据同实际值具有一定的偏差，主要原因为：① 烟道的面积较大，烟气的温度在同一流动截面上具有较大的偏差，而焚烧余热锅炉的热电偶通常布置在靠近炉墙的位置，此处的温度一般在相对较低的温度上；② 安装方式或校对产生的误差，如焚烧余热锅炉出口的烟气温度测点和半干法入口的烟气温度测点温度存在疑问：现场数据显示，半干法入口烟温大于锅炉省煤器出口烟温；③ 一二次风流量差异，烟风流量的测量点对安装位置有要求，前后需由测量直径不小于 5 倍的直管段，现场难以满足。

因而，在进行计算数据分析时，首先利用汽水侧的测量数据，以及烟气侧的一二次风温、测量排烟温度、排烟成分，利用物质能量平衡，对烟气侧的温度、流量进行修正。对垃圾焚烧炉 – 余热锅炉来说，在燃烧过程中波动性较大，造成其烟气侧各个阶段的温度也有较大波动，且各个测点的热电偶多靠近炉壁，其所测温度不能准确反映整个截面的烟气温度值，存在较大误差，不能准确参考。相对而言，汽水侧各个工质的温度波动性较小，且所测温度值相比烟气侧的误差较小。因此，模型分析选择拟合汽水侧温度及流量，以及各个阶段换热器的汽水温度，以此来计算分析当前锅炉运行工况。

2. 建模分析

根据南方 A 项目一期 2021 年 4 月技改前后锅炉结构及受热面布置方式建立焚烧炉 – 余热锅炉模型的烟气流程[22]。南方 A 项目 1 期 1 号焚烧炉 – 余热锅炉模型烟气流程，如图 7 – 12 所示。余热锅炉的烟气流程模型是根据烟气流向依次将焚烧炉和余热锅炉的各级受热面连接起来。南方 A 项目 1 期 1 号焚烧炉 – 余热锅炉模型汽水流程，如图 7 – 13 所示。汽水流程是根据工质流向，以给水为起点依次将省煤器、汽包和各级过热器连接起来，其中包括喷水减温器等。烟气流程是和汽水流程是耦合相通的。模型所需运行参数见表 7 – 7。

表 7 – 7　　　　　　　　模 型 所 需 运 行 参 数

输入参数		
参数	来源	备注
给料量	现场数据	—
垃圾热值	生产数据反算	—
垃圾组分	热值反算	—
一二次风温度	现场数据	根据模型计算调整
给水温度	现场数据	—
控制参数		
参数	来源	备注
减温喷水量	工质温度控制	模型自行计算，对比校核
各级过热器进出口工质温度	现场数据	—
各级受热面沾污系数	自行输入	—
锅炉出口烟温	现场数据	模型计算与现场数据保持一致
结果参数		
参数	计算方式	备注
主蒸汽量	模型计算	与现场数据保持一致
烟气量	模型计算	—
各级过热器进出口烟温	模型计算	—

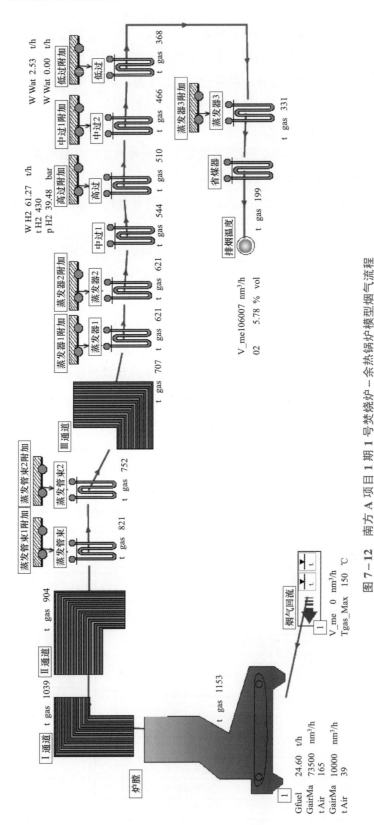

图 7-12 南方 A 项目 1 期 1 号焚烧炉-余热锅炉模型烟气流程

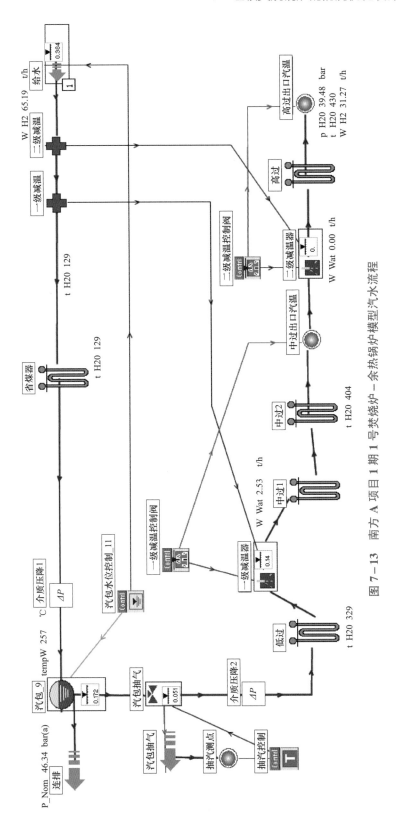

图 7-13 南方 A 项目 1 期 1 号焚烧炉－余热锅炉模型汽水流程

输入一二次风量和风温，以及给料量、垃圾热值和垃圾组分，调整各个受热面的沾污系数，使运行模型各个受热面的进出口蒸汽温度与现场 DCS 数据保持一致。垃圾热值根据蒸发量反推而来，在模型调整过程后保持不变，通过调整给料量使蒸发量等数值达到实际蒸发量。当蒸发量和各级过热器进出口蒸汽温度与现场 DCS 数据保持一致时，可认为模型计算的此工况下的烟气温度为实际运行时的烟气温度。

为更好地了解南方 A 项目一期余热锅炉的技改运行效果，以及 2 期项目余热锅炉长周期运行情况，本报告将通过现场运行数据对余热锅炉的运行参数进行对比，分析余热锅炉的运行状态，并在停炉期间对其受热面管束进行检测，从而掌握余热锅炉运行时的热力特性及管束的腐蚀情况，从而为现场一线运行和维护提供参考依据。

7.2.1.3 余热锅炉运行情况分析

1. 南方 A 项目一期 1 号余热锅炉运行分析

南方 A 项目一期 1 号余热锅炉 2021 年 4 月底开始技改，到 5 月初技改完成。本报告从 2021 年 1 月～2021 年 10 月收集的数据中对主蒸汽量在 60t/h 左右的工况进行分析，余热锅炉技改前后运行参数对比情况见表 7-8。

表 7-8　　　　　　　　　　余热锅炉技改前后运行参数对比情况

月份	蒸汽流量（t/h）	主蒸汽温度（℃）	低温过热器出口蒸汽温度（℃）	中温过热器出口蒸汽温度（℃）	中温过热器温升（℃）	高温过热器温升（℃）	一级减温喷水量（t/h）	二级减温喷水量（t/h）	总喷水量（t/h）
1 月	61.6	424	331	391	60	32	0	0.06	0.06
2 月	60.3	427	333	397	64	30	0	0.09	0.09
3 月	60.9	425	332	394	62	31	0	0.08	0.08
4 月	60.9	430	336	400	64	31	0	0.09	0.09
技改前设计值	63	450	326	418	98	32	0	0.3	0.3
5 月	61.2	428	340	404	147	24	3.15	0.35	3.50
6 月	61.6	431	329	405	134	26	2.45	0.08	2.53
7 月	62.0	443	330	420	128	24	1.84	0.08	1.92
8 月	61.1	444	330	422	135	20	1.54	0.26	1.80
9 月	61.2	445	327	425	131	20	1.70	0.08	1.78
10 月	61.3	445	325	425	128	21	1.53	0.08	1.61
技改后设计值	63	450	326	426	122	28	1.50	0.21	1.71

由表 7-8 可看出，技改之前的 1～4 月份主蒸汽温度基本在 430℃以下，与设计温度 450℃存在 20℃的偏差，远未达到设计值。主蒸汽温度偏低一方面导致过热蒸汽在汽轮

机内焓降不达预期，做功能力下降，发电效率降低；另一方面也可能导致蒸汽带水，影响汽轮机的高效安全运行。其中温过热器出口蒸汽温度并没有达到设计要求值，只有390～400℃，中温过热器的温升也相应较低，温升只有60℃，也没有达到98℃的温升值。而低温过热器出口蒸汽温度及高温过热器温升基本满足设计要求。余热锅炉减温喷水量作为锅炉蒸汽温度的反应指标，由于主蒸汽温度未达到设计值，从而也导致喷水减温器未发挥作用，总喷水量几乎为零。主蒸汽温度不到的主要原因可能是中温过热器面积设置不足，导致吸热能力不够，从而影响了主蒸汽温度的提升。

为提升主蒸汽温度，将原先水平烟道的二级蒸发器改造成中温过热器，同时增设蒸汽吹灰器，加强清灰能力，提高中温过热器的吸热能力。从表7-8中可看出，余热锅炉技术改造后，中温过热器温升显著提高，达到了温升的设计要求，喷水量也显著增加。5月份的运行数据表明，中温过热器温升达到了140℃以上，减温喷水量也超过设计值达到了3.5t/h。5月份，主蒸汽温度还尚未达到450℃的设计值，但随着运行时间的增加，主蒸汽温度逐渐上升并渐趋稳定，10月份的主蒸汽温度达到了445℃，稍低于设计值，在其合适的波动范围内。低温过热器出口蒸汽温度和中温过热器出口蒸汽温度分别为325、425℃，达到了设计值326、426℃，另外，一级减温喷水量1.53t/h，与设计值1.5t/h一致。

余热锅炉在61t/h的工况下，各级过热器的烟气温度变化情况，如图7-14所示。余热锅炉在4月底进行工程施工改造，此处数据为改造之前。由图7-14可知，在改造前，高温过热器入口烟温高于560℃，且随着运行时间增加，烟气温度有逐渐上升趋势。对余热锅炉进行改造，增加了高温过热器前一级中温过热器的面积。由图7-14可看出，高温过热器的入口烟温下降明显，降幅达26℃，且随着运行时间的增加，高温过热器入口烟温的增长幅度并不大，10月份的烟气温度约为560℃，6个月的运行时间，高温过热器入口烟温仅上升13℃，总体较为平稳。沿着烟气流动方向，二级中温过热器布置在高温过热器后，其进出口的烟气温度有和高温过热器入口烟温一致的变化趋势。1～10月份高温过热器和二级中温过热器进出口烟温见表7-9。

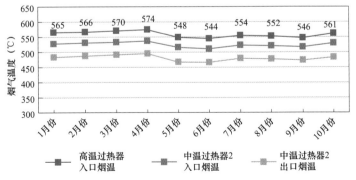

图7-14 余热锅炉在61t/h的工况下，各级过热器的烟气温度变化情况

表 7-9　　　　　　　　　1～10 月份高温过热器和二级中温过热器进出口烟温

月份	蒸汽流量 （t/h）	高温过热器入口烟温 （℃）	中温过热器 2 入口烟温 （℃）	中温过热器 2 出口烟温 （℃）	备注
1 月	61.6	565	527	483	
2 月	60.3	566	530	487	
3 月	60.9	570	532	491	
4 月	60.9	574	536	495	4 月底改造
5 月	61.2	548	515	467	
6 月	61.6	544	510	466	
7 月	62.0	554	522	479	
8 月	61.1	552	520	477	
9 月	61.2	546	516	473	
10 月	61.3	561	529	483	

　　南方 A 项目 1 期 1 号余热锅炉高温过热器和中温过热器在技改前后的腐蚀曲线，如图 7-15 所示。由图 7-15 可知，4 月份技改前，高温过热器虽然靠近腐蚀过渡区，但仍然处于低腐蚀区，中温过热器更是与腐蚀过渡区有较远的距离，表明技改之前无论是高温过热器还是中温过热器均有较低的腐蚀风险，这主要是因为高温过热器和中温过热器的工质温度较低，未达到设计值，从而使整个受热面处于相对较低的腐蚀风险范围内。4 月份技改后，增加了中温过热器的受热面积，由表 7-8 可知，技改后中温过热器内的工质温升有了显著提升，而高温过热器和中温过热器入口烟气温度下降明显，这主要是因为一级中温过热器面积增加提高了对烟气的吸热能力，入口烟气温度大幅降低。从图 7-15 可看出，技改后的高温过热器和中温过热器相比技改前均远离腐蚀过渡区，腐

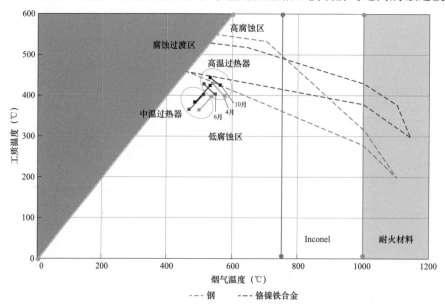

图 7-15　南方 A 项目 1 期 1 号余热锅炉高温过热器和中温过热器在技改前后的腐蚀曲线

蚀风险进一步降低。高温过热器入口烟气温度降低，且采用较好材质并前排和后排管子部分堆焊也显著改善了高温防腐的能力。

另外，技改之后余热锅炉运行几个月后，高温过热器和中温过热器入口烟气温度有所提高，受热面内的工质温度也有所提升，其对应的腐蚀曲线上移，表明与刚技改完成相比，运行半年后高温过热器的腐蚀风险稍微有所增加，但由于高温过热器前后排有堆焊，所以仍处于低腐蚀区，但需注意腐蚀风险在缓慢增加。值得说明的一点是，10 月份的高温过热器和中温过热器入口烟气温度与 4 月份技改前相比稍低，但腐蚀曲线却在 4 月份的曲线之上，这表明影响高温腐蚀的主要因素为管内工质温度，因为此时的高温过热器出口蒸汽温度已达到 445℃，基本达到了设计值的范围。

2. 南方 A 项目二期 2 号余热锅炉运行分析

2021 年 3 月～2021 年 11 月，南方 A 项目二期 2 号锅炉负荷在 65t/h 以上的过热器烟气温度变化情况，如图 7-16 所示。由图 7-16 可知，在此期间，虽然烟气温度有波动，但是总体上呈现上升趋势，烟气温度基本在 570℃ 左右或 570℃ 以上，这仅为 DCS 数据，实际温度会与在线显示数据存在一定偏差，一般实际温度可能高于在线数据 20℃ 以上，也就是说实际温度有可能超过 590℃。在 6 月份和 9 月份，烟气温度曲线有突降点，这可能与期间停炉清灰有关。但是停炉后，随着运行时间增加，烟气温度又逐渐上升，9 月份一段时间烟气温度虽有下降，但是可看出与 6 月份相比，降温幅度并不大且维持时间不长。

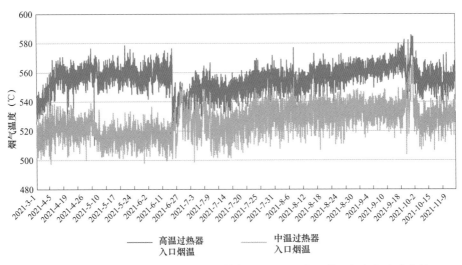

图 7-16　南方 A 项目二期 2 号锅炉负荷在 65t/h 以上的过热器烟气温度变化情况

减温喷水量随时间的变化情况见表 7-10。减温喷水作为工质温度调节的一种手段，可反映烟气温度和工质温度的变化情况，减温喷水量成为判断过热器是否超温的一个技术指标。总体来看，减温喷水量随着运行时间的增加而有所增加，且停炉清灰后，减温喷水量有比较明显的下降。据了解，南方 A 项目二期 6 月份停炉期间对 2 号炉一、二、三烟道进行清灰、打焦，9 月份停炉期间对蒸发器、高温过热器清灰打焦。从图 7-16 和表 7-10 可知，清灰后，受热面的吸热能力增强，烟气温度下降，超温的风险下降，过热器喷水量也有所降低，这表明对受热面进行清灰有一定效果，但是随着运行时间增加，积灰量又会逐渐增加，喷水量也会同步增加。

表 7-10 减温喷水量随时间的变化情况

月份	主蒸汽流量（t/h）	一级喷水量（t/h）	二级喷水量（t/h）	喷水总量（t/h）	备注
3 月	66.2	4.85	0.83	5.68	—
4 月	67.3	5.00	1.00	6.00	—
5 月	67.1	4.47	0.89	5.36	—
6 月	67.5	4.44	0.71	5.5/4.6	停炉前/停炉后
7 月	69.9	4.98	1.27	6.25	—
8 月	69.4	4.79	1.74	6.53	—
9 月	67.5	5.04	1.84	6.87	停炉清灰，此数据为停炉前
10 月	67.0	4.96	1.40	6.35	—
11 月	66.3	4.72	1.68	6.4	—
设计值	71.5	0.3	0.25	0.55	—

南方 A 项目二期 2 号炉于 2020 年 08 月投入使用。其中，一烟道、二烟道中部四周、高温过热器前后两排均采用堆焊防腐方式，一烟道和二烟道的上部、顶棚采用浇注料防腐方式，二烟道下部为水冷壁光管布置。

2021 年 3 月至 10 月，南方 A 项目二期 2 号炉高温过热器腐蚀曲线，如图 7-18 所示。由图 7-17 可知，设计额定工况下整个高温过热器均处于腐蚀过渡区内，有较大的高温腐蚀风险；2021 年 3 月至 10 月，锅炉蒸发量为 69.5t/h 时，高温过热器大部分（含出口）处于腐蚀过渡区，而且随运行时间的增长，其腐蚀曲线逐渐向右上方迁移，即过热器入口烟温有上升趋势，腐蚀风险相应增大。

2021 年 3 月至 11 月，南方 A 项目二期 2 号炉在 69.5t/h 负荷工况下过热器入口烟温变化情况，如图 7-18 所示。高温过热器、中温过热器 2、低温过热器入口烟温均低于过热器入口烟温额定负荷设计值，说明锅炉过热器前设置了合理的蒸发面积。依据上述多个项目的运行经验可知，过热器前蒸发受热面的设计是影响过热器入口烟温超温的关键因素。2021 年 3 月至 6 月停炉前、6 月停炉后至 10 月锅炉烟温升温幅度约为 20℃，升温幅度不明显，这是因为在水平通道内蒸发器、高温过热器、中温过热器、低温过热器前均设置了上下两层的蒸汽吹灰器，蒸汽吹灰器清灰效果较好，而且水平烟道对流受热

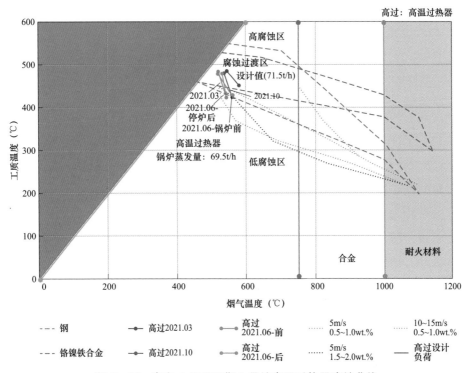

图 7-17 南方 A 项目二期 2 号炉高温过热器腐蚀曲线

面采用了较大的横向节距，其中，蒸发器、高温过热器、中温过热器、低温过热器横向节距分别达到了 228、228、188、154mm，较大的横向节距可减轻受热面积灰，降低积灰带来的腐蚀风险。总之，水平烟道蒸发器、过热器的有效清灰和较大的横向节距可有效改善受热面的换热效果，大大降低了过热器烟温超温风险。相比于 6 月停炉前，6 月停炉人工清灰后的高温过热器入口烟温降低约 20℃。

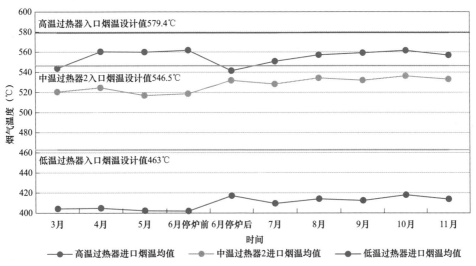

图 7-18 南方 A 项目二期 2 号炉在 69.5t/h 负荷工况下过热器入口烟温变化情况

7.2.1.4 受热面停炉检查分析

1. 南方 A 项目一期 1 号炉受热面停炉检查

过热器运行时间：2020.1～2021.6.29，总计 1.5 年。

检测对象：南方 A 项目 1 号炉高温过热器和中温过热器，规格 $\phi48\times5mm$。

高温过热器前后两排采取堆焊或高频感应重熔防腐技术，其中，江苏科环的高频感应重熔管 12 根，前两排第 12、13、14、18、21、24 根管（从炉左计数，以下均同）。

中温过热器布置有江苏科环的高频感应重熔管 10 根，前两排第 6、13、20、26、33 根管。其余管均为光管，材质为 12Cr1MoV。

检测位置：图 7-19 标识"上""中""下"。

检测方法：涂层测厚、管壁测厚、涂层成分。

评判依据：对比 2020.7.10 防腐涂层厚度检测数据。

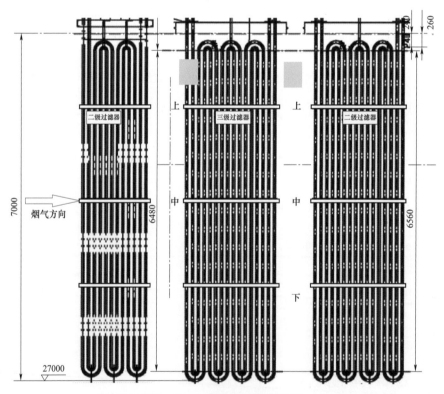

图 7-19 过热器检测位置示意

（1）高温过热器检测结果。

1）宏观检测。高温过热器第一排没有采用防磨瓦，导致烟气流对管束冲刷加剧，堆焊层表面焊道磨损严重，建议 1 号炉高温过热器入口第一排加装防磨瓦。

从打磨处观察，高频感应重熔管表面光滑无明显缺陷，无开裂剥离起翘情况，高温过热器感应重熔焊管外观，如图 7-20 所示。堆焊管打磨后表面无缺陷，金属光泽要强于重熔管，如图 7-21 所示。

图 7-20 高温过热器感应重熔焊管外观

图 7-21 高温过热器堆焊管外观

2）高频感应重熔管涂层厚度检测。第一排重熔管涂层厚度结果见表 7-11，第二排重熔管涂层厚度结果见表 7-12。

表 7-11　　　　　　　　　第一排重熔管涂层厚度结果

检测时间	位置	管屏	单位	12	13	14	18	21	24
2020.7.10	中部（标高 30680mm）	测量值 1	mm	0.758	0.792	0.887	1.140	1.400	1.380
		测量值 2	mm	0.725	0.821	0.822	1.060	1.230	1.430
		测量值 3	mm	0.918	0.814	0.823	1.150	1.290	1.450
		平均值	mm	0.800	0.809	0.844	1.117	1.307	1.420
2021.7.1	中部（标高 30680mm）	测量值 1	mm	0.736	0.772	0.770	1.060	1.070	1.370
		测量值 2	mm	0.706	0.756	0.793	1.070	1.060	1.270
		测量值 3	mm	0.696	0.753	0.696	1.100	1.040	1.310
		平均值	mm	0.713	0.760	0.753	1.077	1.057	1.317
2020.7.10～ 2021.7.01		差值	mm	0.087	0.049	0.091	0.040	0.250	0.103

表 7-12　　　　　　　　　第二排重熔管涂层厚度结果

位置	管屏	单位	12	13	14	18	21	24
上部（标高 32580mm）	测量值 1	mm	0.823	0.890	0.814	1.080	1.230	1.050
	测量值 2	mm	0.902	0.829	0.845	1.100	1.170	0.915
	测量值 3	mm	0.865	0.834	0.833	1.170	1.200	0.947
	平均值	mm	0.863	0.851	0.831	1.117	1.200	0.971

涂层厚度检测结果：第一排重熔管平均腐蚀速率约 0.1mm/a。

3）堆焊管涂层厚度检测。高温过热器堆焊层厚度数据（标高 32580mm）见表 7-13。

表 7-13　　　　高温过热器堆焊层厚度数据（标高 32580mm）（mm）

管屏位置	入口侧第一排	入口侧第二排	出口侧第一排	出口侧第二排
1	1.760	1.740	1.760	1.750
2	1.820	1.810	1.690	1.820
3	1.730	1.770	1.790	1.800
4	1.770	1.760	1.820	1.760
5	1.790	1.800	1.800	1.820
6	1.650	1.730	1.770	1.870
7	1.780	1.660	1.770	1.680
8	1.860	1.730	1.770	1.700

续表

管屏位置	入口侧第一排	入口侧第二排	出口侧第一排	出口侧第二排
9	1.710	1.660	1.770	1.820
10	1.390	1.680	1.800	1.780
11	1.630	1.680	1.720	1.730
12			1.780	1.650
13			1.780	1.670
14			1.740	1.750
15	1.690	1.790	1.870	1.640
16	1.340	1.810	1.790	1.730
17	1.640	1.780	1.800	1.740
18			1.690	1.800
19	1.530	1.850	1.810	1.760
20	1.790	1.770	1.800	1.740
21			1.890	1.820
22	1.750	1.790	1.790	1.840
23	1.730	1.800	1.760	1.840
24			1.790	1.710
25	1.740	1.730	1.740	1.770
26	1.720	1.810	1.780	1.830
27	1.670	1.770	1.680	1.830
28	1.730	1.860	1.820	1.730
29	1.820	1.860	1.800	1.770
30	1.700	1.830	1.730	1.790
31	1.730	1.880	1.850	1.690
32	1.760	1.800	1.660	1.870

涂层厚度检测结果：① 设计厚度大于 1.6mm，第一排存在 3 根管小于该值，最小值为 1.34mm，最大年腐蚀速率约 0.17mm/a；② 前排堆焊管腐蚀趋势要强于后排，因此，建议第一排增设防磨瓦。

4）高频感应重熔管涂层成分检测。第一排重熔管光谱检测结果（标高 32580mm）见表 7-14。

表 7-14　　　　第一排重熔管光谱检测结果（标高 32580mm）

管屏位置	检测	Ni	Cr	Mo	Fe	Co	Nb	W	Pb	Zn	Cu
高温过热器 第 1 排第 12 根	检测 1	68.704	14.475	2.908	2.926				2.435	5.463	2.731
	检测 2	77.030	15.777	2.043	2.885				0.288	0.484	1.454
	检测 3	78.356	15.472	2.031	3.010						

管屏位置	检测	Ni	Cr	Mo	Fe	Co	Nb	W	Pb	Zn	Cu
高温过热器 第1排第13根	检测1	78.313	14.585	1.934	3.216			0.583			
	检测2	78.416	14.558	1.859	3.071			0.397			
	检测3	72.634	15.265	2.237	3.058				1.604	2.965	2.183
高温过热器 第1排第14根	检测1	72.169	16.174	2.446	3.724				0.934	2.084	2.435
	检测2	77.195	16.182	2.189	3.285			0.230			
	检测3	70.691	15.625	2.850	3.747			1.695			
高温过热器 第1排第18根	检测1	58.902	19.550	10.004	4.766		4.379		0.356	1.615	0.426
	检测2	60.140	19.778	9.784	4.759		3.933		0.200	1.013	0.348
	检测3	56.633	20.464	9.700	4.462		4.558	1.002			
高温过热器 第1排第21根	检测1	16.400	24.603	9.298	1.566	39.398	1.148	0.676	1.670	3.304	1.447
	检测2	18.432	28.593	10.407	2.830	34.464	1.282	0.745	0.570	1.956	0.501
	检测3	14.479	22.969	9.976	1.587	40.983	1.194	0.746	1.809	4.370	1.770
高温过热器 第1排第24根	检测1	18.398	27.883	10.917	2.327	32.956	1.302	0.798	1.038	3.015	1.090
	检测2	17.984	21.905	10.449	3.041	38.424	1.354	0.749	0.940	4.118	1.001
	检测3	16.413	25.058	10.410	1.936	33.280	1.408	0.661	1.615	6.787	2.066

涂层成分检测结果：高温过热器重熔管采用了 3 种材料，其 Fe 稀释率最大值为 4.759%，满足 Fe 稀释率小于 5%的要求。第 12、13、14 根管采用 Ni－Cr－Mo 系合金，第 18 根管采用 Ni－Cr－Mo－Nb 系合金，第 21、24 根管采用 Co－Cr－Ni－Mo 系合金。结合涂层厚度结果，Co－Cr－Ni－Mo 系耐腐效果最差，约 0.18mm/a，Ni－Cr－Mo－Nb 系耐腐效果最好，约 0.04mm/a。

5）堆焊管涂层成分检测。第一排堆焊光谱分析结果（标高 32580mm）见表 7－15。

表 7－15　　　　　　第一排堆焊光谱分析结果（标高 32580mm）

管屏位置	Ni	Cr	Mo	Nb	Fe	Pb	Zn	Cu	Ni＋Cr＋Mo
Inconel 625 标准成分	bal	≥20.5	≥8.0	≥3.2	≤5				
1	64.504	21.917	8.992	3.710	0.390				95.413
2	61.624	21.503	8.692	3.845	1.188	0.474	2.217		91.819
3	61.762	22.314	8.809	3.924	0.414				92.885
4	61.978	22.470	8.799	3.828	1.008	0.239	1.369		93.247
5	63.106	21.462	8.826	3.885	1.017	0.271	1.432		93.394
6	52.146	24.073	9.711	4.536	0.843				85.930

管屏位置	Ni	Cr	Mo	Nb	Fe	Pb	Zn	Cu	Ni+Cr+Mo
7	51.661	23.282	9.208	4.320	1.733	1.614	7.228	0.721	84.151
8	59.490	21.623	9.193	4.123	0.472	0.777	3.845		90.306
9	59.324	21.620	8.930	4.070	0.771	0.556	4.200		89.874
10	60.733	21.546	9.401	4.181	0.654				91.680
11	58.000	22.297	8.992	4.233	0.717	0.804	4.345		89.289
15	53.709	19.878	9.669	4.399	1.406	1.863	7.826	0.916	83.256
16	55.544	19.981	10.299	4.362	0.982	1.513	6.143	0.774	85.824
17	56.038	21.171	9.459	4.238	1.999	1.141	5.121	0.461	86.668
19	57.398	20.615	9.656	4.245	0.778	0.961	5.274	0.506	87.669
20	59.351	19.960	9.273	4.135	0.824	1.209	4.725	0.521	88.584
22	58.886	21.605	9.093	4.102	0.858	0.660	4.005		89.584
23	59.895	22.270	8.977	3.952	0.806	0.558	3.254		91.142
25	60.431	22.647	8.753	3.804	0.695	0.562	2.817		91.831
26	61.292	22.176	8.940	3.882	0.424	0.484	2.343		92.408
27	60.777	22.206	9.025	3.892	0.682	0.294	2.676		92.008
28	60.156	21.290	9.058	4.141	0.880	0.564	3.447		90.504
29	61.524	22.863	8.619	3.720	1.800				93.006
30	63.324	22.464	8.605	3.741	0.648	0.162	0.839		94.393
31	62.357	21.800	8.781	3.793	0.693	0.328	2.068		92.938
32	61.331	22.217	8.701	3.799	0.909	0.275	2.423		92.249

涂层成分检测结果：除第 15、16、20 根管 Cr 含量略低于 20.5%外，其余管 Cr 含量均满足堆焊要求，无明显成分退化。结合涂层厚度结果，中间管束腐蚀风险高于两侧。

（2）二级中温过热器检测结果。

1）宏观检测。二级中温过热器材质为 12Cr1MoVG，规格为 $\phi48\times5mm$，炉宽方向共 38 排，横向间距 155mm。高温过热器后中温过热器入口侧激波吹灰高度部分防磨瓦破损，其表面积灰明显，横向积灰架桥明显，中部区域共有 14 个横向积灰架桥。积灰架桥导致烟气偏流明显，使部分区域烟温过高、冲刷减薄严重。二级中温过热器整体外观，如图 7－22 所示。

前两排第 6、13、20、26、33 根管采用重熔防腐技术，入口侧第一排无防磨瓦。从打磨处观察，重熔表面光滑无明显缺陷，无开裂剥离起翘情况，二级中温过热器重熔管外观，如图 7－23 所示。

2）高频感应重熔管涂层厚度检测。二级中温过热器第一排重熔管厚度见表 7－16。

图 7-22　二级中温过热器整体外观

图 7-23　二级中温过热器重熔管外观（一）

图 7-23 二级中温过热器重熔管外观（二）

表 7-16 二级中温过热器第一排重熔管厚度

检测时间	位置	管屏	单位	6	13	20	26	33
2020.7.10	中部（标高 30680mm）	测量值 1	mm	0.728	0.810	0.737	1.020	1.280
		测量值 2	mm	0.729	0.807	0.725	1.040	1.280
		测量值 3	mm	0.726	0.814	0.714	1.020	1.270
		平均值	mm	0.728	0.810	0.725	1.027	1.277
2021.7.2	中部（标高 30680mm）	测量值 1	mm	0.659	0.781	0.731	0.971	1.180
		测量值 2	mm	0.709	0.779	0.723	1.020	1.320
		测量值 3	mm	0.703	0.831	0.735	1.030	1.240
		平均值	mm	0.690	0.797	0.729	1.007	1.247
2020.7.10～ 2021.7.2		差值	mm	0.038	0.013	-0.004	0.020	0.030
2020.7.10	下部（标高 28966mm）	测量值 1	mm	0.900	0.911	0.882	1.150	1.260
		测量值 2	mm	0.858	0.913	0.868	1.110	1.250
		测量值 3	mm	0.868	0.919	0.881	1.110	1.270
		平均值	mm	0.875	0.914	0.877	1.123	1.260
2021.7.1	下部（标高 28966mm）	测量值 1	mm	0.687	0.869	0.765	1.060	1.180
		测量值 2	mm	0.677	0.888	0.720	1.120	1.140
		测量值 3	mm	0.709	1.030	0.798	1.090	1.210
		平均值	mm	0.681	0.929	0.761	1.090	1.177
2020.7.10～ 2021.7.1		差值	mm	0.194	-0.015	0.116	0.033	0.083

涂层厚度检测结果：第一排下部重熔管年腐蚀速率在 0～0.194mm，平均腐蚀速率约为 0.05mm/a。

3）高频感应重熔管涂层成分检测。二级中温过热器第一排重熔管光谱检测结果（标高 32580mm）见表 7－17。

表 7－17　　二级中温过热器第一排重熔管光谱检测结果（标高 **32580mm**）

管屏位置	序号	Ni	Cr	Mo	Fe	Co	Nb	W	Pb	Zn	Cu
中温过热器 第 1 排第 6 根	检测 1	72.686	15.521	2.838	3.148				0.532	3.136	1.854
	检测 2	71.183	14.872	2.857	2.943				0.746	4.988	2.181
	检测 3	69.830	15.721	3.036	3.116				0.740	4.974	2.355
中温过热器 第 1 排第 13 根	检测 1	67.164	19.307	3.113	3.380		2.096				
	检测 2	66.848	17.894	2.892	3.364				0.760	5.274	2.604
	检测 3	68.552	19.600	2.855	3.363				0.731	2.419	2.363
中温过热器 第 1 排第 20 根	检测 1	66.650	22.496	3.414	3.780				0.285	1.722	1.608
	检测 2	66.842	21.552	3.287	3.965				0.351	2.402	1.599
	检测 3	69.707	19.176	2.868	3.655				0.494	2.124	1.919
中温过热器 第 1 排第 26 根	检测 1	75.888	15.255	4.551	1.521		0.218	0.582			
	检测 2	71.532	15.668	5.222	1.470		0.254		0.971	2.187	2.116
	检测 3	67.332	19.630	6.042	1.770		0.298		0.639	2.161	1.949
中温过热器 第 1 排第 33 根	检测 1	17.905	5.168	6.590	1.178	55.275	0.700		0.871	9.899	2.033
	检测 2	21.061	10.266	7.563	1.729	50.100	0.844	2.598			
	检测 3	22.624	4.435	7.727	1.817	53.617	0.812		0.592	7.088	1.013

涂层成分检测结果：二级中温过热器重熔管采用了 2 种材料，其 Fe 稀释率最大值为 3.965%，满足 Fe 稀释率小于 5% 的要求。第 6、13、20、26 根管采用 Ni－Cr－Mo 系合金，第 33 根管采用 Co－Cr－Ni－Mo 系合金。

4）二级中温过热器光管壁厚检测。二级中温过热器出口侧厚度数据（标高 30680mm）见表 7－18。

表 7－18　　　　　二级中温过热器出口侧厚度数据（标高 **30680mm**）

管屏	4	11	15	18	22	24	28	30	32	34	36
测量值（mm）	4.6	3.9	4.0	4.8	4.4	4.8	4.5	4.5	4.8	4.6	4.4

壁厚检测结果：最小壁厚为 3.9mm，位于第 11 根管，年腐蚀速率为 0.13～0.73mm/a，平均腐蚀速率为 0.52mm/a。

（3）总结与建议。

1）南方 A 项目一期 1 号炉过热器共采用了感应重熔焊和堆焊两种防腐方式，其中，感应重熔焊采用了 3 种材料体系和 4 种涂层厚度设计，分别为 Ni－Cr－Mo 系、Ni－Cr－Mo－Nb

系、Co‑Cr‑Ni‑Mo 系。过热器重熔厚度采用了 0.8、1.0、1.2、1.4mm 共 4 个厚度范围。

2）高温过热器入口侧重熔管年平均腐蚀速率约为 0.1mm/a。中温过热器第一排下部重熔管年腐蚀速率在 0～0.194mm，平均腐蚀速率约为 0.05mm/a。

3）该种材料体系 Fe 稀释率均能满足小于 5% 的要求。感应重熔焊材料防腐效果从大到小依次为 Ni‑Cr‑Mo‑Nb＞Ni‑Cr‑Mo＞Co‑Cr‑Ni‑Mo。

4）整体来看，感应重熔焊、堆焊管腐蚀减薄速率明显小于光管减薄速率，感应重熔焊具有较好的防腐效果。

2. 南方 A 项目二期 2 号炉受热面停炉检查

本次停炉检查时间为 2021 年 12 月 10 日～17 日，该锅炉共运行 15 个月，主要检测内容包括宏观检查、壁厚测定。

（1）宏观检查。蒸发器外观照片，如图 7‑24 所示。

(a) 迎风面　　　　　　　　　　　　　　(b) 背风面

图 7‑24　蒸发器外观照片

蒸发器迎风面靠近顶棚约 2m 位置内的防磨瓦脱落腐蚀较为严重，该项目已对其进行更换。

高温过热器迎风面、背风面未设置防磨瓦。高温过热器表面积灰结垢不严重，清除垢层后，堆焊管均保留堆焊纹路，表面保留金属光泽，高温过热器清灰前后照片，如图 7‑25 所示。考虑到高温过热器前后均采用蒸汽吹灰方式，且高温过热器迎风面、背风面第一排管表面烟气冲刷明显，建议对高温过热器迎风面、背风面第一排增设防腐瓦。

中温过热器迎风侧、背风侧防磨瓦基本完好，中温过热器整体外观较好，说明中温过热器腐蚀状况较好。中温过热器清灰后照片，如图 7‑26 所示。

(a) 清灰前　　　　　　　　　　(b) 清灰后

图 7－25　高温过热器清灰前后照片

(a) 一、二级中温过热器　　　　　　　(b) 中温过热器背风面

图 7－26　中温过热器清灰后照片

（2）壁厚测定。采用英国易高 Elcometer 456 涂层测厚仪对一烟道、二烟道中部四周堆焊层厚度进行抽查测量，一烟道、二烟道中部堆焊层厚度分别不小于 1.8、1.9mm（设计堆焊厚度 2mm），未发现异常腐蚀区域，说明堆焊在南方 A 项目二期 2 号炉一烟道、二烟道中部区域具有较好的防腐能力。

对蒸发器迎风侧第一排、第二排管进行壁厚测定，蒸发器迎风侧壁厚分布，如图 7－27 所示。抽测蒸发器壁厚均不小于 4.7mm，蒸发器最大腐蚀速率约为 0.24mm/a，平均腐蚀速率约为 0.11mm/a，说明蒸发器整体腐蚀状况较好。

对高温过热器迎风侧第一排、第二排堆焊管进行熔覆层厚度测定，高温过热器迎风侧熔覆层厚度分布，如图 7－28 所示。高温过热器堆焊层最小厚度为 1.4mm（设计厚度为 1.6mm），对应最大腐蚀速率约为 0.16mm/a，其平均腐蚀速率约为 0.07mm/a。如按最大腐蚀速率计算,高温过热器堆焊层可满足堆焊 10 年使用寿命的设计要求,堆焊在南方 A 项目二期 2 号炉高温过热器区域具有较好的防腐能力。

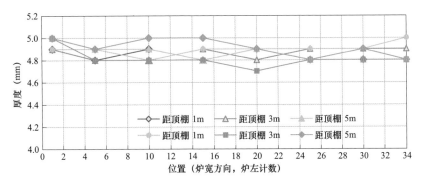

图 7-27 蒸发器迎风侧壁厚分布

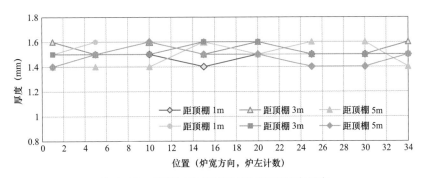

图 7-28 高温过热器迎风侧熔覆层厚度分布

对中温过热器 2 迎风侧第一排、第二排堆焊管进行熔覆层厚度测定,中温过热器 2 迎风侧壁厚分布,如图 7-29 所示。抽测中温过热器 2 壁厚均不小于 4.8mm,中温过热器 2 最大腐蚀速率约为 0.16mm/a,平均腐蚀速率约为 0.07mm/a,说明中温过热器 2 整体腐蚀状况较好。

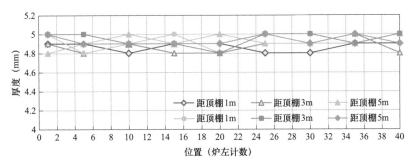

图 7-29 中温过热器 2 迎风侧壁厚分布

（3）总结与建议。

1）南方 A 项目二期 2 号炉过热器入口烟温基本控制在 579.4℃设计值内。过热器前设置合理的蒸发面积、选择有效的蒸汽清灰方式、设置较大的横向节距，改善了受热面的换热效果，过热器入口烟温均低于过热器入口烟温额定负荷设计值，锅炉运行 4 个月高温过热器入口烟温升温幅度仅约 20℃。

2）南方 A 项目二期 2 号炉蒸发器、高温过热器、中温过热器 2 整体腐蚀状况较好，蒸发器、高温过热器堆焊层、中温过热器 2 最大腐蚀速率分别为 0.24、0.16、0.16mm/a。

7.2.1.5　余热锅炉运行情况及停炉检查总结

1. 南方 A 项目一期 1 号炉

（1）南方 A 项目一期 1 号炉实际运行结果表明，技改后余热锅炉运行情况良好，达到了技改要求，主蒸汽温度相比技改前显著提高，目前，主蒸汽温度稳定运行在 445℃左右。

（2）南方 A 项目一期 2 号炉过热器共采用了感应重熔焊和堆焊两种防腐方式，其中，感应重熔焊采用了 3 种材料体系和 4 种涂层厚度设计，分别为 Ni-Cr-Mo 系、Ni-Cr-Mo-Nb 系、Co-Cr-Ni-Mo 系。过热器重熔厚度采用了 0.8、1.0、1.2、1.4mm 共 4 个厚度范围。

（3）高温过热器入口侧重熔管年腐蚀速率约为 0.1mm/a；中温过热器第一排下部重熔管年腐蚀速率在 0~0.194mm，平均腐蚀速率约为 0.05mm/a。

（4）3 种材料体系 Fe 稀释率均能满足小于 5% 的要求。感应重熔焊材料防腐效果从大到小依次为 Ni-Cr-Mo-Nb＞Ni-Cr-Mo＞Co-Cr-Ni-Mo。

（5）整体来看，感应重熔焊、堆焊管腐蚀减薄速率明显小于光管减薄速率，感应重熔焊具有较好的防腐效果。

2. 南方 A 项目二期 2 号炉

（1）南方 A 项目二期 2 号余热锅炉过热器入口烟温不超温，基本控制在 579℃设计值内，但随着运行时间的增加，过热器入口烟温会逐渐增加。对过热器有效清灰可降低温过热器入口烟温，减少减温喷水量。

（2）余热锅炉高负荷运行时（69.5t/h 以上），高温过热器腐蚀曲线处于腐蚀过渡区，显示较高的高温腐蚀风险，且随着运行时间的增加，腐蚀风险逐渐加大。

（3）高温过热器采用 Ni 基涂层材料＋TP347H 防腐方式能起到较好的防腐作用，建议项目公司对高温过热器迎风面、背风面第一排增设防腐瓦。

（4）蒸发器、高温过热器堆焊层、中温过热器 2 最大腐蚀速率分别为 0.24、0.16、

0.16mm/a，整体腐蚀状况较好。

7.2.2 我国北部某垃圾焚烧发电项目

7.2.2.1 基本情况

项目位于河北省某市，于 2020 年被列为该市 "十大重点工程"之首，对京津冀环境保护一体化具有重要意义。作为当地环保教育基地，设有环保教育展厅，每周设置公众开放日。烟气排放等运营数据公开，接受公共监督。超大规模炉排、超高压蒸汽参数等设计让项目实现高达 30%以上的全厂热效率，在碳减排指标上也实现了领先。污水处理达标后回用，炉渣综合资源化利用，烟气排放指标优于欧盟标准，实现了生活垃圾减量化、资源化、无害化处理，助力生态文明，改善城乡人居环境，提升城市品位内涵。我国北方某垃圾焚烧发电项目实拍，如图 7－30 所示。

图 7－30　我国北方某垃圾焚烧发电项目实拍

项目现场照片，如图 7－31 所示。项目占地 7.7 万 m²，于 2019 年 9 月开工建设，2021 年 6 月投入运营。项目工艺流程，如图 7－32 所示。项目配置 2 台 1000t/d 机械炉排炉，2 台 30MW 汽轮发电机组，日处理生活垃圾 2000t，配有烟气、污水、灰渣等处理系统。工艺上采用高参数余热锅炉，主蒸汽参数 13.5MPa/450℃，配置双缸、凝汽式汽轮机，高压缸转速 5500r/min，同时，结合炉外除湿耦合蒸汽再热技术，全厂设计热效率高达 30%以上；烟气净化工艺采用 "SNCR＋半干法脱酸＋干法脱酸＋活性炭喷射＋袋式除尘＋SCR 催化脱硝"，烟气排放指标优于欧盟（EU2010/75/EU）标准及，《生活垃圾焚烧污染控制标准》（GB 18485—2014）。项目的渗滤液采用"预处理＋厌氧系统＋AO系统＋超滤＋纳滤＋反渗透＋浓液处理系统"的处理工艺，排水满足《城市污水再生利用 工业用水水质》（GB/T 19923—2005）中敞开式循环冷却水系统补充水标准，达标后回用，整体实现污水循环利用。飞灰在厂内收集后采用螯合剂添加法进行稳定化处理，经检验达标后送至指定填埋区填埋。炉渣为非危险废弃物，实现综合资源化利用。

图 7-31 项目现场照片

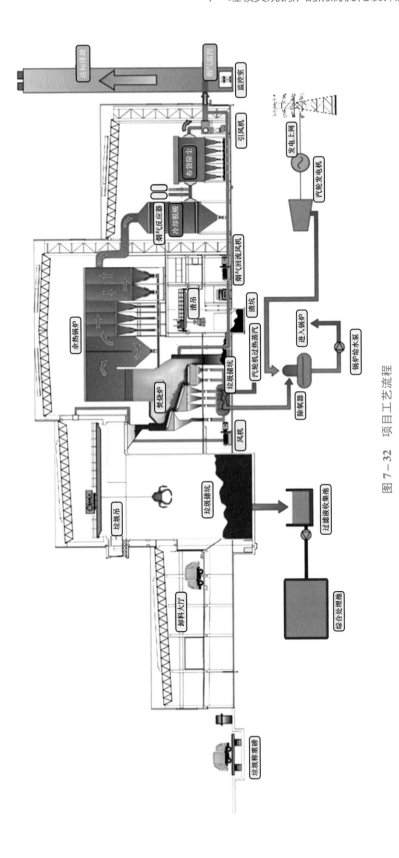

图 7-32 项目工艺流程

该项目主要有以下亮点。

（1）首台国产千吨大炉排：选用国产首台 1000t 的机械炉排炉，单炉日处理规模全国第一。炉排规模体现了炉排炉核心技术能力，大型炉排不仅能有效降低焚烧厂单位投资与运行成本，还具有燃烧效率高、热稳定性强、灰渣热灼率低等优点[23-25]。

图 7-33　汽水分离再热器

（2）高压中温锅炉：主蒸汽参数达到 13.5MPa/450℃；采用了全球首台中温超高压蒸汽除湿耦合炉外再热（MSR）双缸汽轮发电机组，见图 7-33，并结合了高效蒸汽空气预热器、高压除氧和多级回热等行业前沿技术，全厂设计热效率高达 30% 以上，较国内常规垃圾发电项目约 22% 的热效率有大幅度提升。

（3）去工业化设计：项目采用"去工业化"设计，充分体现建筑的艺术性，成为当地的新地标、城市绿色发展新象征，打造成工业旅游示范基地、环保科普教育基地。项目效果，如图 7-34 所示。

图 7-34　项目效果

北方某项目 1 号炉主要性能参数见表 7-19。

表 7-19　　　　　　　　　　北方某项目 1 号炉主要性能参数

项目	参数
垃圾处理量	1000t/d
额定蒸发量	117.3t/h
额定蒸汽压力（表压）	13.5MPa
额定蒸汽温度	450℃

项目	参数
锅筒工作压力（设计值）	14.8MPa
给水温度	150℃
适用燃料	生活垃圾及工业有机固废（Q_{dw}：7955kJ/kg）
焚烧炉余热锅炉设计热效率	83%
炉膛出口温度	889℃
二烟道出口温度	762℃
高温过热器入口烟温	548℃
中温过热器入口烟温	620℃
排烟温度	190℃

该项目对焚烧锅炉进行了优化设计，其锅炉为卧式 π 形布置，由三个垂直膜式水冷壁通道（即炉室Ⅰ、Ⅱ、Ⅲ）、一个水平通道及两个尾部竖直钢烟道组成，在水平通道从前至后依次布置了一级中温过热器 SH2.1、高温过热器 SH3、二级中温过热器 SH2.2、二级低温过热器 SH1.2、一级低温过热器 SH1.1，在两个尾部竖直钢烟道中布置了七组省煤器。在过热器之间布置了三级喷水减温器，用来调节过热器出口蒸汽温度；焚烧炉侧墙取消了常规的空冷墙设置，改为水冷侧墙，改善了水循环情况；此外，还将顶棚水冷壁及水平烟道两侧水冷壁改为了过热器，有效节约了能源。

余热锅炉冷喷涂施工部位示意，如图 7−35 所示。余热锅炉一、二烟道上部区域采用堆焊防腐方式，涂层厚度为 2mm；二烟道堆焊以下区域采用高温纳米功能陶瓷涂层，总喷涂面积为 370m²，涂层厚度为 60～110μm，施工工艺依次为表面喷砂、底漆喷涂和面漆喷涂，一级中温过热器迎风侧前 4 排管规格为 $\phi 42 \times 7$mm，其中，前两排采用激光熔覆防腐技术，涂层厚度为 1.2mm，其余为 TP347H 管。

7.2.2.2 堆焊涂层用后分析

1. 涂层使用 10 个月后分析

运行 10 个月后对二烟道上部堆焊区域进行停炉检测，二烟道堆焊外观，如图 7−36 所示。堆焊表面积灰较轻，去除表面积灰后，表面有明显堆焊清晰纹路。烟道水冷壁管径 $\phi 51 \times 7$mm，材质为 SA−210MGR.C，表面堆焊不小于 2mm。左右墙、前后墙的堆焊区域壁厚抽测最小值分别

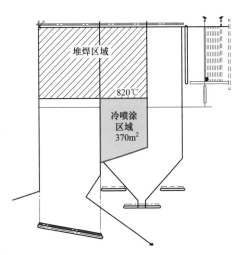

图 7−35　余热锅炉冷喷涂施工部位示意

为 9.34、9.32mm；扣除管壁原始厚度 7.2mm 后，左右墙、前后墙的堆焊层最小厚度分布为 2.14、2.12mm，均满足堆焊不小于 2mm 的设计要求，说明二烟道上部堆焊防腐效果较好。二烟道堆焊区域厚度检测结果见表 7−20。

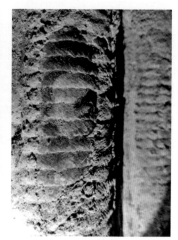

图 7−36　二烟道堆焊外观

表 7−20　　　　　　　　　　二烟道堆焊区域厚度检测结果（mm）

二烟道左右墙（从南到北共67列）	左、右墙测点：地面零米以上37m（下）	左、右墙测点：地面零米以上40m（中）	左、右墙测点：地面零米以上43m（上）	二烟道前后墙（从左到右共161列）	前、后隔墙测点：地面零米37m（下）	前、后隔墙测点：地面零米40m（中）	前、后隔墙测点：地面零米43m（上）
2	9.45/9.52	**9.35/9.47**	9.44/9.51	5	9.40/9.51	9.48/9.52	9.34/9.47
9	9.49/9.56	9.55/9.57	9.55/**9.59**	22	9.55/9.52	9.46/**9.54**	9.55/9.57
16	9.53/9.52	9.45/9.51	9.46/**9.34**	39	9.46/**9.34**	9.53/9.32	9.45/9.61
23	9.45/9.50	9.55/9.58	9.52/9.49	56	9.52/9.49	9.45/9.50	9.35/9.58
30	**9.42/9.46**	9.56/9.54	9.56/9.57	73	9.46/9.57	9.42/9.46	9.46/9.54
37	9.45/9.47	9.52/**9.59**	9.50/9.53	90	9.50/9.53	9.45/9.47	9.52/9.52
44	9.46/9.58	9.56/9.57	9.41/9.47	107	9.41/9.47	**9.36/9.53**	9.46/9.57
51	9.55/9.52	9.50/9.53	9.39/9.47	124	9.40/9.51	9.45/9.50	9.50/9.53
58	9.48/**9.60**	9.45/9.47	9.45/9.58	141	9.45/**9.58**	9.48/9.50	9.45/9.47
65	9.55/9.49	9.43/9.54	9.35/9.55	158	9.37/9.52	9.53/9.45	**9.33/9.64**

注　二烟道水冷壁管径：$\phi 51 \times 7mm$，材质：SA−210MGR.C，表面堆焊不小于 2mm。红色加粗、黑色加粗标记分别为对应位置最小值、最大值。

2. 涂层使用 1.5 年后分析

运行 1.5 年后对一、二烟道上部堆焊区域进行停炉检测，堆焊表面积灰较轻，去除表面积灰后，表面有明显堆焊清晰纹路。一烟道堆焊区域厚度检测结果，如图 7−37 所示。

一烟道堆焊区域壁厚抽测最小值为 9.17mm；扣除管壁原始厚度 7mm 后，堆焊层最小厚度为 2.17mm。二烟道堆焊外观，如图 7－38 所示。二烟道堆焊区域厚度检测结果，如图 7－39 所示。二烟道堆焊区域壁厚抽测最小值为 9.26mm；扣除管壁原始厚度 7mm 后，堆焊层最小厚度为 2.26mm，均满足堆焊不小于 2mm 的设计要求，说明整体堆焊防腐效果较好。

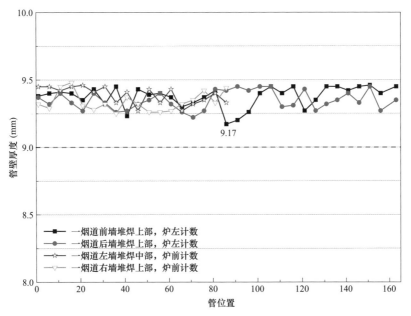

图 7－37　一烟道堆焊区域厚度检测结果

图 7－38　二烟道堆焊外观

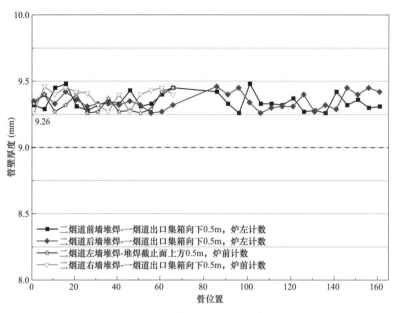

图 7-39　二烟道堆焊区域厚度检测结果

7.2.2.3　激光熔覆涂层用后分析

1. 涂层使用 10 个月后分析

一级中温过热器迎风侧前 4 排管规格为 $\phi42\times7mm$，其余管规格为 $\phi42\times6mm$；前两排采用激光熔覆防腐技术，涂层厚度为 1.2mm。一级中温过热器前两排激光熔覆管外观，如图 7-40 所示。一级中温过热器外表面有轻微结焦，去除焦层后可清晰看到激光熔覆纹路，另抽测发现涂层厚度均满足原始设计要求。对一级中温过热器迎风侧第 3 排和第 15 排管进行壁厚抽查，厚度均满足原始设计要求，说明一级中温过热器整体防腐效果较好。一级中温过热器壁厚检测结果见表 7-21。

图 7-40　一级中温过热器前两排激光熔覆管外观

表7-21 一级中温过热器壁厚检测结果（mm）

一级中温过热器迎风侧（管径：$\phi42\times7$mm，从左到右共44列）	第三排测点：离顶棚2.0m	第三排测点：离顶棚4.0m	第三排测点：离顶棚6.0m	一级中温过热器背烟侧（管径：$\phi42\times7$mm，从左到右共44列）	第十五排测点：离顶棚2.0m	第十五排测点：离顶棚4.0m	第十五排测点：离顶棚6.0m
3	7.79	**7.81**	**7.83**	3	6.46	**6.34**	6.47
6	7.49	7.64	**7.37**	6	6.44	6.37	6.45
9	7.57	7.6	7.47	9	6.57	6.45	6.56
12	**7.84**	7.71	7.54	12	6.46	6.58	6.53
15	7.57	7.48	7.48	15	**6.38**	6.53	6.45
18	7.81	7.57	7.62	18	6.56	6.47	6.47
21	7.67	7.81	7.55	21	6.46	6.44	6.45
24	7.57	7.37	7.65	24	**6.60**	6.57	6.58
27	7.54	7.47	7.81	27	6.48	6.4	6.53
30	**7.48**	7.44	7.66	30	6.47	6.37	6.49
33	7.55	7.48	7.67	33	6.44	**6.66**	**6.44**
36	7.65	**7.42**	7.74	36	6.57	6.41	6.55
39	7.63	7.45	7.47	39	6.4	6.63	6.47
42	7.59	7.65	7.58	42	6.47	6.38	**6.64**
平均值	7.63	7.56	7.60	平均值	6.48	6.47	6.51

注 材质：TP347H，红色加粗、黑色加粗标记分别为对应位置最小值、最大值。

2. 涂层使用1.5年后分析

一级中温过热器前两排激光熔覆管外观，如图7-41所示。一级中温过热器外表面可清晰看到激光熔覆纹路，另抽测发现涂层厚度均满足原始设计要求。对一级中温过热器迎风侧第3、4排和第15、16排管进行壁厚抽查，厚度均满足原始设计要求，说明一级中温过热器整体防腐效果较好。一级中温过热器壁厚检测结果，如图7-42所示。

图7-41 一级中温过热器前两排激光熔覆管外观

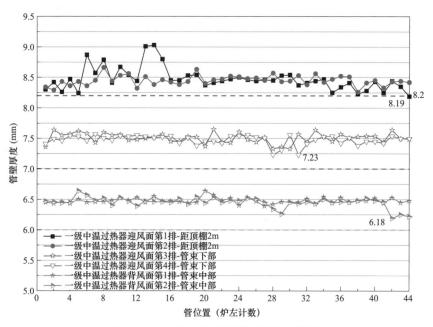

图 7-42　一级中温过热器壁厚检测结果

7.2.2.4　冷喷涂陶瓷涂层用后分析

1. 涂层使用 3 个月后分析

检测方法：外观检查、涂层测厚。

（1）二烟道水冷壁表面结焦情况分析。两侧墙结焦较少，前后墙结焦量稍大，其中，前墙焦质松软含有少量水分，厚度不超过 5mm；后墙焦质偏硬且有一定的强度，焦的厚度大约有 0.5～1cm，呈现黄褐色。后墙金属堆焊表面结焦量小于陶瓷涂层表面的结焦量，两侧墙和前墙表面二者的结焦量无差异。不同区域结焦状况，如图 7-43 所示。

图 7-43　不同区域结焦状况

（2）陶瓷涂层厚度测量及分析。不同区域陶瓷涂层厚度测量，如图 7－44 所示。不同区域绿色陶瓷涂层的厚度基本维持在 60～110μm。陶瓷涂层喷涂后未经过高温烘烤的厚度为 80～150μm，涂层里含有一定的结晶水和结构水，经过 500～600℃高温烘烤后，涂层中的结晶水和结构水会挥发出来，再加上涂层内部的结构变化形成一层致密的陶瓷膜，在此过程中陶瓷涂层会有 25%左右的线收缩，因此，陶瓷涂层经过使用后涂层厚度会相应降低。而在涂层横向方向上由于高温黏结剂的存在，使涂层不会发生横向上的收缩导致涂层的开裂和脱皮，涂层保持完好。陶瓷涂层用后分析，如图 7－45 所示。

图 7－44　不同区域陶瓷涂层厚度测量

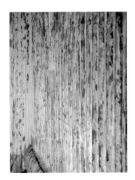

图 7－45　陶瓷涂层用后分析

黄褐色的焦层下面露出了浅绿色的陶瓷涂层，结焦量较少的区域可明显看出绿色底层，通过对绿色陶瓷涂层厚度测试发现涂层完好。有部分看似有锈点的区域，将其红褐色锈层去除后可看到绿色涂层并未有锈蚀现象出现，且涂层厚度基本未受影响，说明焦面上的红褐色锈点是焦本身携带的。将绿色涂层用角磨机打掉后呈现黑色的光滑面，此光滑面致密度和强度均很高，是涂层与金属结合后在高温下形成的致密层，强度较高。总体来讲，黑色致密层和绿色涂层均对金属水冷壁的防腐蚀起到很好的保护作用。

（3）未喷涂陶瓷涂层水冷壁表面状况（如图 7－46 所示）。二烟道下部未实施金属堆焊和陶瓷喷涂区域金属水冷壁表面状况，从图 7－46 中可看出，高温状况下部分防护漆已脱落且金属管壁有明显锈蚀，表面呈黑褐色。

图 7-46　未喷涂区域水冷壁表面状况

（4）焦层显微结构分析。焦块呈现黄褐色，厚度约 10mm，位置在侧墙的下部区域涂层外部。焦片呈现淡黄色，个别区域有红褐色斑点，厚度约 5mm，紧贴在水冷壁涂层表面。不同区域焦砟形貌，如图 7-47 所示。焦块和焦片微观结构形貌，如图 7-48 所示。

(a) 焦块　　　　　　　　　　　　　　　　　(b) 焦片

图 7-47　不同区域焦砟形貌

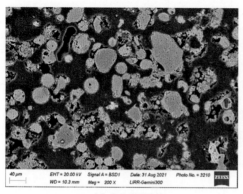

(a) 焦块微观结构　　　　　　　　　　　　　(b) 焦片微观结构

图 7-48　焦块和焦片微观结构形貌

（5）焦块和焦片总成分分析。不同区域成分分析见表7-22。从表7-22可看出，两块渣的成分有一定的差异，焦块的成分中 SiO_2 含量较高，说明焦块成分以硅酸盐物质为主，含有一定的氯化物和硫化物。CaO 含量较高，因此焦砟易吸潮粉化。从焦片的表面成分可以看出，SiO_2 含量不高，Na_2O、K_2O、SO_3 含量较高，说明此焦砟的成分不是以硅酸盐为主而是以硫酸盐为主，焦片中 Fe_2O_3 的含量相对较低。焦块物质成分分析，如图7-49和表7-23所示。焦片物质成分分析，如图7-50和表7-24所示。

表7-22　　　　　　　　　　不同区域成分分析

名称	位置	Na_2O	MgO	Al_2O_3	SiO_2	P_2O_5	SO_3	ClO	K_2O	CaO	TiO_3	Fe_2O_3	ZnO
焦块成分	区1	3	8	10.4	42.4	2.2	2.6	1	2.1	21	1.4	4.7	1.4
	区2	3.1	8.2	9.3	43.2	2.5	2.8	1.2	2.4	20	1.7	4.5	1.3
	区3	2.6	7.1	10.3	47.4	1.9	2.1	1.3	2.8	17.9	1.7	5	
焦片成分	区1	25.6	3.1	2	21.3		19.4	2.5	13	2.5	0.8	3.2	5.8
	区2	27.6	2.8	1.9	19.1		20.4	3	13.4	2	0.4	2.7	6.3
	区3	11.1	1.1	0.6	12.8		41.7	0.8	23.7	1.5	0.6	2.1	4.1

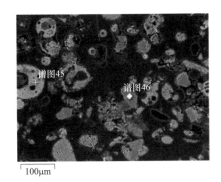 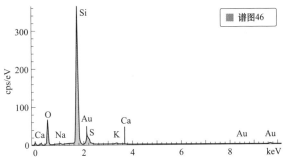

图7-49　焦块物质成分分析

表7-23　　　　　　　　　　焦块物质成分分析

元素	线类型	表观浓度	k 比值	%（质量百分比）	%（质量百分比）	原子百分比	氧化物	氧化物百分含量
O				52.86		66.41		
Na	K 线系	0.59	0.0025	0.5	0.06	0.44	Na_2O	0.68
Si	K 线系	62.61	0.49613	45.09	0.15	32.27	SiO_2	96.47
S	K 线系	0.7	0.00601	0.74	0.08	0.46	SO_3	1.85
K	K 线系	0.8	0.00681	0.63	0.05	0.33	K_2O	0.76
Ca	K 线系	0.22	0.00199	0.17	0.04	0.09	CaO	0.24
总量				100		100		100

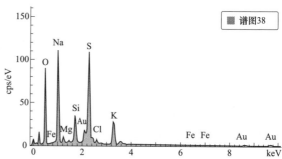

图 7-50 焦片物质成分分析

表 7-24   焦 片 物 质 成 分 分 析

元素	线类型	表观浓度	k 比值	%（质量百分比）	%（质量百分比）	原子百分比	氧化物	氧化物百分含量
O				43.91		57.55		
Na	K 线系	32.05	0.13527	23.24	0.16	21.2	Na_2O	31.33
Mg	K 线系	1.22	0.00806	1.38	0.07	1.19	MgO	2.29
Si	K 线系	5.91	0.04683	4.63	0.07	3.46	SiO_2	9.91
S	K 线系	25.13	0.21648	18.77	0.13	12.28	SO_3	46.88
Cl	K 线系	1.24	0.01088	1.04	0.05	0.61	ClO	1.04
K	K 线系	9.63	0.08157	6.62	0.09	3.55	K_2O	7.97
Fe	K 线系	0.56	0.00559	0.42	0.07	0.16	Fe_2O_3	0.59
总量				100		100		100

由图 7-50 和表 7-24 可知，焦片中的主要物质为梭子状的硫酸钾和硫酸钠，含有少量的氯化物和硅酸盐物质。焦片表面生长的硫酸钾和硫酸钠，如图 7-51 所示。

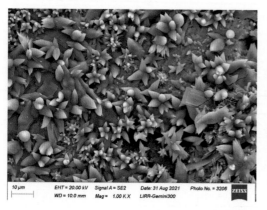

图 7-51 焦片表面生长的硫酸钾和硫酸钠

2. 涂层使用 10 个月后分析

二烟道下部的冷喷涂陶瓷涂层表面积灰较少，去除积灰后，表面呈浅绿色，对绿色陶瓷涂层厚度测试发现涂层基本完好。二烟道下部冷喷涂陶瓷涂层外观，如图 7-52 所示。冷喷涂涂层施工厚度为 80～150μm，经过 500～600℃高温烘烤后涂层中的结晶水和结构水会挥发出来，再加上涂层内部的结构变化形成一层致密的陶瓷膜，在此过程中陶瓷涂层会有 25%左右的线收缩，即烘烤后的绿色陶瓷涂层厚度约为 60～110μm。前后墙、左右墙冷喷涂陶瓷涂层厚度抽测最小值分别为 74、75μm，最大值分别为 98、104μm，陶瓷涂层厚度均满足设计要求，说明陶瓷涂层在二烟道下部区域可起到较好的防腐效果。二烟道下部冷喷涂陶瓷涂层厚度检测结果见表 7-25。

图 7-52　二烟道下部冷喷涂陶瓷涂层外观

表 7-25　　　　　　　　　二烟道下部冷喷涂陶瓷涂层厚度检测结果　　　　　　　　　μm

二烟道前、后墙（从左到右共 161 列）	前、后隔墙测点：离零米 28m	前、后隔墙测点：离零米 30m	前、后隔墙测点离零米 32m	二烟道左、右墙（从南到北共 67 列）	左、右墙测点：距零米 28m	左、右墙测点：距零米 30m	左、右墙测点：距零米 32m
5	81/86	78/76	75/83	2	77/89	88/86	75/83
13	79/82	75/83	84/89	9	84/87	95/93	84/89
21	75/**92**	74/76	85/91	16	85/99	84/76	85/**101**
29	79/84	85/80	78/84	23	91/94	85/81	78/84
37	83/86	79/84	92/86	30	93/96	76/80	92/96
45	80/86	81/85	78/82	37	88/89	87/87	88/86
53	75/79	75/83	84/93	44	95/90	85/83	85/93
61	76/86	86/78	85/76	51	**104**/86	90/79	84/76
69	90/87	93/86	95/81	58	91/81	102/86	85/81

续表

二烟道前、后墙（从左到右共161列）	前、后隔墙测点：离零米28m	前、后隔墙测点：离零米30m	前、后隔墙测点离零米32m	二烟道左、右墙（从南到北共67列）	左、右墙测点：距零米28m	左、右墙测点：距零米30m	左、右墙测点：距零米32m
77	76/84	84/78	79/87	65	78/89	81/78	79/87
85	87/80	**98**/86	75/83				
93	84/83	92/83	83/79				
101	75/92	85/86	88/92				
109	81/84	85/81	78/84				
117	83/76	86/80	92/**96**				
125	82/85	87/83	91/86				
133	75/80	85/83	95/83				
141	89/81	80/79	84/76				
149	74/81	95/86	75/81				
157	78/82	84/79	79/83				

注　冷喷涂陶瓷涂层厚度为60～110μm。红色加粗、黑色加粗标记分别为对应位置最小值、最大值。

7.2.2.5　垃圾焚烧余热锅炉受热面防腐措施总结与建议

为保证高参数垃圾焚烧锅炉长周期、安全稳定运行，必须具有合理的锅炉设计、运行管理及停炉维护。

1. 锅炉设计角度

（1）过热器前设置合理的蒸发面积。对于高参数垃圾焚烧锅炉，高温过热器入口烟温设计值宜控制在600℃以内。在锅炉设计中，首先须确保辐射烟道有足够的吸热面积，其次，高温过热器前须设置足量的保护性蒸发器。

（2）设置合理的清灰方式。目前，蒸汽吹灰器清灰效果较好，激波吹灰次之。在余热锅炉水平烟道蒸发器至一级省煤器区域，运行温度逐级下降。通常，温度较高的蒸发器、高温及中温过热器等水平烟道前部区域积灰严重，会导致换热管换热效率下降，最终导致换热管壁出现超温现象，随之带来更严重的高温腐蚀。因而，推荐前置蒸发器、高温过热器及中温过热器的烟气入口、出口设置2层蒸汽吹灰，后端的低温过热器、省煤器区域设置3层激波吹灰。

（3）合理的选材。为降低过热器高温腐蚀，辐射烟道通常需要有足够的吸热面积。辐射烟道水冷壁通常采用敷设耐火料及堆焊进行防腐。

烟道Ⅰ前后墙、顶棚及两侧墙中下部敷设致密防腐耐火料（高SiC材料），一方面保证炉膛环保温度（850℃，2s）要求，另一方面减少管道与烟气接触，不受烟气的腐蚀与磨损。烟道Ⅰ两侧墙上部及烟道1中上部区域进行堆焊，提高水冷壁管的耐腐蚀能力，堆焊区域烟气温度一般大于 750℃。烟道烟温 700～750℃区域水冷壁采用 12Cr1MoVG 材质，提高水冷壁的抗腐蚀能力；合理设计水冷壁间距（一般不大于 90mm），保证鳍片冷却良好，避免造成鳍片腐蚀。

SiC 浇注料具有耐灰渣化学腐蚀、强度大、耐冲刷、抗热振性好、价格便宜等优点。为降低高温段烟气中飞灰颗粒对烟道受热面的冲刷、腐蚀，在易受冲刷的炉膛烟道 1、烟道 I 的前后墙、顶棚采用 SiC 浇注料，烟道烟温较高的侧墙下部也采用 SiC 浇注料，浇注料 SiC 含量一般不低于 65%。

（4）合理的过热器布置结构。低温、中温、高温过热器间分别布置一级、二级减温器。为降低高温、中温过热器的腐蚀风险，高温、中温过热器均采用顺流布置，低温过热器采用逆流布置。

2. 锅炉运行角度

入炉垃圾在垃圾坑内发酵约 6～7d，垃圾充分搅拌后入炉。根据高温过热器入口烟温和锅炉 DCS 数据制定垂直烟道、水平烟道的清灰时间和清灰频次。

3. 锅炉维护角度

（1）确定锅炉停炉检查重点区域。根据锅炉长期 DCS 数据，了解锅炉内清灰、超温情况，确定锅炉检测重点位置。

（2）制定标准化防腐检测分析程序文件。采用光谱分析仪、涂层测厚仪、超声波测厚仪等设备对受热面进行检测，筛选退化严重、爆管风险高的管编号和位置，编制受热面停炉检查评价报告，建立腐蚀信息数据库。

（3）备好镍基防腐管。腐蚀引起的严重减薄往往局限于部分区域管束，每个项目每台炉存在差异，因此，需停炉跟踪检测（厚度及成分）确定风险点，并对风险较大的位置及时更换备用的镍基防腐管。

参 考 文 献

[1] 欧远洋，龙吉生. 提高垃圾焚烧厂发电效率的最新应用技术 [J]. 环境卫生工程，2015，23（01）：65-68.

[2] 龙吉生，高峰，刘亚成. 高参数垃圾焚烧余热锅炉受热面的防腐措施与实践 [J]. 环境卫生工程，2022，30（04）：48-54. DOI：10.19841/j.cnki.hjwsgc.2022.04.006.

[3] 龙吉生，朱晓平，徐文龙，等. 大规模生活垃圾高效清洁焚烧关键技术研发及产业化应用 [J]. 建设科技，2021，433（13）：28-31. DOI：10.16116/j.cnki.jskj.2021.13.003.

[4] 焦学军，王延涛，白力，等. 一种带有再热的高参数垃圾发电系统：CN209978016U [P]. 2020-01-21.

[5] D.O. Albina. Theory and Experience on Corrosion of Waterwall and Superheater Tubes of Waste-To-Energy

Facilities［D］. Master thesis: Columbia University, 2005.

［6］ NIELSENHP, FRANDSENFJ, DAMJOHANSENK, et al. The Implications of Chlorine-associated Corrosion on the Operation of Biomass-fired Boilers［J］. Progress in Energy And Combustion Science, 2000, 26(3): 283－298.

［7］ 李远士，牛焱，刘刚，等. 金属材料在垃圾焚烧环境中的高温腐蚀［J］. 腐蚀科学与防护技术，2000，12（4）：224－227.N.

［8］ Kawahara Y., Sasaki K., Nakagawa Y. Development and Application of High Cr-high Si-Fe-Ni Alloys to High Efficiency Waste-to-energy Boilers［J］. Materials Science Forum, 2006, 522－523: 513－522.

［9］ Lee S. H. High Temperature Corrosion Phenomena in Waste to Energy Boilers［D］. New York: Columbia University, 2009.

［10］ SŁANIA J., KRAWCZYK R., WÓJCIK S. Quality requirements put on the inconel 625 austenite layer used on the sheet pile walls of the boiler's evaporator to utilize waste thermally［J］. ARCHIVES OF METALLURGY AND MATERIALS, 2015, 60(2): 677－685.

［11］ 胥杨，陈文觉，陈乐，等. 某台垃圾焚烧炉过热器失效分析［J］. 锅炉技术，2019，50（01）：55－60.

［12］ 刘亚成. 垃圾焚烧锅炉受热面高温腐蚀分析及防腐涂层的应用［J］. 工业锅炉，2020，184（06）：41－44，52. DOI：10.16558/j.cnki.issn1004－8774.2020.06.011.

［13］ 谢军. 垃圾焚烧发电余热锅炉设计额定负荷影响因素研究［J］. 发电设备，2020，34（04）：253－256，261. DOI：10.19806/j.cnki.fdsb.2020.04.007.

［14］ 徐振威，吴晓晖. 生活垃圾分类对垃圾主要参数的影响分析［J］. 环境卫生工程，2021，29（01）：26－31.

［15］ 龙吉生，严浩文，刘建. 垃圾焚烧余热锅炉过热器高温腐蚀原因分析及改造优化［J］. 环境卫生工程，2022，30（06）：22－27. DOI：10.19841/j.cnki.hjwsgc.2022.06.005.

［16］ 龙吉生，尤灏，杜海亮. 垃圾热能利用锅炉过热器腐蚀 CFD 模拟分析与锅炉改进［J］. 环境卫生工程，2020，28（02）：42－45，50. DOI：10.19841/j.cnki.hjwsgc.2020.02.009.

［17］ 吴勉，潘邻，童向阳，等. 感应重熔技术及其在现代工业中的应用［J］. 表面工程与再制造，2017，17（Z1）：29－31.

［18］ 袁庆龙，苏志俊. 高硬度镍基自熔合金涂层高频感应重熔研究［J］. 热加工工艺，2009，38（08）：73－75.

［19］ 刘久成. 镍基自熔合金涂层组织及耐磨性能研究［D］. 大连：大连海事大学，2016.

［20］ Directive 2010/75/EU of the European Parliament and of the Council of 24 November 2010 on industrial emissions (integrated pollution prevention and control)［Z］. 2000.

［21］ 郝章峰. 城市生活垃圾焚烧发电厂余热锅炉过热器运行参数分析［J］. 机电工程技术，2021，50

（05）：97－100.

［22］ 石成芳，刘海. 特大型机械炉排炉技术及其应用［J］. 三峡环境与生态，2013，35（02）：21－23.

　　　 DOI：10.14068/j.ceia.2013.02.011.

［23］ 刘瑞媚. 大型炉排炉垃圾焚烧过程的 CFD 模拟研究［D］. 杭州：浙江大学，2017.

［24］ 严梦帆. 大型机械炉排膨胀补偿结构设计［J］. 环境卫生工程，2016，24（04）：56－57，60.

后　记

经过多年的金淘沙拣、握铅抱椠，《垃圾焚烧锅炉受热面高温防腐技术》终于完成了。这本专著较好地将受热面防护的理论与实践相结合，离不开其中科研人员和运行人员的辛勤付出。

冬去春来，万物复苏；本书的累累硕果乘上国内经济复苏的东风，给垃圾焚烧行业带来了勃勃生机。追忆往昔，本书最初的防腐需求来源于工程运行的切实问题：如何减少高温腐蚀爆管产生的非停。尤其是近些年，垃圾焚烧迈向了大型化及高参数化发展的趋势，例如，主蒸汽参数为 13.5MPa/450℃的项目。垃圾焚烧也会掺烧一些有机固废，如此高的燃烧温度，如何保证垃圾焚烧炉高效稳定地运行，防腐的作用不言而喻。

因此，在了解了目前垃圾焚烧炉受热面高温腐蚀现状后，研发更优质的涂层、寻找更合适的工艺，融合到锅炉工程设计之中，最终形成了经得起工程考验的防腐措施。从刚开始的中温中压参数到次高压参数，再到超高压参数，受热面防护成为行业的研究热点，于是形成了本书的主要内容。

本专著的出版为垃圾焚烧受热面高温防腐工作提供了宝贵的参考作用，具有很强的现实意义和应用价值。未来我们应该思考的是主蒸汽参数如何进一步提升、发电效率如何再次增加，这需要我们持续创新、持续研发，实现垃圾焚烧炉清洁焚烧、低碳高效。